低渗透油藏深部调驱技术与实践

鄢长灏　郑力军　吕　伟　吴天江　张　荣　杨海恩　等编著

石油工业出版社

内 容 提 要

本书围绕鄂尔多斯盆地低渗透油藏,描述了地质及开发概况,系统阐述了纳米聚合物微球、微米凝胶、黏弹自调控剂、微乳液四项主体调驱技术,介绍了地面注入及远程监控配套工艺等内容,并为读者提供了4个实用的矿场应用实例,可帮助读者更好地认识调驱原理及相关技术的应用。

本书可供石油院校相关专业师生及从事深部调驱技术相关专业工程技术人员阅读,也可供科研机构从事相关研究的科研人员参考。

图书在版编目(CIP)数据

低渗透油藏深部调驱技术与实践 / 鄢长灏等编著.
北京:石油工业出版社, 2025. 2. -- ISBN 978-7
-5183-7217-1
Ⅰ. TE341
中国国家版本馆 CIP 数据核字第 2025LZ4166 号

出版发行:石油工业出版社
　　　　　(北京安定门外安华里2区1号　100011)
　　　　　网　　址:www.petropub.com
　　　　　编辑部:(010)64523760
　　　　　图书营销中心:(010)64523633
经　　销:全国新华书店
印　　刷:北京九州迅驰传媒文化有限公司

2025年2月第1版　2025年2月第1次印刷
787×1092毫米　开本:1/16　印张:12.5
字数:320千字

定价:100.00元
(如出现印装质量问题,我社图书营销中心负责调换)
版权所有,翻印必究

《低渗透油藏深部调驱技术与实践》
编 写 组

组　　长： 鄢长灏

副组长： 郑力军　吕　伟　吴天江　张　荣　杨海恩

成　　员： 易　萍　刘云龙　赵文景　安明胜　王　骏
　　　　　　赵　文　唐　凡　谢　璇　唐思睿　何治武
　　　　　　朱家杰　王　燕　刘　芳　刘保彻　任建科
　　　　　　程　辰　张　涛　秦　康　武宝强　陈佳俊
　　　　　　叶　智　杨继刚　曹荣荣　张腾换　马　波
　　　　　　贾玉琴　王　腾　冯　飞　薛芳芳　徐春梅

前言 Preface

长庆油田所在的鄂尔多斯盆地，储藏着全球典型的"三低"（低渗透、低压力、低丰度）油气资源，致密程度堪比"磨刀石"，勘探开发之难世界罕见。开发建设 50 多年来，几代长庆石油人深耕陇原大地，挺进陕北高原，鏖战贺兰山，勇闯毛乌素，探索形成了独具特色的勘探开发技术系列，把"没有经济开采价值的边际油田"建设成我国目前产量最高的大油气田。

随着开发的深入，注入水沿优势通道向生产井突进，导致部分油井含水率上升快，影响了水驱开发效果。调驱是改善层内、平面矛盾，实现油田稳产的重要技术手段。通过该技术，可有效改善水井的吸水剖面，扩大注水波及体积，增加可采储量，降低自然递减速度，提高油田的开发水平。在吸取国内外油田调驱先进经验的基础上，针对长庆渗透率低、非均质性强、微裂缝发育等特殊性和复杂性，以建立有效驱替系统、扩大波及体积为目标，在多年实践探索基础上开展持续攻关与试验，围绕机理研究、调驱体系、配套工艺等，形成了低渗透油藏调驱工艺技术，改善水驱效果明显。在此背景下，本书总结了低渗透油藏深部调驱工艺，并提出了技术的未来发展方向。

本书在编写过程中引用和参考了大量文献资料，也得到了相关科研院校的大力支持，在此特向资料数据提供者和文献作者表示感谢！编写本书的作者都是长期从事油气田开发现场管理的科技工作者，由于鄂尔多斯低渗透油藏可参考范例较少，且时间仓促，书中难免存在不足之处，恳请读者提出宝贵意见。

目录 Contents

第一章 低渗透油藏概况 ··· 1
- 第一节 概念与分类 ··· 1
- 第二节 资源与分布 ··· 2
- 第三节 油藏特征 ··· 3
- 第四节 开发特征 ··· 14
- 第五节 影响低渗透油藏水驱开发效果的关键因素 ··· 19

第二章 低渗透油藏深部调驱技术 ··· 39
- 第一节 发展历程 ··· 39
- 第二节 需求与对策 ··· 41
- 第三节 主体调驱技术 ··· 48

第三章 低渗透油藏深部调驱配套工艺 ··· 147
- 第一节 地面工艺的基本要求 ··· 147
- 第二节 注入工艺流程及装置 ··· 148
- 第三节 远程监控技术 ··· 152

第四章 低渗透油田深部调驱技术效果评价及矿场应用实例 ··· 159
- 第一节 深部调驱技术效果评价 ··· 159
- 第二节 矿场应用实例 ··· 166

第五章 低渗透油藏深部调驱技术发展方向与展望 ··· 190

参考文献 ··· 191

第一章 低渗透油藏概况

进入 21 世纪以来,世界油气开发迅速进入低渗透领域,虽然油藏资源丰富,但是存在着效益建产难度大、驱替系统难以建立等世界级难题,通过不断地技术攻关和现场开发实践,低渗透油藏成功实现了规模有效开发。长庆油田属于典型的低渗透油田,随着开发时间的延长和开发对象的日趋复杂,不同类型油藏表现出来的开发矛盾各不相同。以安塞油田为代表的特低渗透油藏整体处于中高含水开发阶段,受储层非均质性影响,水驱指数大幅上升,存水率下降,采油速度下降,水驱效果变差;以华庆油田为代表的超低渗透油藏多处于中含水、低采出阶段,储层物性差、裂缝发育、有效驱替难建立,整体开发矛盾为油井裂缝型水淹,低产井多,采出程度低。攻关研究低渗透油藏深部调驱技术对于类似油田扩大水驱波及体积、改善开发效果具有重要意义。

第一节 概念与分类

关于低渗透油藏的概念,最早在 1997 年由我国学者李道品提出[1],2011 年石油天然气行业标准 SY/T 6285—2011《油气储层评价方法》将储层正式划分为六类,即:

特高渗透:$K \geqslant 2000\text{mD}$;

高渗透:$500\text{mD} \leqslant K < 2000\text{mD}$;

中渗透:$50\text{mD} \leqslant K < 500\text{mD}$;

低渗透:$10\text{mD} \leqslant K < 50\text{mD}$;

特低渗透:$1\text{mD} \leqslant K < 10\text{mD}$;

超低渗透:$K < 1\text{mD}$。

根据低渗透油藏分类,把渗透率小于 50mD 的油藏统称为低渗透油藏。根据实际生产特征,按照油层平均渗透率可以进一步把低渗透油藏分为三类:

第一类为一般低渗透油藏,油层平均渗透率为 10~50mD。这类油藏接近正常油藏,油井能够达到工业油流标准,但产量低,需采取压裂措施提高生产能力,才能取得较好的开发效果和经济效益。

第二类为特低渗透油藏,油层平均渗透率为 1~10mD。这类油藏与正常油藏差别比较明显,一般束缚水饱和度增高,测井电阻率降低,正常测试达不到工业油流标准,必须采取较大型的压裂改造和其他相应措施,才能有效地投入工业开发,如长庆安塞油田。

第三类为超低渗透油藏,其油层平均渗透率小于 1mD,该类油藏非常致密,束缚水饱和度很高,基本没有自然产能,不具备工业开发价值。但如果其他方面条件有利,如油层较厚、埋藏较浅、原油性质比较好等,同时采取既能提高油井产能,又能减少投资、降低成本的有力措施,也可以进行工业开发,并取得一定的经济效益,如长庆华庆油田。

第二节　资源与分布

我国低渗透油气资源分布具有含油气多、油气藏类型多、分布区域广，以及"上气下油、海相含气为主、陆相油气兼有"的特点，在已探明的储量中，低渗透油藏储量的比例很高，约占全国储量的2/3以上，开发潜力巨大。仅2008年，低渗透原油产量就占全国原油总产量的37.6%，低渗透天然气产量则占全国天然气总产量的42.1%。

地处我国中部的鄂尔多斯盆地石油资源丰富，而且因低渗透、特低渗透、超低渗透闻名于世，号称"磨刀石"型油藏，曾被戏称为"井井有油、井井不流"。百年来，为了实现低渗透油藏的有效开发，广大石油科技工作者不屈不挠地开展着"磨刀石"革命，史诗般地进行了低渗透"长征"。

1995年，我国第一个特低渗透油田——安塞油田成功开发。随后，低渗透油田开发呈现加速推进之势，靖安油田、西峰油田、姬塬油田又相继实现了高效开发。特别是2008年以来，被称为低渗透新极限的超低渗透油藏被大规模有效开发，低渗透油田的神秘面纱被徐徐揭开，低渗透油田原油产量以每年$200×10^4$t的速度快速增长，低渗透油藏上建设大油田的梦想正在变成现实。

截至2018年底，鄂尔多斯盆地中生界石油资源量$146.5×10^8$t，累计动用探明储量$52.05×10^8$t。特低渗透、超低渗透油藏动用地质储量占76.6%，产量占68.4%，低渗透地质储量占12.8%，分层系看，三叠系油藏产量比例占72.0%（图1-1至图1-3）。

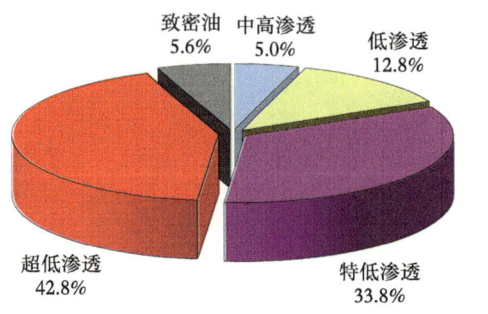

图1-1　分类型动用储量构成

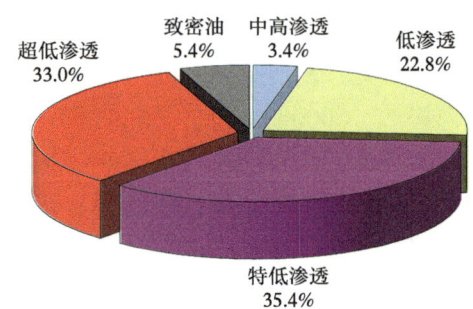

图1-2　分类型产量构成

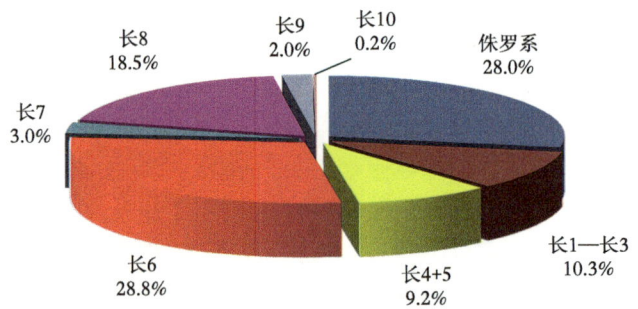

图1-3　分层系产量构成

长庆油田低渗透油藏整体处于高含水开发阶段，共有 257 个区块，其中"双高"（高含水，高采出程度）油藏 67 个，地质储量占 41.0%，产量仅占 26.0%。目前剩余可采储量采油速度较高（11.4%），部分油藏受采液强度大、边底水推进等影响，含水率上升快，产量递减大。特低渗透油藏目前已进入高含水开发阶段，综合含水率 60% 以上油藏 93 个，地质储量占 57.0%，产量占 50.9%。整体上，含水率达到 50% 后，受优势渗流通道及裂缝等影响，注采比上升，存水率下降，水驱指数大幅上升，采油速度下降，水驱效果变差，稳产难度加剧。

超低渗透油藏多处于中含水开发阶段，受储层物性差、裂缝发育、有效驱替难建立等影响，采油速度低，低产低效井比例高，其中"双低"（低采出程度和低采油速度）油藏 56 个，储量占 69.3%，产量仅占 46.1%。

第三节　油藏特征

一、构造特征

古生代至中生代早期，鄂尔多斯盆地属大华北盆地的一部分。到了晚三叠世，受印支运动影响使得华北盆地解体，逐渐形成鄂尔多斯盆地，特别是在上三叠统延长组一段沉积之后，盆地地形出现明显分异，南部以明显的斜坡向盆地内部倾没，北自马家滩，南至旬邑、铜川，东起延安、黄陵，西达环县、镇原，面积约 $4\times10^4 km^2$ 的范围为深湖盆地区，形成了厚度达 300~400m 的深湖相沉积，这套深湖相地层是盆地中生界主要的烃源岩。之后，盆地继续抬升，湖盆开始萎缩。在盆地的东北、西南方向发育两大沉积体系，形成了巨大的三角洲沉积体（长 6 段沉积时期）。这是自晚三叠世以来湖盆发生的第一次大规模沉积建造，形成了巨型三角洲沉积体。它是鄂尔多斯盆地延长组最重要的储层之一。随后盆地下沉，湖盆又经历了一次短暂的扩张时期，沉积了一套粉细砂岩与粉砂质泥岩薄互层为主的沉积（长 4+5 段沉积期）。而后，随着地壳的再次抬升，湖盆又一次进入萎缩期。湖盆北部抬升速度增大，湖水逐步向南退缩，沉积了一套以厚层、块状砂岩夹泥岩为主的沉积建造（长 2+3 段沉积期）。湖盆进一步缩小，局部出现沼泽环境，沉积了一套砂、泥岩夹薄煤沉积，直至湖盆消亡。

鄂尔多斯盆地是我国内陆第二大沉积盆地，横跨陕西、甘肃、宁夏、内蒙古、山西五省（自治区），面积约 $28\times10^4 km^2$。盆地西缘是我国东部环太平洋构造域与西部古特提斯构造域的结合部；盆地南缘则位于华北、华南两大地质单元的交接线附近；西南缘以深大断裂为界与祁连褶皱系和秦岭褶皱系紧密相连；盆地西北缘与阿拉善地块相邻，北部与内蒙古地轴呈岛弧状相接；盆地本部在地史过程中位于华北地台西部，也是中朝准地台的组成部分，虽历经多次构造运动但均以整体升降发育为主，所以缺乏内部构造，在构造上表现为一个不足 1°的西倾大单斜。鄂尔多斯盆地可以划分为五大构造单元，即位于盆地主体的伊陕斜坡、盆地东缘的晋西挠褶带、盆地西部的天环坳陷、盆地北部的伊盟隆起及盆地南部的渭北隆起（图 1-4）。

伊陕斜坡由于简单表现为一倾角不足 1°的西倾大单斜，所以油气藏类型单一，是全盆地勘探程度最高和油气成果最为丰富的地区，所发现的上、下古生界整装气田和安塞、靖安等中生界亿吨级油田均发育在伊陕斜坡范围内，成为盆地内部的勘探开发主体，因此，油气藏类型以岩性圈闭为主。

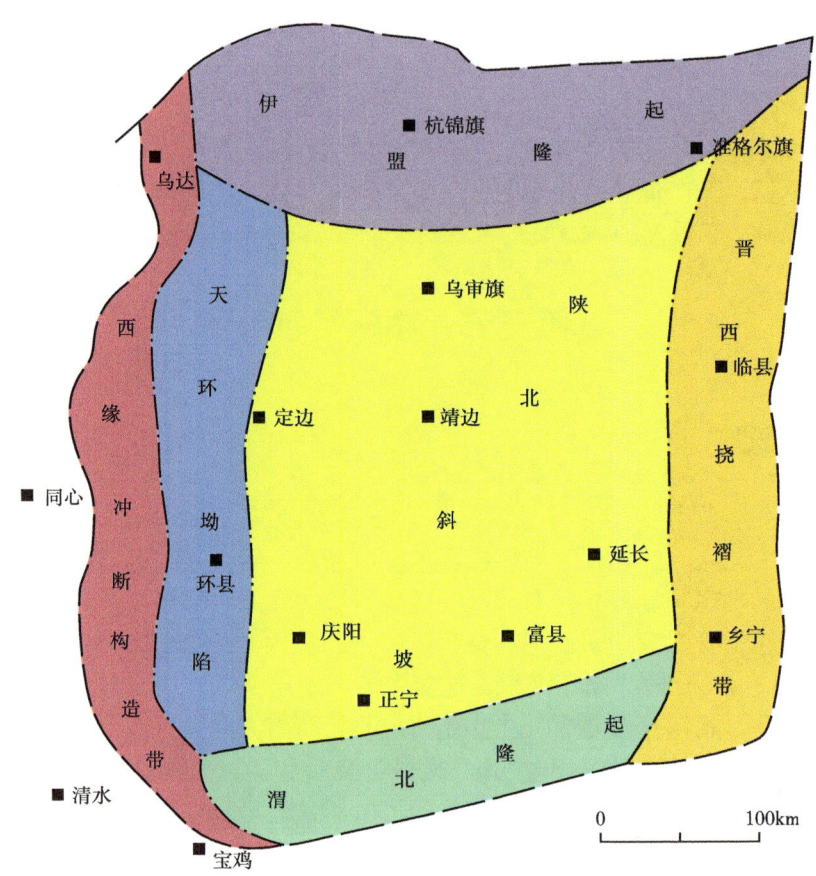

图1-4 鄂尔多斯盆地构造区划图

二、储层特征

1. 储层孔隙类型和孔隙结构特征

1）孔隙类型

孔隙按成因主要划分为原生孔隙、次生孔隙。原生孔隙主要指碎屑颗粒的粒间孔隙，也包括层间孔和气孔。次生孔隙是指在沉积岩形成后，因淋滤、溶蚀、交代、溶解及重结晶等作用在岩石中形成的孔隙和缝洞。

（1）原生孔隙。

①残余粒间孔。盆地长6—长8段主要表现为以残余原生粒间孔形式存在。此类型为机械压实和多种胶结作用之后剩余的原生粒间孔，是最重要的孔隙类型之一。包括早期绿泥石薄膜胶结之后的残余粒间孔、石英和长石次生加大之后的残余粒间孔、浊沸石或黏土矿物充填胶结之后的残余粒间孔（图1-5）。

（a）陇东长8段残余粒间孔　　　　　　（b）陕北长6段极发育的粒间孔

图 1-5　残余粒间孔

②杂基微孔。部分储层含有 1%~7% 的黏土杂基，在黏土晶片间有原生的晶间微孔分布（图 1-6）。

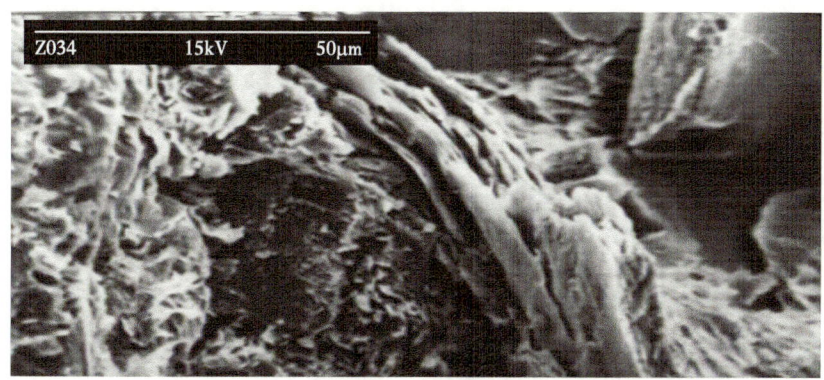

图 1-6　杂基微孔

（2）次生孔隙。

主要为溶蚀作用产生的溶蚀孔隙，还有少量自生矿物之间的晶间孔隙等。

①溶蚀孔隙。碎屑粒内溶孔：主要是长石粒内溶孔，可以是沿长石解理面发育的微小溶孔或溶缝，也可以是碎屑主体甚至整体被溶蚀形成的较大的粒内溶孔或铸模孔。沿黑云母碎屑、炭屑或绿泥石解理溶蚀形成的粒内微小溶蚀孔也较为常见。此外少量岩屑和石英也发育微小的粒内溶孔和溶缝（图 1-7）。

图 1-7　长石粒内溶孔

②胶结物溶蚀孔。主要是浊沸石的晶内溶孔,发育在陕北地区。多沿解理及其与薄膜绿泥石或碎屑接触的边缘缝隙分布,呈不规则的小孔缝状。溶蚀作用强烈时,也可形成较大的不规则溶孔,甚至仅剩余浊沸石小残晶。此外,方解石的晶体边缘亦常发育有锯齿状或港湾状溶孔,而晶内溶孔很少见。自生石英和自生黏土晶体中偶见微小的晶内溶孔(图 1-8)。

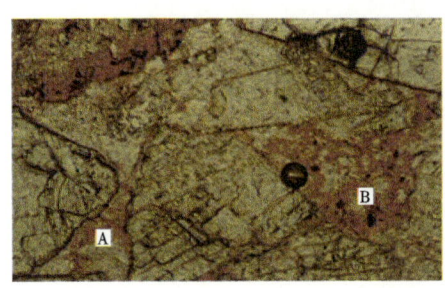

图 1-8　浊沸石的晶内溶孔

A,B—晶内溶孔

③粒间溶孔。此类型为长 6—长 8 储层最重要的孔隙类型之一。其成因与溶液在砂岩碎屑间流动时,溶蚀部分碎屑边缘也与部分填隙杂基和胶结物有关,形成各种不规则状的,但相连通的溶扩粒间孔、贴粒孔和粒间溶孔(图 1-9)。

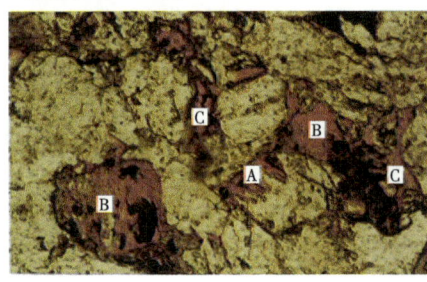

图 1-9　粒间溶孔

A,B,C—粒间溶孔

④晶间孔。多发育在自生矿物晶体之间的孔,故多为晶间微孔,如伊/蒙混层蜂窝状微孔、绿泥石叶片状晶体间微孔、不规则片状及丝缕状伊利石之间的网状微孔(图 1-10)。

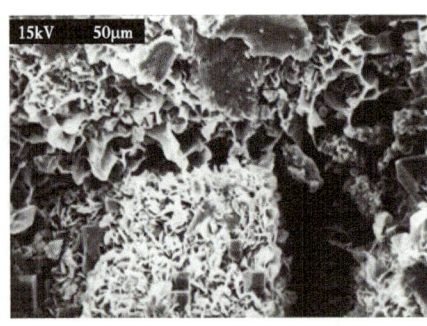
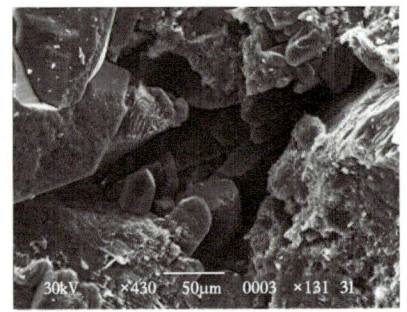

图 1-10　晶间孔

2）孔隙结构特征

（1）孔隙结构分类。

盆地三叠系延长组低渗透储层孔喉结构主要以细喉、微细喉、微喉为主。细喉占7%、微细喉占26%、微喉占67%。而陕北地区延长组喉道最粗，相对较好（表1-1）。

表1-1 鄂尔多斯盆地延长组孔隙、喉道分级标准

孔隙分级	平均孔径（μm）	喉道分级	平均喉径（μm）
大孔隙	>100.0	粗喉道	>3.0
中孔隙	50.0~100.0	中细喉道	1.0~3.0
小孔隙	10.0~50.0	细喉道	0.5~1.0
细孔隙	0.5~10.0	微细喉道	0.2~0.5
微孔隙	<0.5	微喉道	<0.2

根据研究成果，将延长组储层划分为五类孔喉组合（表1-2），即：

Ⅰ类：中孔中细喉型；Ⅱ类：小孔中细喉型；Ⅲ类：小孔细喉型；Ⅳ类：细小孔微细喉型；Ⅴ类：微细孔微喉型。

表1-2 三叠系延长组长6—长8储层孔隙结构参数

岩心号	渗透率（mD）	平均喉道半径（μm）	主流喉道半径（μm）	均质系数	相对分选系数
沿23	0.17	0.46	0.51	0.37	0.60
塞248	0.17	0.40	0.46	0.27	0.81
西147	0.25	0.52	0.69	0.12	0.53
董75-54	0.38	0.60	0.77	0.53	0.32
西17-1	0.50	0.72	1.14	0.31	0.54
西31-31	0.94	0.98	1.80	0.09	0.71
西25-29	1.72	2.53	3.58	0.22	0.68
西32-9	3.14	2.70	3.54	0.35	0.50
西26-25	4.47	2.81	3.71	0.30	0.59
西17-2	6.40	2.75	3.72	0.31	0.64
西40-31	8.08	3.29	4.33	0.36	0.55
西32-16	13.25	3.56	4.51	0.35	0.61

（2）孔喉结构特征。

鄂尔多斯盆地三叠系延长组低渗透储层常用压汞曲线、铸体薄片图像分析等资料来分析孔喉结构特征。

①陕北地区长 6 储层。延长组长 6 储层根据压汞实验资料（图 1-11），排驱压力为 1.0~1.2MPa，平均值为 1.11MPa。中值压力为 4.0~8.35MPa，平均值为 6.24MPa。排驱压力越小，储层物性越好。孔喉中值半径为 0.17~0.231μm，平均值为 0.193μm。

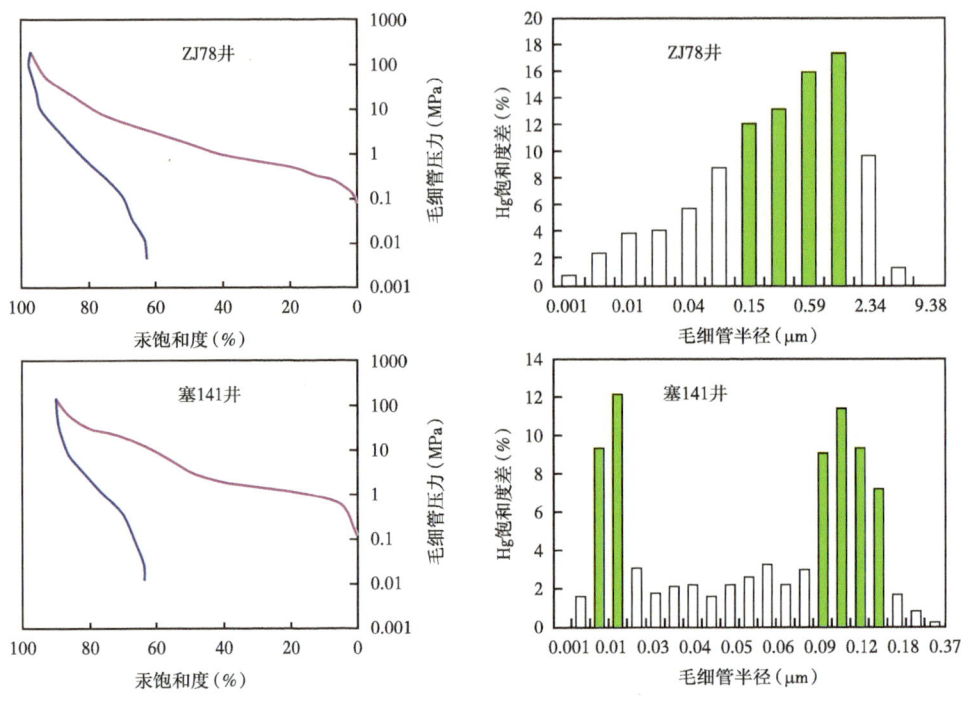

图 1-11　ZJ78 井和塞 141 井长 6 储层压汞曲线和喉道半径分布直方图

②陇东地区长 8 储层。长 8 储层排驱压力为 0.1157~4.5737MPa，平均值为 0.8883MPa。中值压力为 1.1618~63.991MPa，平均值为 8.35MPa（图 1-12）。孔喉中值半径为 0.0115~0.6326μm，平均值为 0.1411μm。

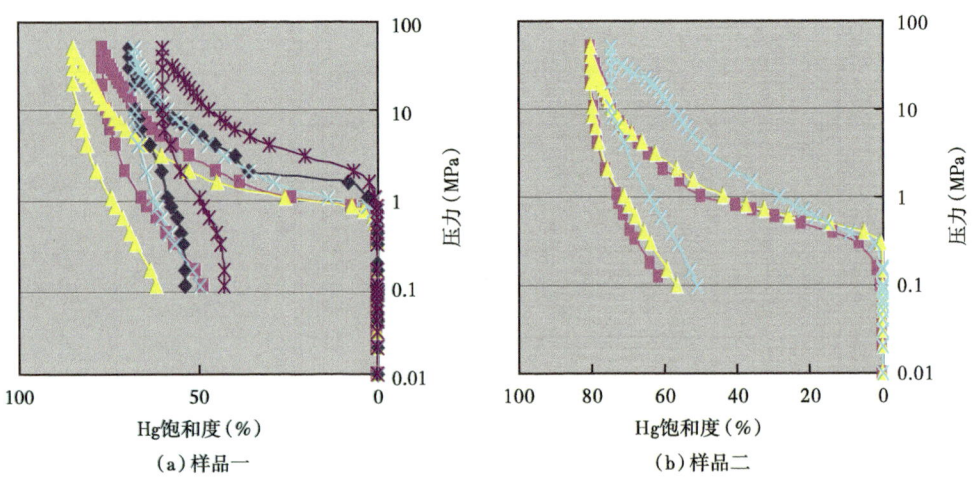

图 1-12　陇东地区长 8 储层典型毛细管压力曲线

从以上两个地区的孔喉结构参数对比来看，陇东地区长 8 储层排驱压力要低于陕北地区长 6 储层，即长 8 储层最大喉道半径要大于长 6 储层；但长 8 储层中值压力要明显高于长 6 储层，即中值半径小于长 6 储层。这主要是由于两大沉积体系的沉积背景的差异所造成。

2. 储层流体性质

1）原油性质

低渗透油田产出原油性质较好，地面原油相对密度 0.8364~0.8949，原油黏度：地下为 2.2~69.0mPa·s，地面为 4.3~82.7mPa·s，含蜡 6.6%~20.5%，含硫 0.03%~0.23%，凝固点 -6.3~23℃，饱和压力 1.0~5.95MPa，具有低相对密度、低黏度、低含硫、较高含蜡和较高凝固点的特点。

长 6 储层原油黏度 1.96~2.8mPa·s，凝固点 22℃，含蜡 11%~20%。长 8 储层地面原油相对密度 0.8579，黏度 6.84mPa·s，凝固点 20℃，含蜡 10.1%~12.7%，含硫 0.13%~0.24%，原始地层压力 16.6MPa。长 8 油层温度高，平均为 71.2℃，饱和压力较高，平均为 12.35MPa，气油比、压缩系数较高，地层原油黏度 1.14mPa·s，地层原油密度 0.734g/cm³。由于气油比较高，从单次和多次脱气的气组分上看，主要是 C_3 以前的组分，达到 83.2% 以上。

2）地层水性质

长 4+5、长 6、长 8 储层地层水以高 Ca^{2+}、高 Ba^{2+}、高 $K^+ + Na^+$ 和低 HCO_3^- 为主，不含 SO_4^{2-}，部分层段含 CO_3^{2-}，矿化度高达 48~132g/L，为典型高矿化度原始地层水。由于具体沉积环境及埋藏深度的不同，不同区块、相同层位水化学特征变化剧烈（表 1-3）。

表 1-3　地层水化学特征数据表

层位	$K^+ + Na^+$（mg/L）	Ca^{2+}（mg/L）	Mg^{2+}（mg/L）	Ba^{2+}（mg/L）	Cl^-（mg/L）	SO_4^{2-}（mg/L）	CO_3^{2-}（mg/L）	HCO_3^-（mg/L）	总矿化度（g/L）	水型
长 4+5（样品一）	17225	891	278	452	28870	0	24	461	48.20	$CaCl_2$
长 4+5（样品二）	39439	8849	1266	1693	80907	0	0	173	132.33	$CaCl_2$
长 6	6985	19002	18	120	44380	0	0	200	70.70	$CaCl_2$
长 8	16914	6712	347	672	39228	0	24	461	64.36	$CaCl_2$

3）原油伴生气性质

鄂尔多斯盆地三叠系油田油层伴生气的非烃组分具有低二氧化碳、较高氮气含量的特点。烃类组分组成，侏罗系伴生气甲烷含量较低，达到 45% 左右，Y5、Y6、Y7 层段甲烷含量明显偏高，具有有机母质高演化所生成的凝析气的组成特征。对比分布于盆地内部的庆阳长 8 段、陕北长 6 段、长 4+5 段伴生气的甲烷含量相对较高外，重烃含量在 30%~60% 之间，重烃含量相对较高（表 1-4）。

表 1-4　油田原油伴生气组分组成特征　　　　　　　　　　单位：%

层位	长 4+5	长 6	长 8（样品一）	长 8（样品二）
CH_4	71.27	57.16	53.15	76.41
C_2H_6	10.92	13.25	13.42	8.93
C_3H_8	10.45	16.39	20.28	7.06

续表

层位	长 4+5	长 6	长 8（样品一）	长 8（样品二）
iC_4H_{10}	1.11	1.92	3.01	0.64
nC_4H_{10}	2.29	5.89	6.51	1.15
iC_5H_{12}	0.32	0.87	0.80	0.11
nC_5H_{12}	0.52	1.61	1.19	0.16
iC_6H_{14}	0.16	0.42	0.33	0.04
nC_6H_{14}	0.17	0.52	0.16	0.04
CO_2	0.50	0.10	0.12	0.16
N_2	2.29	1.86	0.96	5.27
含空气	0.33	1.34	5.98	0.31
含烃	97.21	98.04	98.85	94.53

3. 裂缝特征

我国现已发现和投入开发的低渗透砂岩储层，大部分都伴生有裂缝，一般而言，在地层条件下，低渗透储层中发育的裂缝大都为隐裂缝（或无效裂缝），储层不压裂就不具有工业产能。经人工压裂改造后，在现今区域应力场影响下，与现今主应力方向近于平行或小角度相交的无效隐裂缝优先向"张性"显裂缝转变，改善储层有效渗流面积和渗流能力。但当压裂或注水压力过高时，隐裂缝变为显裂缝时便会引起水窜。因此，低渗透油藏裂缝在油藏注水开发中也具有明显的"双重"作用：一方面可以提高注水井吸水能力，弥补渗透率天然不足；另一方面容易形成水窜，使采油井过早见水和水淹[2-4]。因此，低渗透储层裂缝发育特征、分布规律，以及裂缝有效性研究是一个不容忽视的地质因素。

1）野外露头裂缝描述

延河剖面延长组构造裂缝观测点和裂缝组系分布基本特征的观测点涉及延长组张家滩段、七里村段和永坪段。就整个延长组而言，不同地点裂缝几何学特征略有差别，构造裂缝近于垂直地层层面分布，其走向主要为NEE—近EW向，NNW—近SN向，其次为NE向和NW向，这与前人在延河剖面研究成果：裂缝走向近EW向，其次为近SN向与NE向较为一致。

2）岩心裂缝描述

据盆地三叠系延长组长6—长8储层31口井岩心观察统计：不同程度上发育裂缝（图1-13），但裂缝的分布及特征有明显差异。构造裂缝开度在0~0.3mm之间者占70%~73%，0.5~1mm者占12%，开度大于5mm者不到2%，最大可达6mm。裂缝切深变化范围比较大，约95%的集中分布在0~20cm之间，其中0~5cm之间的约占50%，切深大于50cm的所占比例不到2%。岩心裂缝间距呈非正态分布，大多分布在0~3cm之间，约占86%，裂缝间距大于7cm的比较少见，仅约占3%。

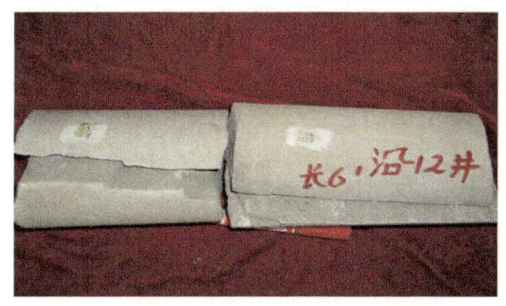

（a）沿12井长6段，高角度天然裂缝　　　（b）庄59-20井长8段，"之"字形长石微裂缝中被沥青质全充填

图1-13　岩心观察裂缝照片

3）微裂缝

微裂缝仅发育在部分砂岩中，主要有层间缝，裂缝沿着黑云母或植物碎片富集的层面发育，也有少量的斜交层理的张裂缝。微裂缝大多呈张性，甚少充填物，有的裂缝两侧伴有较发育的溶蚀孔隙（图1-14）。

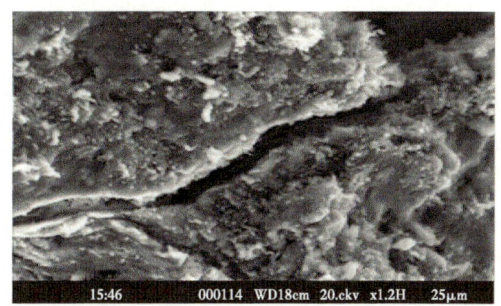

图1-14　微裂缝

4. 储层非均质性

储层非均质性包括储层宏观非均质性和储层微观非均质性。储层宏观非均质性主要描述岩性、物性、含油性及砂体连通程度在纵横方向上的变化，宏观非均质性主要表现在三个方面，即层内非均质性、层间非均质性和平面非均质性。微观非均质性是指储层孔隙规模内砂粒骨架、孔隙喉道、黏土基质等分布及组构的不均一性，这些因素直接影响注入流体驱替原油的效率，微观非均质性研究可分为孔间非均质、孔道非均质及表面非均质三方面。

1）层内非均质性

层内非均质性指的是在一个单砂层规模内部，垂向上控制和影响储层内流动、分布的地质因素综合。主要研究粒度韵律特征、层理构造、渗透率韵律、垂直渗透率和水平渗透率的比值、渗透率非均质程度、泥质夹层的分布频率和分布密度。

由于沉积环境的不同，颗粒在沉积的过程中显示出了不同的韵律性，而不同的韵律性直接影响着储层物性纵向上的差异。鄂尔多斯盆地一般情况下有四种韵律类型：正韵律、反韵律、复合韵律、无韵律。粒度的韵律性分布，对储层渗透率的垂向分布规律有很大的影响，在成岩变化较弱的层中，粒度分布的韵律性直接决定储层的渗透率韵律性，进而影响水驱油特征。

在盆地三叠系长4+5—长8储层中，大都具有不同类型的原生沉积构造，其中以层理为主，通常见到的有平行层理、板状交错层理、槽状交错层理、小型沙纹交错层理、递变层理、冲洗层理、块状层理及水平层理等。实验结果表明，不同的层理类型其渗透率和最终采收率差异较大。斜层理的渗透率高，水淹快，采收率低；交错层理砂岩的渗透率低，水淹均匀，因此采收率高；平行层理砂岩渗透率虽高，但水淹均匀，因此采收率较高。对于斜层理砂岩，平行于纹层走向注水，其采收率最高。对于河道砂岩来讲，斜层理的倾向指向下游，一般采取河道中央注水，两侧采油，其效果最佳。

2）层间非均质性

层间非均质性是指储层或砂体之间控制流体储集和流动的地质因素的差异，是对一个油藏或一套砂泥岩间含油层系的总体研究，属于层系规模的储层描述。它是引起注水开发过程中的层间干扰、水驱差异和中层突进的内在原因。因此，层间非均质性是选择开发层系、分层开采工艺技术的依据。

在区域沉积背景和特定沉积环境及其沉积方式的控制下，油气分布集中（在沉积上呈现各级旋回的特点。不同级别的旋回性成为划分层系、油组、小层及单砂体的基本原则）。层间非均质性包括各种沉积环境的砂体在旋回上交互出现的规律性或旋回性，以及作为隔层的泥质岩类的发育和分布规律，即砂体的层间差异：如砂体间渗透率非均质程度的差异。在Ⅱ类油层中，层间非均质性十分突出，其原因是低渗透油层层数多、厚度小，横向变化快及连通性差而造成的。

层间非均质性主要反映了垂向上各小层之间的隔夹层分布、渗透率变化特征及砂体发育的旋回性。因此，层间非均质性是造成垂向上层间油气分布不均、水淹状况及剩余油分布状况不同的根本原因。

3）平面非均质性

平面非均质性是指油层控制和影响流体储集和流动地质因素在平面上的变化。其主要包括砂体几何形态、砂体规模与连续性、砂体的连通性、油层微型构造、砂体内孔隙度、渗透率的平面变化及方向性、砂岩厚度和有效厚度的平面变化。

砂体的几何形态常用小层平面图来表示，按形态可将砂体分为四类：席状砂体、带状砂体、土豆状砂体、树枝状砂体。鄂尔多斯盆地砂体分布也呈现四种形态，主要以带状为主。

砂体的连通状况是储层宏观非均质性研究的主要内容，不仅关系到开发井网的密度及注水开发方式，同时还影响到油气最终的开采效率。通过纵横向单井网格砂体连通剖面分析，盆地三叠系延长组长6—长8储层各种成因的砂体连通形式主要有3种（图1-15）：

（1）多边式。多个不同成因类型的砂体侧向上呈指状交互连通，本区三角洲水下分流河道砂体、河口坝砂体常呈指状交互连通。

（2）多层式。以多个成因类型的砂体垂向上互相连通为主，由于河流改道作用使得河道砂体相互叠置连通。

（3）孤立式。指砂体周围为泥岩或非渗透性砂体所包围，或与其他砂体为非渗透层所隔。

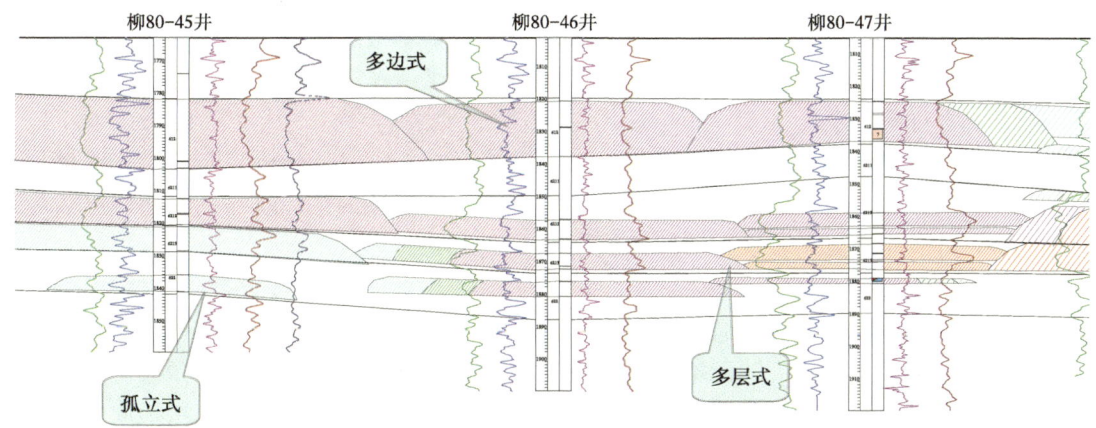

图 1-15　WLW 一区长 6 油藏砂体的叠置关系

4）储层微观非均质性

微观非均质性是指储层孔隙规模内砂粒骨架、孔隙喉道、黏土基质等分布及组构的不均一性，这些因素直接影响注入流体驱替原油的效率，微观非均质性可分为孔间非均质、孔道非均质及表面非均质三方面。

（1）孔隙骨架特征。

盆地本部储层以中细砂岩为主，岩石矿物成分主要为长石、石英，胶结类型多为孔隙式和接触—孔隙式。

（2）孔喉非均质性。

盆地本部储层孔隙类型主要有原生孔隙、次生孔隙和微裂隙三大类。盆地三叠系延长组低渗透储层孔喉结构主要以细喉、微细喉、微喉为主。细喉占 7%、微细喉占 26%、微喉占 67%。而陕北地区延长组喉道最粗，相对较好。

（3）表面非均质特征。

①黏土矿物。

盆地本部长 6—长 8 储层中黏土矿物种类较多，比较常见的有伊/蒙混层黏土、高岭石、绿泥石、伊利石，呈孔隙衬垫、孔隙充填和矿物交代等形式产出。伊/蒙混层黏土见于延长组储层各个油组中，呈蜂窝状分布于颗粒表面，包绕颗粒；高岭石主要分布于长 2 储层，盆地北部安五地区长 6 储层也有分布；绿泥石多呈薄膜环边附着在成岩矿物碎屑的周围，呈片状晶体生长进入空隙空间并封闭了微观孔隙，起粒间填隙或交代岩屑的作用；盆地本部延长组储层中伊利石主要分布在吴旗地区、安五地区，以及志靖地区的长 6 储层以上的延长组储层。

②储层酸敏性较强，水敏、速敏较弱。

储层岩石的敏感性包括水敏、酸敏、盐敏、碱敏、速敏，以及应力敏感。长庆油区均为低渗透储层，储层黏土矿物含量一般不高，但孔隙度、渗透率较低，孔隙喉道小，孔隙喉道分选差，孔隙结构复杂，也含有铁方解石、黄铁矿等敏感性矿物，注入水进入油层后，由于发生强烈的水岩反应，导致黏土矿物运移、膨胀、剥落，堵塞喉道、降低油层渗流能力，很容易引起敏感性伤害，而且实验结果表明存在不同程度的水敏、酸敏等伤害形式。

储层岩石敏感性评价结果表明：三叠系延长组表现出弱速敏、弱水敏、弱盐敏特征；三叠系延长组由于绿泥石含量高，一般都表现出中等偏弱酸敏伤害，但也存在部分区块实验评价为无酸敏伤害，15%盐酸溶液可明显改善储层渗透率的现象。

③储层岩石润湿性。

长庆油区三叠系延长组长 8—长 4+5 低渗透储层 226 块岩心分析表明：长 4+5 储层属中性偏亲水；长 6 储层以中性为主；长 8 储层整体上以中性为主，仅在西峰油田 BM 区表现为中性—弱亲油；镇北表现为中性偏弱亲油。

5. 可动流体饱和度

鄂尔多斯盆地三叠系延长组孔喉细微、分布特征复杂，很大一部分流体在渗流过程中被毛细管力和黏滞力等所束缚而不能参与流动。另外，低渗透储层裂缝、微裂缝发育，导致了流体在地层中的渗流过程具有复杂性。对油田开发而言，不仅关心储层地质特征、流体渗流规律，更重要的是要知道地层中可流动流体的多少。而核磁共振技术的发展使精确、定量评价油层可动流体饱和度成为现实。

根据国内外可动流体饱和度划分标准：一类储层可动流体饱和度大于 50%，二类储层可动流体饱和度介于 30%~50%，三类储层可动流体饱和度介于 20%~30%，四类储层可动流体饱和度小于 20%。根据此标准。一类储层 39 块，占 33.6%，二类储层 63 块，占 54.3%，三类储层 10 块，占 8.6%，四类储层 4 块，占 3.5%（表 1-5）。总体上看，长庆低渗透储层可动流体饱和度较高，平均达 45.2%，以一类、二类储层为主，占 87.9%，具有较大的开发潜力。

表 1-5　长庆低渗透储层可动流体饱和度分类表

分类	样品数（块）	百分比（%）	孔隙度（%）	渗透率（mD）	可动流体百分数（%）
一类	39	33.6	12.8	6.32	58.5
二类	63	54.3	11.8	0.70	41.9
三类	10	8.6	10.2	0.19	25.9
四类	4	3.5	7.9	0.05	14.6
总计（平均）	116	100.0	11.9	2.53	45.2

第四节　开发特征

一、油井产能特征

1. 油井产量

三叠系低渗透油藏由于油层的低渗透及低压条件，开发的最大特征就是油层基本无自然产能。安塞油田采用油基钻井液、泡沫负压钻井试验时进行中途测试，油井初产仅 0.3~0.5t/d。故常规钻井、试油一般无自然产能，均须经压裂改造方可获得工业油流。

经过优化压裂,单井产量可大幅提高。20世纪70年代初期,加砂规模较小,一般在5~6m³/d,压裂后试油,单井产量7~8t/d。经过三十多年的工艺技术攻关,目前三叠系油藏压裂规模较大,一般加砂量30~40m³,试油单井产量可达到15~20t/d,投产后初期单井产量基本能达到4t/d以上。

2. 递减规律

1)投产初期地层压力下降快,产量递减快

低渗透油藏以岩性控制为主,仅局部有边水,但不活跃,所以缺乏天然能量补给。加之油层具有非达西渗流特征,采用弹性及溶解气驱为主的"衰竭式"开发方式,油层供液能力不足,脱气严重,油井产能低且递减大,油田稳产能力差,在油田开发初期就容易形成低产的被动局面。如安塞油田 S6 井区地层由 9.1MPa 降至 6.3MPa 时,采出程度仅0.71%,采出 1% 的地质储量地层压力下降 3.94MPa,安塞油田先导性开发试验区未注水的 22 口采油井,1989 年 3 月投产,至 1989 年底单井日产油由 3.2t 降为 2.58t,年递减达 25.8%,至 1990 年底单井日产油降为 1.75t,年递减 32.2%;工业化开发试验区 55 口采油井,投产仅一年单井日产油由 4.23t 降为 2.85t,年递减达 32.6%。

因此,低渗透油田开发的关键技术是提高单井产量和稳产时间,从而有效改善低渗透油田开发经济效益,围绕着改善低渗透油田开发经济效益这一主题,长庆石油工作者做了大量的工作并取得了显著的成就,初步形成了以油层改造投产为主体,有效实施注水开发方式的配套的改善低渗透油田开发效果新技术,提高了油井初期单井产量,而且递减相对较小。

2)不同含水阶段,产量递减规律不同

通过对安塞油田 WY 区、PQ 区、HS 区、XH 区,靖安油田 WLW 区一区、PGL 区、DLG 区二区,以及华池油田 H152 区等三叠系注水开发油藏历年递减规律分析,有两类主要特征:一是油田含水率在 20% 前处于见效稳产或产量上升阶段,开发效果良好,保持见效增产或稳产;二是油田含水率达到 20% 即进入中含水期后,产量开始进入递减期,且递减率普遍较大。

二、非达西渗流特征

1. 室内研究

国内外实验和研究表明,流体在低渗透油层孔隙中流动时,存在启动压力梯度。当驱动压力达到能够克服启动压力时,流体才开始流动,其渗流规律呈现出图 1-16 所示的"非达西"渗流特征,a 点为液体开始流动的初始启动压力梯度,ad 线段为液体流动的速度随压力梯度凹形增加的实测曲线,de 线段为实测的直线,d 点为由曲线变为直线的转折点。c 为 de 直线延伸与压力梯度坐标轴的交点。直线(即 de 线)延长

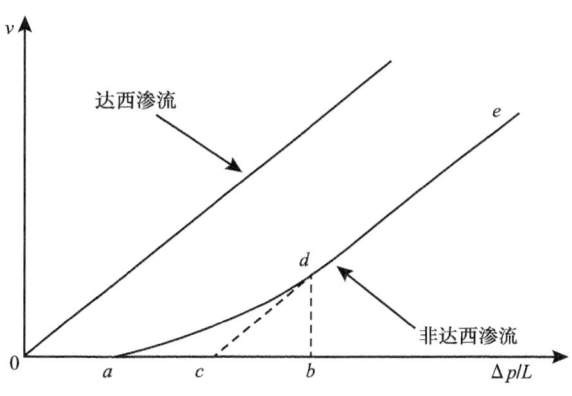

图 1-16 非达西流动示意图

线（即 dc 线）不通过坐标原点，称为拟启动压力梯度。

影响单相启动压力梯度的主要因素是孔隙介质、流体性质。一般来说，渗透率越低、孔喉比越大，则孔隙介质的启动压力梯度也越大；流体的黏度越大，拟启动压力梯度也越大。

从理论分析和实验研究结果表明，原油在低渗透油层中渗流时，存在某种启动压力梯度，渗透率对启动压力有明显影响，随着渗透率的降低，启动压力梯度则急剧增大，特别是在低渗透率的范围内，该规律更加突出。由于启动压力梯度的存在，从而影响单井产量，且渗透率越低，油井产量降低的幅度越大。

2. 矿场试验

长庆油田靖安、安塞油田长 6 油层室内实验、矿场测试资料均表明，此类储层在驱动压差较低时，液体不能流动，只有当驱动压差达到一定的临界值（即启动压差）后，液体才开始流动。根据注水井吸水指示曲线计算，安塞油田长 6 油层启动压差为 1~10MPa，一般为 6MPa 左右。

根据现场生产动态及测压资料计算，即使天然微裂缝不发育的井区，压力梯度也较大（靖安油田为 1.42MPa/100m；安塞油田为 1.74MPa/100m）；对于储层物性更差、天然微裂缝发育的井区，压力梯度可达 2.2MPa/100m（PQ 区）至 2.7MPa/100m（WY 区东部）。而且压力梯度分布不均衡，距裂缝线越近，压力损耗越大，如 PQ 区 1999 年完钻的检查井坪检 1 井，测静压为 9.97MPa，而距其 80m 的裂缝线上的油井静压为 19.77MPa，压力梯度达 12.25MPa/100m。

三、储层吸水特征

1. 储层吸水能力

长庆低渗透油层裂缝渗透率远远大于砂岩基质渗透率，裂缝渗透率一般可以达到几百甚至几千个毫达西，因而其吸水能力很强，注水压力很低。注水井注入压力平稳，长 6 油藏初期平均注水压力 5~6MPa，单井日注 30m³ 左右，目前平均注水压力 7~8MPa，单井日注 23m³。

吸水指数的变化反映注水井底附近渗流阻力的变化。随着注入水量的增加，油层含水饱和度增大，油相渗透率迅速下降，水相渗透率缓慢上升，由油水相对渗透率曲线计算，油层吸水指数随含水率的增加而下降，到 85% 后吸水指数开始回升。WY 区投注初期平均吸水指数 9.4m³/(d·MPa)，含水率 15.6% 时，吸水指数 4.45m³/(d·MPa)，下降了 52.6%。

由吸水指数与含水率关系曲线可知，含水率在 60%~80% 时，最小吸水指数 2.1m³/(d·MPa)，为满足油田配注要求，同时不超过注水井最大流动压力和注水压力，安塞油田的 W17-7 井，拐点压力（即地层破裂或裂缝张开压力）为 8.0MPa，拐点之前吸水指数为 4.0m³/(d·MPa)，拐点之后，吸水指数增到 16m³/(d·MPa)（图 1-17）。

2. 注水井吸水剖面

对压裂投注井与不压裂投注井进行分析，不压裂投注井 41 口，井口压力 6.1MPa，较相邻 23 口压裂投注井仅高 0.2MPa，但吸水厚度比压裂投注井高，可见不压裂投注既提高了注水波及程度，又降低了成本，低渗透油藏水驱储量控制程度达到 91.4%，水驱储量动用程度达到 81.4%，注水开发效果较好。

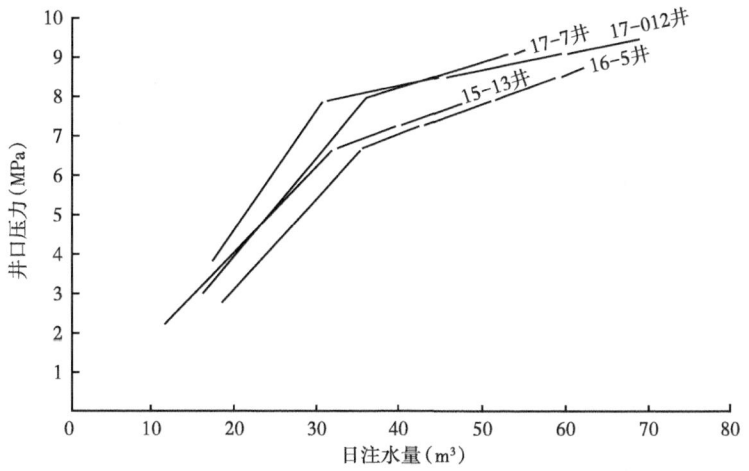

图 1-17　安塞油田各井吸水指示曲线

三叠系油层中天然微裂缝较发育，天然裂缝加剧了剖面矛盾，油层经压裂改造、注水开发后，局部井区注水压力超过裂缝开启压力后，易沿砂体轴向形成裂缝水窜，造成平面矛盾及纵向上注采剖面的不均衡。在这类油层井区，注水井吸水指示曲线一般出现拐点，吸水指数剧增；或吸水指示曲线为一平缓的直线，吸水指数很大，个别井吸水剖面上反映出尖峰状吸水（图 1-18）。

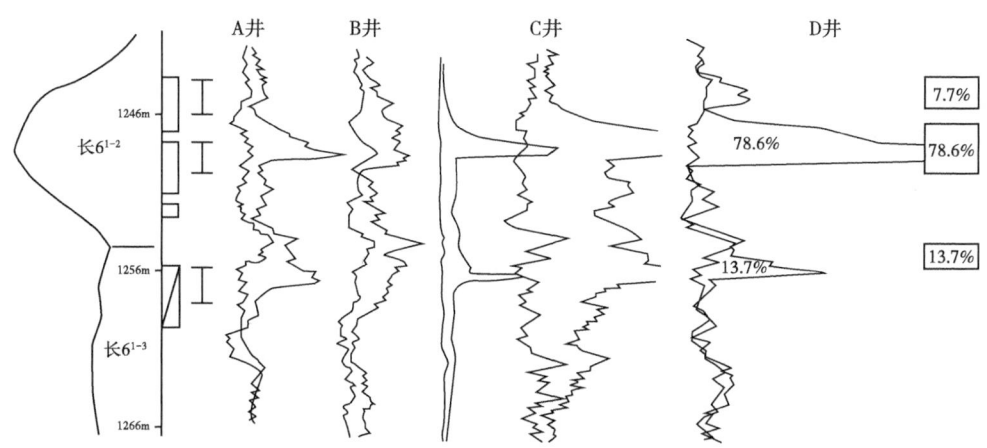

图 1-18　安塞油田某井吸水剖面

同时，一方面裂缝线上的采油井则表现为见效快、见水快，水线推进速度 0.43~4.35m/d，个别井 2 个月就暴性水淹，而裂缝不发育的层段，水驱动用程度差；另一方面，裂缝侧向的油井则见效缓慢，甚至长期不见效，加剧了注水开发的平面矛盾。

四、油井注水见效特征

1. 见效特征

长庆低渗透油藏注水开发，在注水 3~6 个月后即可见到注水效果，已注水开发的三叠系低渗透长 8、长 6、长 4+5、长 3 油藏注水见效程度 54.3%~86%，但油井受效不均衡，部分井见效缓慢。低渗透油藏注水开发特征表现为四升一稳一下降，即单井日产油能力、动液面、泵效、地层压力上升，含水稳定、生产气油比下降。如安塞油田 WY 区，自 1989 年 12 月开始注水，平均注水开发时间 8 年以上，虽见效程度达 76.3%，但受效极不均衡，中西部目前见效程度 86% 以上，油井见效后产量增加 2t/d 左右，而东部见效程度仅 43%，见效井增油不到 0.5t/d，部分油井仍处于低压、低产状态。

2. 见水特征

油井见水特征主要分为孔隙型、孔隙—裂缝型、裂缝型。油井见水特征的这种差异主要受油水运动规律影响，而油水运动规律受油藏地质特征控制，不同沉积相带油水运动特征表现为：

1）水下分流河道

注入水沿主体带快速舌进，平均见水时间 354d，水线推进速度 1.8m/d，为其他沉积相带的 2 倍，含水上升速度达 21.4%，由于分流河道废弃充填时间不同，侧向连通性差，油井见效程度低，见效后井均日产油 2.9t，注水效果较差。

2）分流河道与河口坝复合体

随着三角洲的向前加积推移，分流河道加积于河口坝之上，呈顺直型，形成薄而窄的砂体，注入水仍首先沿分流河道推进，但水线推进速度明显减缓，见水周期 634d，水线推进速度 0.65m/d，含水上升率 8.16%，油井见效后井均日产油 3.62t，采油速度 1.8%，开发效果提高。

3）河口坝

该区砂体、油层分布广泛且稳定，厚度大、物性好、水驱均匀，油井见效程度高，含水上升缓慢，见效后井均日产油 4.3t，采油速度达到 2.03%，采出程度 8.07%，是油田高产稳产的主力区块。

五、水驱效率特征

根据室内吸入法等润湿性测试资料，计算无量纲净吸水量 0.29%~5.42%，表明油层润湿性以弱亲水—中性为主。

上述储层润湿性特点，使得水湿不流动相占据了微孔，油湿相占据了大中孔喉，加之低黏易流动的原油性质，为油气渗流创造了较好的条件，在一定程度上弥补了小孔、微细喉、物性差的不足，水驱油效率较高。据室内水驱油实验结果统计（表 1-6），无水期驱油效率 20%~26.3%，最终驱油效率 44.9%~56.4%。

表 1-6　水驱油试验结果统计表

油田	样品数（块）	束缚水饱和度（%）	残余油饱和度（%）	两相流饱和度区间（%）	驱油效率（%）			
					无水期	含水率 95%	含水率 98%	最终期
安塞	148	38.10	32.10	29.80	20.00	36.80	41.00	47.70
靖安	30	34.10	32.00	33.90	24.80	35.30	41.20	48.90
白于山	11	32.88	35.33	31.79	21.77	34.67	38.32	46.16

续表

油田	样品数（块）	束缚水饱和度（%）	残余油饱和度（%）	两相流饱和度区间（%）	驱油效率（%）			
					无水期	含水率95%	含水率98%	最终期
西峰	22	32.50	35.60	31.90	17.90	31.90	36.50	44.90
华池	16	38.80	29.50	31.70	26.30	36.30	42.80	56.40

六、采液采油指数变化特征

由于低渗透油层中性—弱亲水的润湿性，加之水驱过程中局部地区出现水敏、水锁、速敏等问题，以及注水滞后，地层压力下降，使油层产生渗透率下降的不可逆转性，因而油水相对渗透率曲线呈现出随含水饱和度增加，油相渗透率急剧下降，水相渗透率缓慢上升，水的相对渗透率最大不到0.6。最终导致了随含水率上升，采液指数、采油指数下降。

对鄂尔多斯盆地安塞、靖安、华池等三个油田九个注水开发区块的采液采油指数规律分析，含水率相同的不同区块，采液指数、采油指数位于相同的区间，而处于不同含水阶段的不同区块，其采液指数、采油指数值对应不同的范围，且含水率高的区块采液指数、采油指数低，这与低渗透油藏理论采液指数、采油指数变化规律相一致；进一步分析还可发现，这些不同含水阶段的不同区块，采液指数、采油指数随含水率的关系具有较好的连续性（图1-19）。

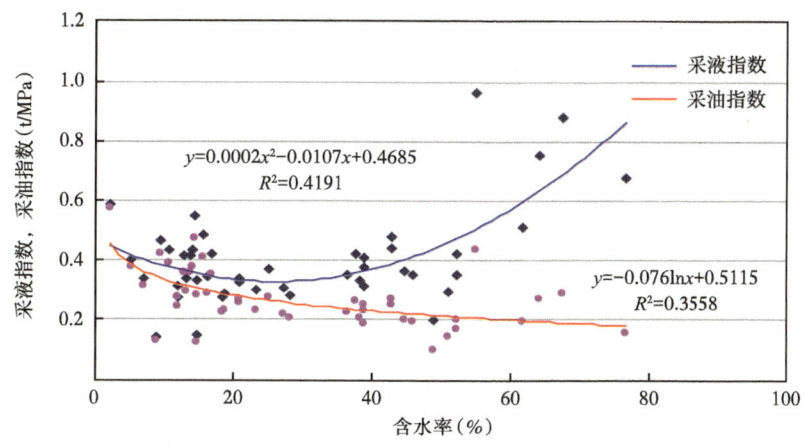

图1-19 三叠系注水开发油藏采液采油指数曲线

因此，长庆油田三叠系低渗透油藏注水开发过程中，采液指数、采油指数变化遵循同一规律，其主要特征是采液指数、采油指数普遍较低，且随着含水率上升，采液指数、采油指数下降；当含水率在40%以后，采液指数上升，而采油指数继续下降。

第五节 影响低渗透油藏水驱开发效果的关键因素

鄂尔多斯盆地低渗透—超低渗透油藏由于岩性致密、渗透率低、渗流阻力大、天然能量不足，大量的理论研究和生产实践表明，注水是此类油藏经济有效的开发方式，由此形成了超前注水、温和注水、精细注采调整等系列配套技术，实现了提高初期单井产量、减缓了油藏的递减，使以安塞油田为代表的特低渗透油藏得到了规模有效开发。然而受储层非均性强的影响，在注水开发中后期表现出主向油井见水、水淹，侧向油井见效程度低，油层纵向水洗差异等突出矛盾。

一、平面非均质性对水驱效果的影响

1. 油层单砂体的分布

前文对鄂尔多斯盆地主力油藏平面非均质性进行了概述，整体上盆地三叠系延长组长6—长8储层砂体连通形式有多边式、多层式、孤立式3种。以安塞油田为例，通过野外露头的观察、井网加密、水平井单砂体解剖等，进一步认识到河道砂体的宽度普遍小于200m（图1-20）。

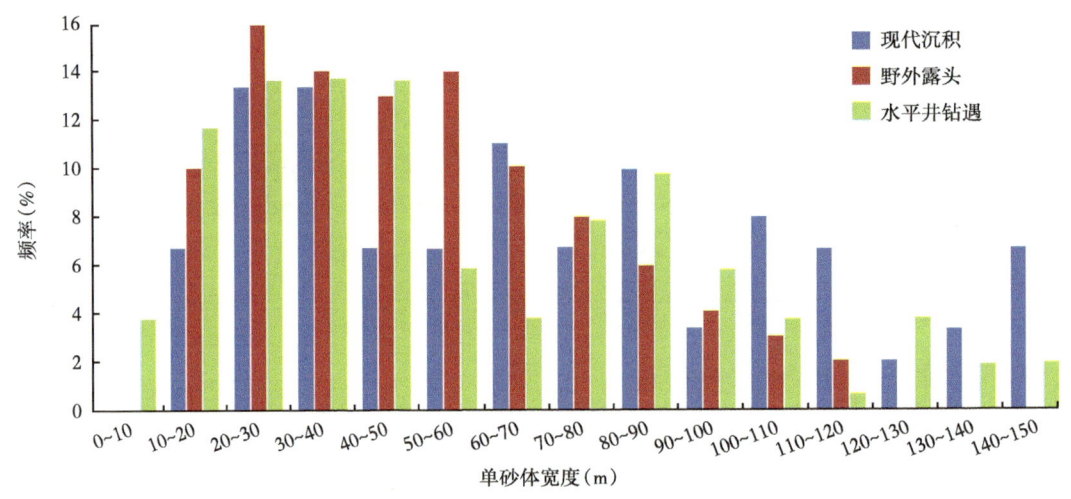

图1-20　安塞油田单砂体宽度分布频率图

以安塞油田WY老区为例，该区主力层位长6_1^{1-2}层，动用含油面积76km²、动用地质储量5212×10⁴t，储层渗透率3~5mD，孔隙度13%~15%。1983年投入开发，1992年建成40×10⁴t产能，后期通过井网调整、精细注水、加密调整，连续30年保持产能在25×10⁴t以上。目前表现出的突出的开发矛盾是进入"双高"（高含水，高采出程度）开发阶段，平面上注水沿最大主应力方向延伸沟通，侧向油井水驱效果变差。区块综合含水率69.1%，采出程度16.26%，含水上升率4.5%，自然递减达到15%，如何提升水驱效果、降低自然递减、精准挖潜剩余油是这类油藏改善开发效果、提高采收率的核心问题所在（图1-21）。

2009—2012年在该区部署加密检查井组，该井组所在区域地质储量采出程度20.4%，综合含水率70%，距离水线0~200m共完成9口检查井密闭取心、特殊测井，分析水驱及剩余油分布情况。通过精细解剖分析，顺物源方向，分流河道砂体多呈超覆式叠置，砂体连通性相对较好；垂直物源方向，分流河道砂体以孤立式或多期叠加透镜体分布，通过加密可以提高井网储量的控制程度，但平面上水驱不均的矛盾依然存在。

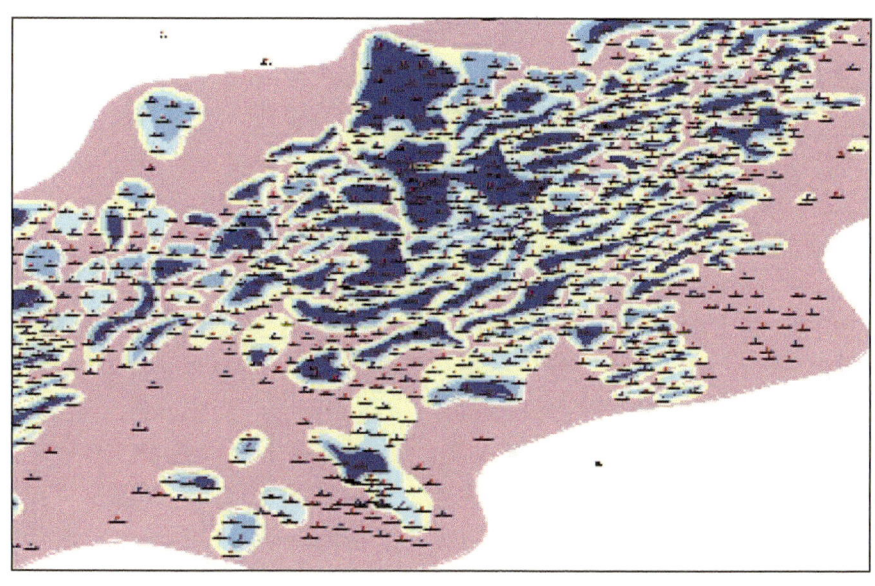

图 1-21　WY 区长 6 储层含水率分布图（2009 年）

统计该区注水开发油井见效情况，发现见效油井方向与油井所处的位置有关，整体见效井主要分布于油藏中部，不同区域反映出不同的特征。东北部区域主要是主向油井见效快，见效方向为北东—南西方向，与砂体走向一致；油藏中部整体见效程度高，长期注水开发后，见水方向主要是北东向，局部西北方向见水。从平面上来看，水驱方向受沉积环境控制，水驱状况受沉积相和储层物性的控制更加严重。

平面上距水线垂直距离越远，强水洗厚度越小、驱油效率越低。水线上强水洗油层厚度 34.8%，距离水线 70m 油层强水洗油层厚度 22.3%，距离水线 110m 油层强水洗油层厚度 19%，距离水线 150m 油层强水洗油层厚度 13.5%，从这些实际的研究结果可以看出，受沉积相及储层物性的控制，平面水驱不均，注水水线侧向的水驱距离短，主向油井局部强水洗造成油井水淹，仍有大量的剩余储量未动用。这类进入中高含水开发阶段的特低渗透油藏，面临着精细注水、调剖调驱、剩余油精准挖潜的工艺技术难题。

对于以华庆油田为代表的超低渗透油藏，储层渗透率 0.37mD，孔隙度 12%，物性更差。2008 年投入开发，采用 480m×130m 菱形反九点井网超前注水开发，开发 10 年来，整体水驱特征有三类：有效驱替井占 39%、水淹井占 28%、见效差或不见效井占 33%，评价动态采收率低，仅为 15%，呈低采油速度（0.3%~0.4%）、低效开发状态。

该区为砂质碎屑流沉积，油层厚度大于 20m，但平面连通性差，垂直物源方向，舌体间覆盖薄泥岩层。据 7 口精细描述取心井估算砂质碎屑流舌体宽度在 30~200m 之间，宽厚比在 30∶1~50∶1，长 6_3^1 层舌体规模略大于长 6_3^2 层。

华庆长 6 储层成藏条件复杂，平面上非均质性更强，各开发单元差异性大，突出表现是注水受效程度低，初期单井产量 2t/d，目前油井单井产量只有 0.8~1.2t/d，近 1/3 的井水淹关停，区块地质储量采出程度 5% 左右。如何在一次井网条件下提高老井单井产量、实施精细分层注水是改善此类油藏开发效果的关键。

2. 微裂缝发育的影响

前文谈到鄂尔多斯盆地三叠系油藏微裂缝发育的特征,从长期开发动态来看,天然微裂缝在低渗透—超低渗透储层中普遍发育,其既是原油的储存空间也是渗流通道,直接影响着油田的开发效果。表征储层裂缝分布的基本参数包括裂缝的产状、大小、间距、密度、宽度、有效性及溶蚀改造情况[5-7]。

1) 裂缝的产状

裂缝的产状是指裂缝的走向、倾向和倾角。裂缝的产状在油藏开采过程中对流体流动有很大的影响,因此要开发好裂缝性储层需要准确地预测裂缝的产状。

根据裂缝的倾角可将裂缝分为三类:倾角小于20°的水平裂缝,倾角为20°~70°的斜交裂缝和倾角大于70°的高角度裂缝。华庆(长6段,36口井)高角度裂缝所占比例最小,为64%,由此可见研究区域超低渗透储层裂缝以高角度造缝为主。裂缝走向以NEE向和NWW向为主,其次是近EW向。吴旗地区(7口)裂缝走向以近NE向为主,其次是近EW向和近NW向。裂缝的优势方位为北东向,北西向和近东西向裂缝发育次之。华庆地区岩心古地磁定向裂缝方位图如图1-22所示,安塞长6储层岩心古地磁定向裂缝方位图如图1-23所示。

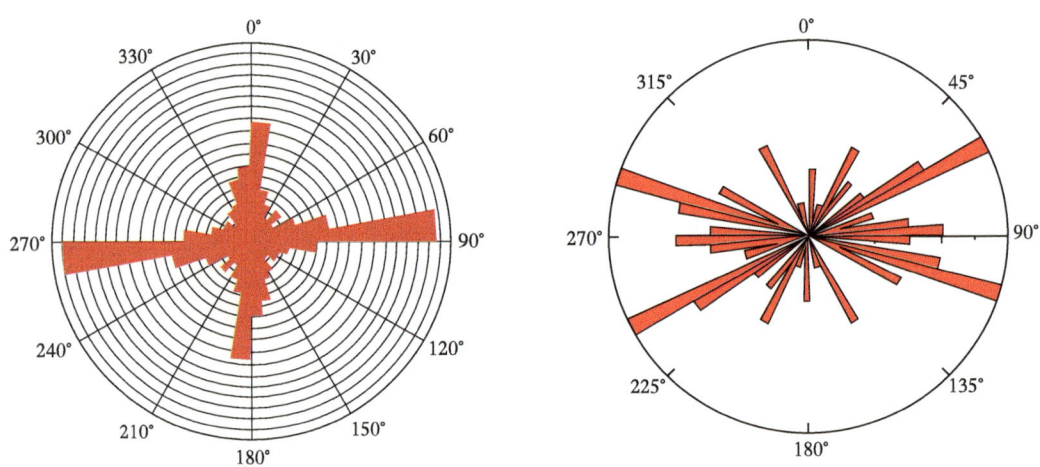

图1-22 华庆地区岩心古地磁定向裂缝方位图　　图1-23 安塞长6储层岩心古地磁定向裂缝方位图

WY加密区长6储层天然裂缝产状以高角度构造缝为主,主要发育近东西向、近南北向两组正交裂缝。规模小,且裂缝密度不大,裂缝长度为30~60m,主要在单层内发育。在原始储层条件下多处于闭合状态,为潜在缝。

2) 裂缝的大小

裂缝的大小包括裂缝的长度与切深,它们之间具有较好的正相关性,并与岩层的分布密切相关。华庆(长6储层)区域地层切深小于20cm裂缝约占80%,裂缝延伸长度小于1.5m;间距不大于6cm的裂缝约占80%。可见该层段发育以小切深、小间距为特点的小裂缝为主(图1-24和图1-25)。

裂缝开度不大于0.2mm的裂缝约占90%;所测裂缝开度要大于地下真实开度,应根据经验修正值$2/\pi$对其校正,以实测缝开度值乘以修正值$2/\pi$就得到构造裂缝地下的真实开度，如图1-26所示。裂缝充填情况：100%充填的2口，占总数的6.06%；40%~60%充填的6口，占18.18%；20%~40%充填的1口，占3.03%；0~20%充填的7口，占21.21%；完全未充填的17口，占51.52%。

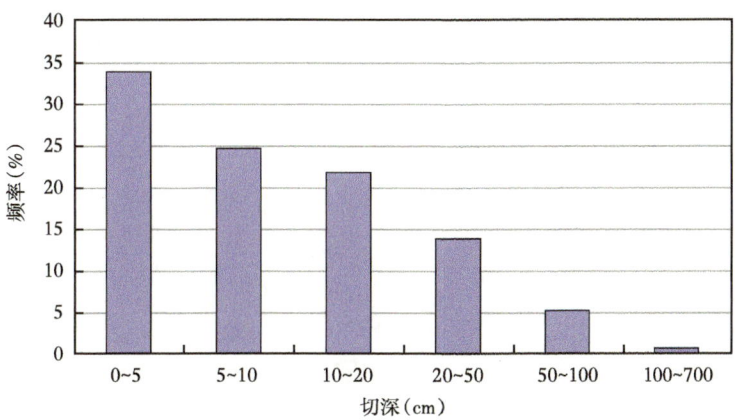

图1-24 华庆地区长6_3层岩心裂缝切深频率图

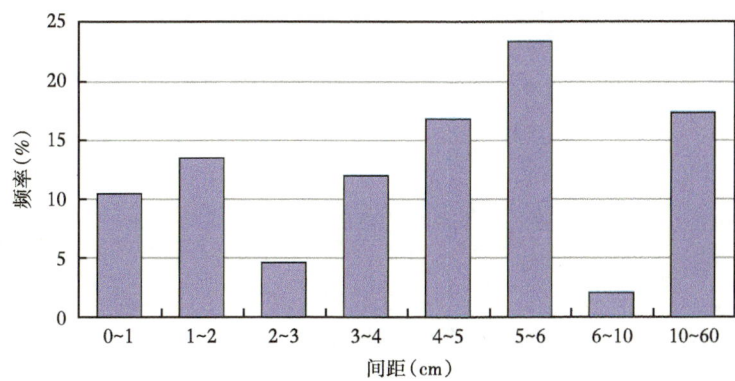

图1-25 华庆地区长6_3层岩心裂缝间距频率图

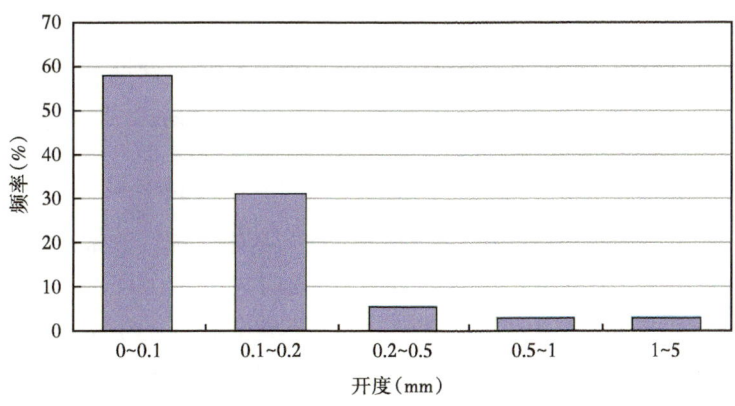

图1-26 华庆地区长6_3层岩心裂缝开度频率图

综合统计结果，储层段发育以"小切深、小开度、小间距"为特点的小裂缝为主；裂缝以完全未充填的居多（51.52%），部分充填的居中（42.42%），完全充填的占少部分（6.06%）；以高角度裂缝为主，低角度裂缝次之，再次为斜裂缝；以扭性裂缝为主（88.05%），张裂缝为辅（11.95%）；无效裂缝居多（81.82%），有效裂缝占18.18%；砂岩裂缝相对于泥岩类裂缝发育一些，粉细砂岩中裂缝占66%，泥岩中裂缝占34%；但从泥岩到粉砂岩至细砂岩裂缝密度有逐渐变小规律。储层段裂缝密度介于0.10~3.49条/m，其中砂岩段裂缝视密度介于0.02~2.93条/m，主要分布于0.1~0.5条/m。

由于微裂缝的存在加剧了注水开发后期的开发矛盾，突出表现就是裂缝性水淹井多，以华庆超低渗透油藏Y284为例，该区油层厚度25m，渗透率0.37mD，孔隙度12%，2009年起采用480m×130m菱形反九点注水井网超前注水开发，注水井采用射孔投注，油井采用压裂投产，开发初期单井产量大于2t，注水开发后期主要受物性差和微裂缝发育影响，多方向见水和油井注水不见效直接影响区块的开发效果。区块定向井单井产量小于0.5t/d的井占比41.3%，因多方向性见水治理无效的关停井占总井数的14%，区块地质储量采油速度仅0.20%，采出程度3%。

从油藏开发阶段来讲尚处于开发早期，但因储层非均质性强、微裂缝发育等因素影响，注水开发效果差。

3. 注水动态缝的影响

由于天然裂缝及人工裂缝的存在，在提高单井产量的同时，进一步加剧了储层的非均质性，随着注水开发的不断深入，人们发现裂缝的作用越来越重要。裂缝不仅决定了注水效果，而且控制了层系划分和井网布置，从而直接决定了油田开发效果的好坏。因此砂岩油田裂缝的研究日益受到人们的高度重视。据研究，我国低渗透砂岩油田的裂缝孔隙度都十分小，一般小于基质孔隙度；而渗透率则变化十分巨大，从几十到上千毫达西不等，且随着油田注水开发渗透率呈动态变大，引起油田的水窜和水淹。我国砂岩油田裂缝主要起增加储层导流能力的作用，裂缝对注水开发效果影响十分显著，主要表现在注入水沿裂缝快速推进，裂缝方向上油井过早见水、水窜甚至水淹，而侧向上油井见效过慢。

注水诱导裂缝：是指低渗透油藏在长期的注水开发过程中，由于压力过高形成的以水井为中心的高渗透性开启大裂缝或水流通道。

从注水指示曲线可以看出，华庆长6超低渗透油藏注水压力高于12MPa后，吸水能力显著增强，表现为微裂缝开启的特征，如图1-27所示。

从典型井组注采曲线可以看出，随着注入时间延长，注水压力逐渐增高，对应油井液量和含水率快速上升，对应注水井停注和减少配注后，含水率呈下降趋势，表现为裂缝见水特征，如图1-28所示。

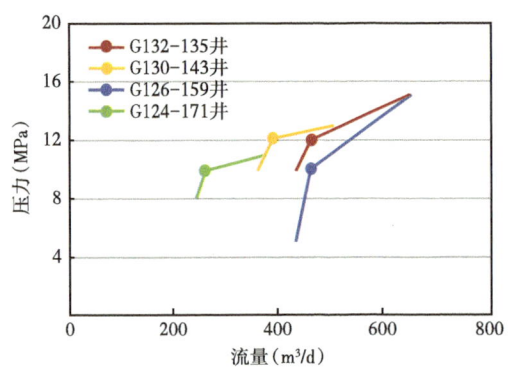

图1-27 白153超低渗透油藏注水指示曲线

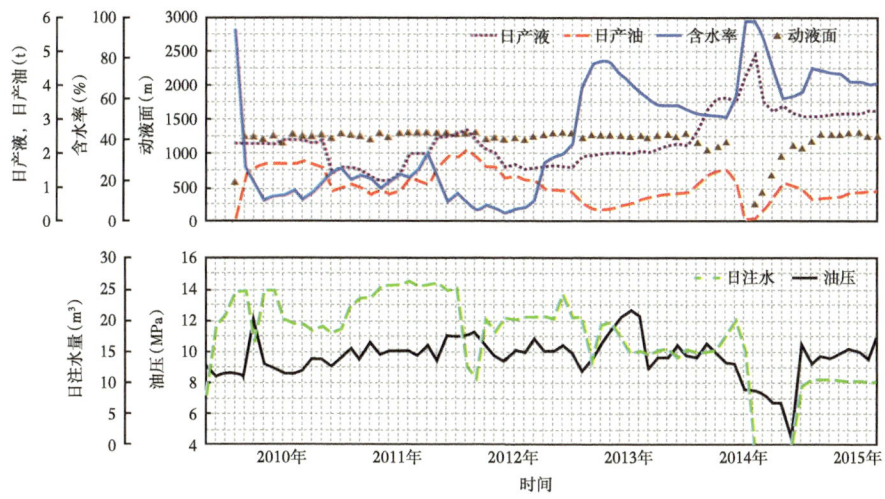

图 1-28 G140-141 井注水过程中裂缝开启扩展影响含水率上升

WY 区长 6 油藏属于典型的特低渗透油藏，储层物性相对较好，是国内外特低渗透油藏注水开发的典范，在国内形成了特低渗透油藏注水开发的"安塞模式"。但随着开发时间的延长，累计注水量的增加，注水压力超过裂缝的开启压力时，诱导微裂缝开启扩展和延伸，形成注水诱导裂缝和水窜通道，造成裂缝带上油井快速水淹。随着油田注水开发，诱导裂缝规模不断扩展和延伸。

4. 人工裂缝的延伸特征

裂缝系统与地应力方向之间的关系使裂缝系统在油气渗流中作用变得十分明确。对油气勘探开发而言，裂缝系统在现今应力场作用下表现十分活跃。油气运移主渗流方向受现今应力场最大水平主应力方向控制。天然裂缝的活动性既与应力差有关，又与现代最大主应力与破裂面夹角有关。即与现今应力场最大水平主应力方向近于平行或小角度相交的裂缝系统为最有效输导系统，油气渗流速度最快，在油气流动方面起主要作用。低渗透油藏裂缝在油藏注水开发中也具有明显的双重作用：一方面可以提高注水井吸水能力，另一方面容易形成水窜，使采油井过早见水和水淹。

1）裂缝与井网的适配

开发压裂是整体压裂模式的发展，即将水力裂缝与井网优化有机结合，以压裂裂缝分布作为井网优化的直接依据，实现人工裂缝与井网系统、压力驱替系统的最佳配置，从而获得最佳的油田开发效果，如图 1-29 所示。

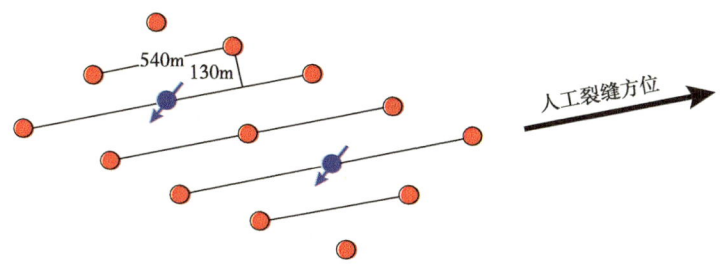

图 1-29 水力裂缝方位与井网适配示意图

1998年在靖安油田WLW一区ZJ60井区部署试验区，2000年完成开发效果评估，2001年以后，以"菱形反九点"为主要井网形式，开发压裂全面应用于陕北、陇东地区三叠系长6—长8、长4+5油藏大规模的开发，以井距480~520m、排距130~180m"菱形反九点"为主要井网形式，安塞油田王、候、杏南部长6油藏等大型三叠系油藏陆续投入开发，开发压裂技术全面应用。形成了以超前注水、井网优化、开发压裂、丛式井技术为代表的技术系列，经济有效开发的储层渗透率界限不断下移，先后实现了安塞（2.0mD）、靖安（1.5mD）、西峰（1.2mD）、姬塬（0.57mD）等特低渗透油田的有效开发。

随着开发的不断深入和工艺技术的不断进步，超低渗透油藏得以经济有效开发，对于华庆、合水等超低渗透油藏（小于0.3mD）常规压裂单井产量低，自2004年以来，长庆油田开展了低渗透成因、渗流机理、压裂液微观伤害机理、人工裂缝扩展规律等基础研究。并开辟庄40、庄19、沿25、塞392试验区，攻关研究形成了多级压裂技术；2008年规模开发超低渗透油藏以来，受国外致密油体积压裂技术启发，逐步攻关试验形成了超低渗透多缝压裂技术，实现了超低渗透油藏的经济有效开发。

2）人工裂缝延伸规律

鄂尔多斯盆地低渗透—超低渗透油藏均需压裂改造才能有产能，影响人工裂缝延伸的因素众多，其核心是地应力大小、方向、两向应力差值及微裂缝发育程度等。

水力裂缝监测诊断也是国内外公认的难点，目前国内应用较多的"地面微地震法"可以给出大致的裂缝方位，但由于三分向检波器埋在地面，在黄土塬地区存在干扰信号多、滤噪能力差、处理解释受人为因素影响等问题。

2003—2004年，安塞油田应用"地面微地震"裂缝监测方法，现场实时监测6口井，结果见表1-7。

表1-7 安塞油田重复压裂裂缝方位监测统计

区块	井号	类别	监测方法	裂缝方位	备注
HS区	H10-31	重复压裂	地面微地震裂缝测试	NE 38°	暂堵压裂
	H27-18			NE 41°	
	H21-13			NE 40°	
	H23-13			NE 49°	裂缝预处理及压裂复合工艺
WY区	W20-017			NE 51°	暂堵压裂
PQ区	P35-12			NE 52.3°	

监测结果集中于NE40°~50°，与原水力裂缝方位接近，尚不足以对工艺效果进行准确评价。

为了更为准确地研究重复压裂裂缝延伸特征，2004年引进国际上先进的Pinnacle公司"井下微地震"技术，在国内首次实时监测重复压裂裂缝延伸方位，同时还获取了较为准确的重复压裂裂缝几何尺寸。

W25-02井为WY老区水线侧向加密井，1998年投产，2004年10月重复压裂，在邻井W25-2井下入12级三分量检波器监测压裂过程中的微地震事件。

与"地面微地震法"不同,"井下微地震"测试将12级三分量检波器下入邻井(监测井)井下同一目标层位,首先对压裂井进行射(补)孔,监测井内12级三分量检波器接收到射孔"微地震事件"并完成定向,压裂过程中检波器接受压裂井传播过来的纵横波信号,通过一定的计算程序还原到压裂井裂缝所波及位置。这样的信号连续记录,从而勾勒出水力压裂裂缝的实际区域位置。由于信号采集和传输达到0.05s级,所以监测精度得以大幅度提高。

W25-02井设计施工排量2.2m³/min,根据小型测试压裂情况,现场调整为3.03m³/min,压裂加砂303m³,入地液量110m³,施工顺利,达到设计要求。微地震监测共接收到37个有效的"微地震事件",如图1-30所示。图1-30中的每一个点代表一个微地震事件,现场监测获得成功。

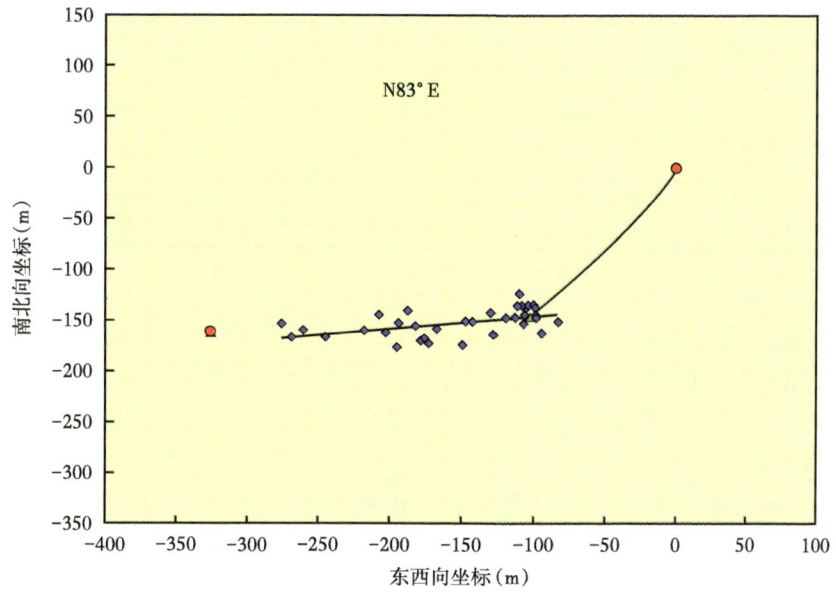

图1-30 微地震监测结果图

采用专业软件,将采集到的微地震数据进行处理、解释,得到W25-02井重复压裂实时裂缝监测结果如下:

裂缝方位NE83°;裂缝半长170m;裂缝高度39m。

压后拟合表明,W25-02井裂缝完全控制在产层段,达到了改造目的。

该井裂缝监测表明:"井下微地震"裂缝几何尺寸与目前长6油层压裂模拟值、经验估算值基本吻合;尽管施工排量达到3.0m³/min,但裂缝高度仍然得到很好控制;微地震测试结果表明,重复压裂裂缝延伸方位与初次压裂裂缝方位基本一致,说明虽经长时间的开采,地应力场方向并未发生多大变化。

此次裂缝监测再次验证了目前对重复压裂裂缝延伸特征、裂缝规模的基本认识。通过几种测试方法得到了裂缝方位情况,可以看出,采用不同监测方法,新井压裂和老井重复压裂裂缝方位较集中于NE40°~80°之间,具体见表1-8。

表 1-8　安塞油田长 6 储层不同测试方法获得的裂缝方位

测试方法	岩心测试	声发射微地震测井	油井见效见水主要方位	"嵌入式"裂缝测试	井下微地震裂缝监测
裂缝方位	NE55°~78°	NE48°~81°	NE66°左右	NE40°~52°	NE83°
备注	新井钻井岩心	新井	生产动态	6 口重复压裂井	1 口重复压裂井

华庆长 6 储层裂缝方位主要为北东向，总体上人工裂缝延伸方向与最大水平主应力方向一致，但是不同区块不同压裂工艺，裂缝延伸规律存在一定的差异，见表 1-9。

表 1-9　华庆长 6 储层不同压裂方式裂缝延伸情况表

区块	层位	测试段数	人工裂缝方向	带长（m）	带宽（m）	带高（m）	备注
元 284	长 6	8	NE75°~78°	202~460 平均 309	75~250 平均 122	60~90 平均 75	水平井常规压裂
		1	NE81°	420	110	60	老井体积压裂
白 239		4	NE82°~88°	230~330 平均 277	100~130 平均 107	40~65 平均 53	水平井常规压裂

3）微裂缝对人工裂缝延伸的影响

尽管经典的断裂力学理论为裂纹萌生、扩展问题的研究奠定了理论基础，但迄今为止，断裂力学理论对于处理非均匀介质中的上述问题，却仍然是个没有得到解决的力学难题。对于水力压裂过程中的岩石破裂而言，岩石介质中的天然裂缝恰恰是不容忽视的重要因素[8-13]。

由于理论上研究天然裂缝岩石介质中裂纹扩展规律的复杂性，目前有关天然裂缝储层中断纹扩展问题的研究还不多见。天然微裂缝发育岩石的破坏机制主要有以下两种：

（1）天然裂隙岩石的破坏，是天然裂隙和岩石自身性质共同作用下的结果。

（2）微裂缝的发育破坏了岩石的完整程度，改变了岩石的力学强度。在外力作用下，微裂缝具有明显的作用。因此，天然裂隙岩石的破坏是在微裂缝影响下的破坏；同时，天然微裂缝的开启最终需要转嫁为岩石本体的破裂，因此，破坏过程也受岩石力学性质的控制。

微裂缝的存在引起了岩石内部的应力集中，在微裂缝的尖端，岩石的力学强度得到最大程度的削弱。

根据弹性理论，裂缝尖端应力强度因子的大小取决于裂缝与周围介质的维度尺寸与所加的载荷。不同破裂形式（张破坏、剪破坏）引起的应力强度因子大小也不同。

在天然裂缝发育的储层中进行压裂，由于天然微裂缝的存在会影响人工裂缝的延伸规律，主要与最大最小水平主应力之差值、人工裂缝延伸方向与天然裂缝夹角，以及施工时裂缝的净压力有关系。

根据不同区块的岩心室内地应力参数测定结果，平均最大最小水平主应力之差在 1.9~10.4MPa 之间，水平地应力各向异性较强，形成裂缝网络的难度较大，见表 1-10。

表1–10 长庆油田长6、长7、长8储层地应力测试结果

油田	层位	井数（口）	最大水平地应力 σ_H（MPa）	最小水平地应力 σ_h（MPa）	$\sigma_H-\sigma_h$（MPa）
安塞	长6	4	22.4~25.2	20.1~22.7	1.9~4.9
华庆		4	34.5~39.5	32.1~34.9	2.8~5.3
吴旗		5	31.9~36.4	26.1~29.8	5.2~6.7
姬塬		4	37.2~42.5	28.6~35.4	5.1~10.3
西峰	长7	1	31.3~35.1	28.4~31.3	2.7~4.0
西峰	长8	6	34.1~46.8	28.1~36.4	4.1~10.4

天然微裂缝发育程度越高，其方位与最大水平主应力方向夹角越大，形成复杂缝网的概率越高。对于共轭型天然微裂缝，体积压裂适应性较好，如图1-31所示，图中 σ_H 为最大水平主应力；σ_h 为最小水平主应力；θ 为天然裂缝与水力裂缝夹角。

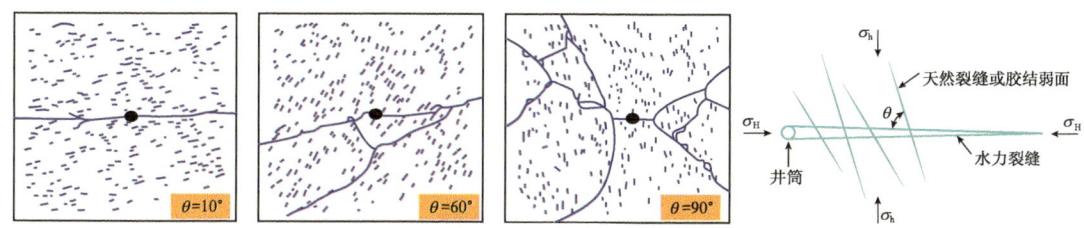

图1-31 天然裂缝方位与最大水平主应力方向夹角与造缝情况图

研究区水平两向应力差条件下（5.22MPa），以及较小的天然裂缝逼近角条件下（0°~30°），水力裂缝遇天然裂缝以沟通开启天然裂缝为主，裂缝带宽增加。

按照华庆长6储层相关地应力及岩石力学参数计算，研究区天然裂缝夹角越小，越易发生张开破坏，随着天然裂缝与主裂缝夹角的增大，天然裂缝发生张开或者剪切破坏所需要的力更大，当夹角大于60°后，天然裂缝发生剪切破坏所需的净压力急剧增加，如图1-32所示。

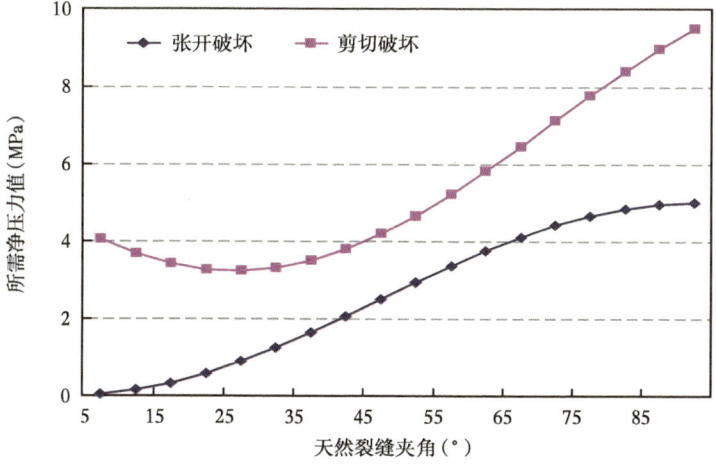

图1-32 不同天然裂缝夹角下裂缝开启所需净压力图

综上所述，由于鄂尔多斯盆地沉积的特征决定了储层单砂体宽度较小，沿物源方向的砂体连通性较好，垂直物源方向的砂体连通性较差，储层微裂缝发育造成在长期注采过程中，微裂缝不断开启并延伸，形成了注水动态缝，水驱主向油井见效快、侧向油井见效慢，甚至长期不见效。受平面非均质性的影响，随着开发时间的延长，注水量不断增加，主向油井水淹，侧向水驱范围小，动用程度低。对于特低渗透油田，进入中高含水开发阶段，此类油藏开发矛盾更为突出。

二、剖面非均质性对水驱效果的影响

鄂尔多斯盆地三叠系长 6 油藏纵向上受多期沉积影响，小层叠合发育，各小层之间物性差异大，笼统注水或分 2~3 层分层注水纵向上水驱动用程度依然偏低。注水过程中注入水易沿着高渗透通道窜至油井，对应的油井就因一个小层见水而全井产水，造成井控储量的失控。通过多年的动态验证、分层测试、精细油藏研究，石油开发工作者已经认识到鄂尔多斯盆地纵向非均质性对水驱效果的严重影响程度。

1. 渗透率非均质性

层内渗透率非均质程度直接影响着纵向波及系数，一般采用渗透率级差、突进系数和变异系数来表征层内渗透率非均质状况。WY 区长 6 油层平均渗透率级差、突进系数、变异系数分别为 3.67、1.47、0.4，属中等非均质性储层。各小层相比，主力油层长 6_1^{1-2} 储层非均质性稍强，见表 1-11。WY 区长 6 油层整体上层间非均性弱。主力层长 6_1^{1-2} 小层及次主力层长 6_1^{1-3} 小层砂体钻遇率高、垂向砂岩密度较高、单砂层平均厚度相对大，砂体发育程度较好，但是分层系数相对较高，层间非均质性相对其他层严重。

表 1-11 安塞油田 WY 井区长 6 储层层内渗透率非均质性系数统计表

层位	渗透率级差			突进系数			变异系数		
	最大	最小	平均	最大	最小	平均	最大	最小	平均
长 6_1^{1-1}	14.40	1	2.65	1.87	1	1.07	0.87	0	0.27
长 6_1^{1-2}	105.70	1	4.10	3.42	1	1.46	1.32	0	0.49
长 6_1^{1-3}	32.06	1	3.43	2.75	1	1.22	2.30	0	0.43
长 6_1^2	123.07	1	3.89	4.41	1	1.67	1.71	0	0.42
长 6_2	146.00	1	4.30	4.87	1	1.95	1.93	0	0.37
平均	84.25	1	3.67	3.46	1	1.47	1.63	0	0.40

从表 1-11 可以看出，WY 区长 6 油层整体上属弱—中等层间非均质性。相比而言主力层长 6_1^{1-2} 小层及次主力层长 6_1^{1-3} 小层砂体钻遇率高、垂向砂岩密度较高、单砂层平均厚度相对大，砂体发育程度较好。

经过长期注水开发，储层岩石粒度较粗，孔隙度、渗透率好的部位水洗程度强，粒度较细，孔隙度、渗透率较差的部位水洗程度弱。强水洗段的物性好，驱油效率高，中水洗段次之，弱水洗段最低（图 1-33 和图 1-34）。

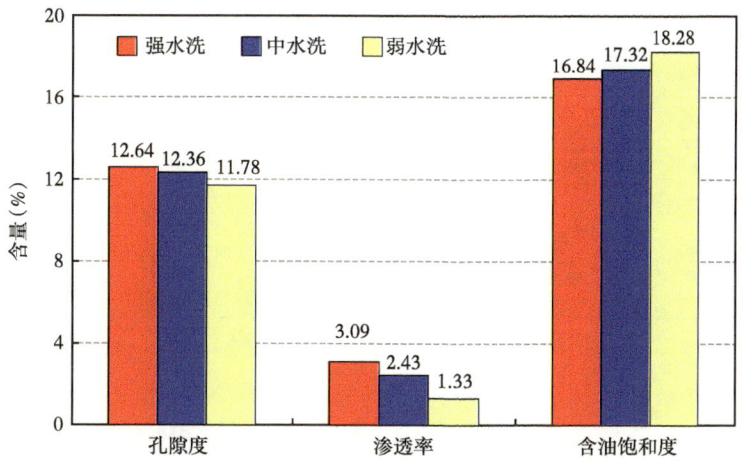

图 1-33　长 6_1^{1-2} 小层不同水洗程度岩样物性对比图

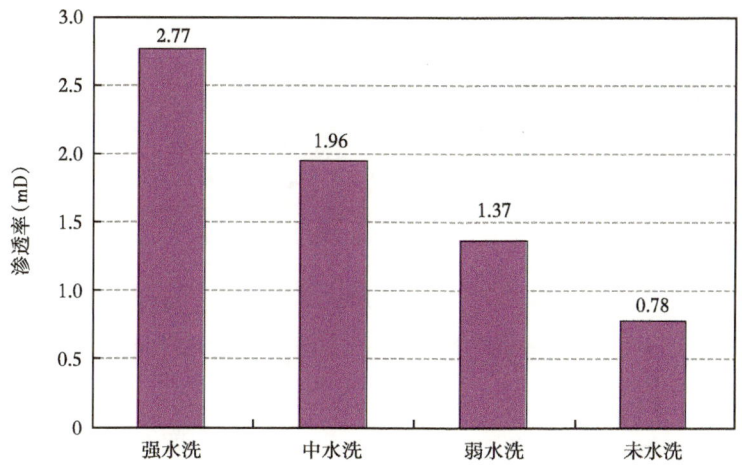

图 1-34　长 6_1^{1-2} 小层不同水洗程度样品渗透率对比图

从图 1-35 和图 1-36 统计结果来看，纵向水驱动用状况受物性控制，物性相对较好的层段为主要水洗层段；物性较差的层段弱水洗或未水洗，剩余油相对富集。纵向中—强水洗厚度占 36.9%，细分小层后，强水洗主要在长 6_1^{1-2-3} 小层、长 6_1^{1-2-4} 小层和长 6_1^{1-3-1} 小层；长 6_1^{1-2-1} 小层和长 6_1^{1-3-3} 小层连通性差、物性差，水洗程度弱或未水洗。

华庆长 6 超低渗透油藏，储层厚度大、渗透率低，砂层渗透率级差一般为 5.9~192.8，说明浊积水道砂的非均质性不算太强。渗透率非均质系数，也称突进系数，指油层最高渗透率与平均渗透率的比值，非均质系数越接近 1，均质性越好。

从 19 口取心井的岩心分析资料可清楚地看出，长 6_3 砂层组变异系数一般分布在 0.6~1.1 之间，渗透率变异系数 $K_v < 0.5$ 占 19.6%，K_v=0.5~0.7 占 35.3%，$K_v > 0.7$ 占 45.1%，如图 1-35 所示。渗透率非均质系数一般分布在 2.7~7.6 之间，如图 1-36 所示。渗透率级差一般都分布在 50~200 之间，如图 1-37 所示，说明非均质性比较严重。

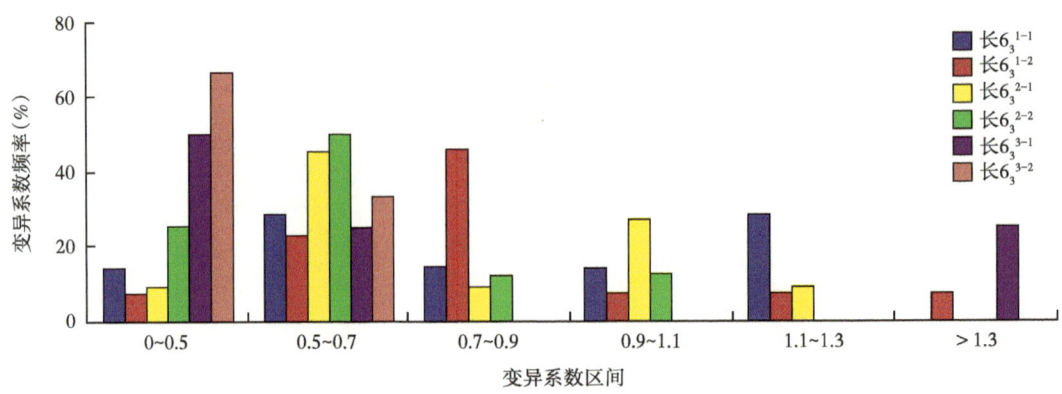

图 1-35　华庆油田 B153 井区渗透率变异系数频率图

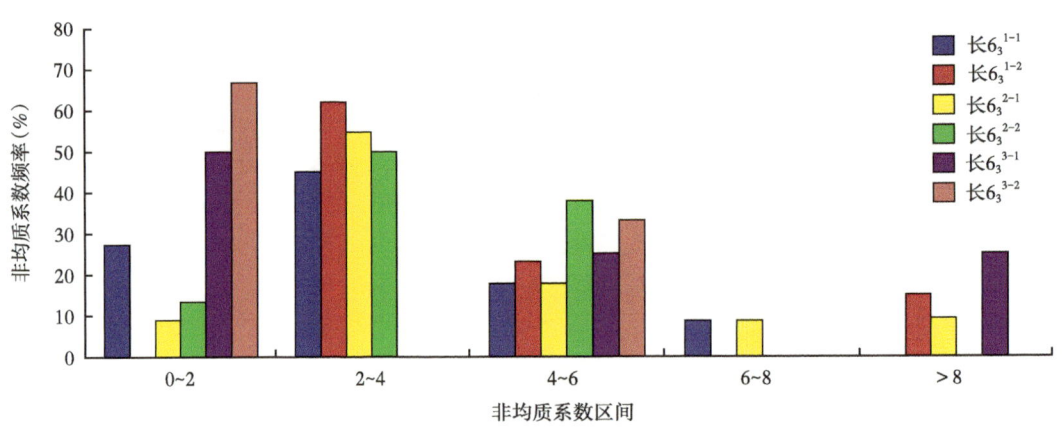

图 1-36　华庆油田 B153 井区渗透率非均质系数频率图

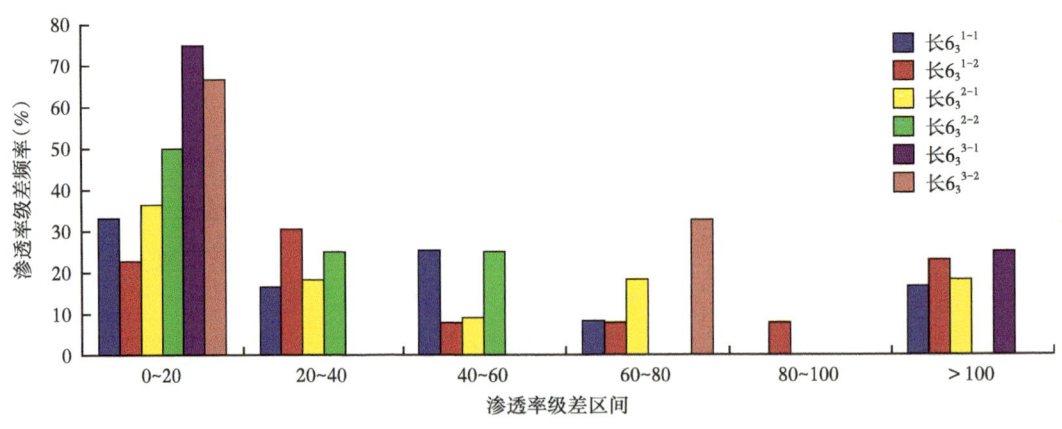

图 1-37　华庆油田 B153 井区渗透率级差频率图

相对而言，长 6_3 砂层组各小层单元中，长 6_3^{1-1} 小层，长 6_3^{1-2} 小层的非均质性较为严重，渗透率变异系数 $K_v < 0.5$ 占 8%~14%，$K_v=0.5$~0.7 占 23%~29%，$K_v > 0.7$ 占 57%~70%，为不均匀型。非均质系数大于 2 占 73%~99%，渗透率级差一般都分布在

50~200之间。

长 6_3^{2-1} 小层，长 6_3^{2-2} 小层的非均质性比长 6_3^{1-1} 小层，长 6_3^{1-2} 小层略弱，渗透率变异系数 K_v=0.5~0.7 占 45%~50%，为较均匀型。

2. 纵向非均质性对开发效果的影响

以安塞油田为代表的特低渗透油藏整体水驱效果好，预期水驱采收率大于20%，纵向主要受物性、裂缝影响，水驱沿高渗透层段突进，低渗透层段水驱效果差，剩余油富集，特低渗透油藏纵向水驱动用状况受非均质性影响，物性相对较好的层段为主要水洗层段，物性较差的层段弱水洗或未水洗。

WY老区加密检查井取心分析结果表明，注水开发近20年，地质采出程度20.4%，因层间非均质性影响，高渗透主力层段水洗程度高，低渗透层未水洗比例达到30%以上，剩余油仍然较富集，具有深度挖潜潜力。

近年来，为加深对老区储层水驱状况和剩余油挖潜的认识，针对安塞老井开展了一系列的剩余油饱和度测试，为加密部署及注水调整提供依据。

统计安塞油田2008—2013年110口中子寿命（或PNN）测井结果表明，剖面上整体水驱均匀，剩余油饱和度较高，仅局部层段水洗。按照不同的含水标准将水淹程度分为强水淹、中水淹和弱水淹三个等级，统计结果表明，主力层长6储层已动用层段层间剩余油分布不均，各水淹级别均含有不同程度的剩余油，见表1-12。

表1-12 安塞油田110口井水淹层不同级别分类统计结果

序号	解释分类	含水率分类标准（%）	平均剩余油饱和度（%）	层数	层数占比（%）
1	1级水淹（强水淹）	$f_w \geq 80$	33.1	170	24.9
2	2级水淹（中水淹）	$40 \leq f_w < 80$	42.0	332	48.6
3	3级水淹（弱水淹）	$10 \leq f_w < 40$	50.0	181	26.5
	合计（平均）		41.9	683	100.0

水淹层段处于强水淹等级的有170层，占总统计层数的比例不到1/3，仅为24.9%。平均剩余油饱和度33.1%，剩余油饱和度低，剩余油挖潜难度大。水淹段处于中水淹层等级的有332层，占总统计层数的比例近50%，为48.6%，占统计层数的比例最大，平均剩余油饱和度42%。水淹层段处于弱水淹的有181层，占总解释层比例为26.5%，平均剩余油饱和度为50.0%，剩余油富集。

分析近两年20口井剩余油饱和度测试数据，主要是受层间隔夹层或层内非均质性等共同影响造成，剩余油富集在层间受隔夹层遮挡（2~5m）影响，因初期改造规模较小或部分小层未动用导致剩余油富集，占统计井数比例为40%。

同时，注水井在注水驱替过程中受重力影响吸水剖面逐年下移，导致油层下部水洗程度高，上部动用程度低，形成剖面上注水尖峰状吸水和水驱突进现象，对应油井出现下部过早见水，而储层上部油层得不到注水驱替，造成厚油层上部剩余油富集。

超低渗透油藏水线侧向检查井显示：除受物性影响外，区域性的天然裂缝对纵向水驱也有影响，但范围要小得多，剩余油大面积富集。长 6_3^2 小层顶部 2198.3~2199.7m 岩心出筒后碎裂，滴水半珠至慢扩散，疑似水洗，测井解释为差油层。其他层段未观察到明显水洗特征。

三、储层微观非均质性对水驱效果的影响

采用微观仿真玻璃模型研究微观剩余油分布受控因素及赋存状态。研究表明，微观剩余油分布与储层润湿性、原油黏度、孔隙结构及非均质性有关。黏度越大，油膜越厚，相对细小的渗流通道动用越困难，剩余油越多。因此，油水黏度比越大，将在大孔喉及壁面中形成油膜型剩余油，而在细小孔喉中形成细喉型剩余油。

喉道越发育，注入水突进，见水越早，微观波及程度越小，无水采出程度越低，最终采出程度也越小。

1. 润湿性

亲水模型驱油效率要高于亲油模型，油藏亲水性越强，其水驱开发效果越好。反之，将在孔喉中形成油膜型剩余油。

以姬塬油田王盘山长 6 储层为例，岩石为亲油性时，由于毛细管阻力的作用，注入水在喉道中央向前推进，喉道壁吸附薄膜油状物，且在细喉道驱动过程中由于强界面张力作用易发生油流卡断，注入水主要呈指状—网状驱替，驱油不彻底，驱油效率较低，平均值为 1.59%；当岩石亲水性较强时，由于注入水对喉道壁油膜的挤压作用，在喉道中能彻底、均匀地将油驱走，且注入水波及范围广，波及体积大，能够均匀驱替孔喉中的原油，最终驱油效率明显提高，平均值为 50.53%；油层岩石亲水性越强，驱油效率越高，亲水性储层较亲油性储层驱油效率提高了 15.94%（图 1-38 和图 1-39）。

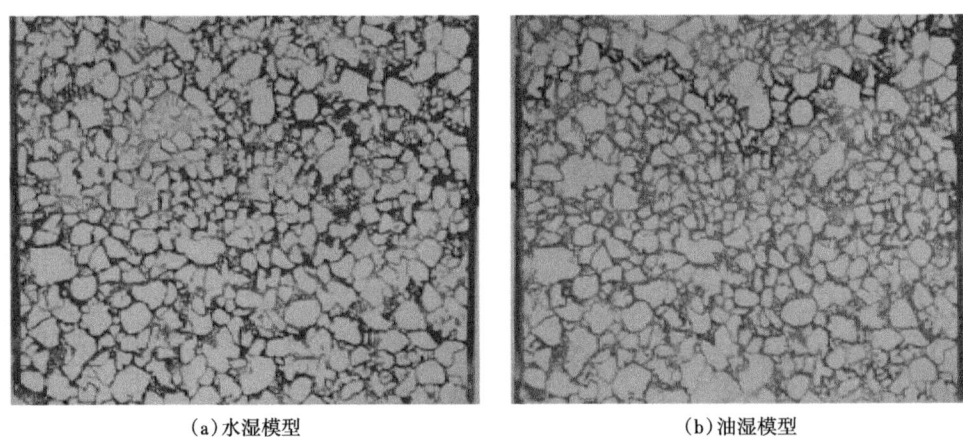

(a) 水湿模型　　　　　　　　　　　　(b) 油湿模型

图 1-38　水湿模型残余油和油湿模型残余油

2. 微观孔隙结构

喉道半径与驱油效率具有良好的正相关性（图 1-40），以姬塬油田王盘山长 6 储层为例，喉道半径由小逐渐增大时，由于喉道半径整体较细，毛细管阻力较强，渗流阻力较大，孔喉连通性也较差，相同实验条件下，注入水首先沿着高渗透带路径以网状、指状—网状类型驱替前进，驱油效率拟合曲线呈指数倍数增加，喉道半径增大，渗流路径增宽，

有效喉道网络的渗透性增强，波及面积扩大，实验可观察到注入水主要以均匀驱替类型进行驱油，驱油效率拟合曲线呈线性倍数趋势增大。随分选系数的增大，驱油效率显著减小，相对于孔隙度、渗透率、喉道半径等参数，分选系数与驱油效率的响应关系较强。分选系数变大，表明喉道粗细不一，喉道间非均质性增强，注入水会沿着大喉道突进，形成指进渗流现象，以指状驱替为主，形成大量簇状残余油，使得与主流孔喉连通较差的孔隙网络中的原油难以驱替出来，导致最终驱油效率较低。

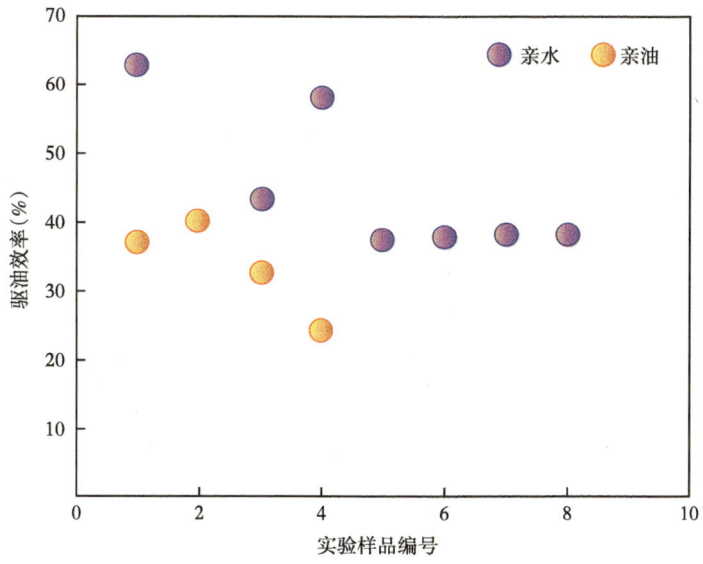

图 1-39 不同润湿相与驱油效率的关系

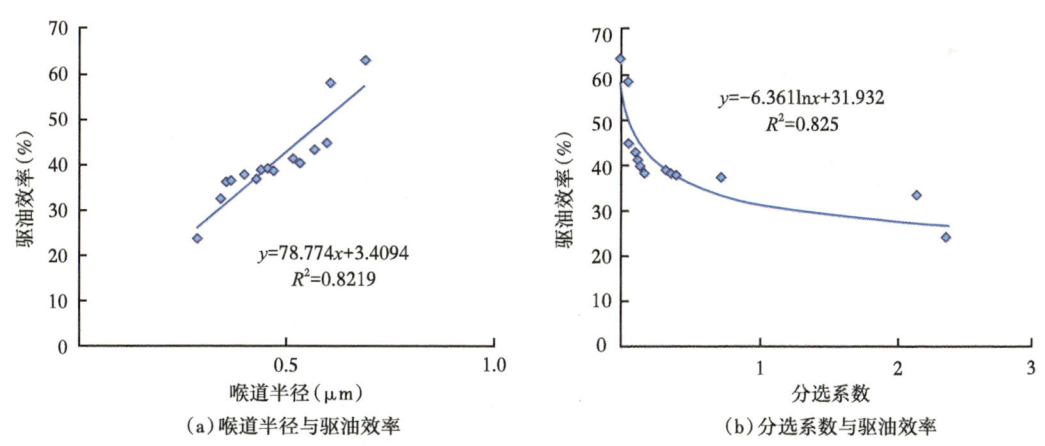

(a) 喉道半径与驱油效率 　　　　(b) 分选系数与驱油效率

图 1-40 孔喉参数与驱油效率的关系

长 8 致密砂岩储层的孔喉特征严重影响水驱油效率。小孔喉对储层渗流特征的影响很大，会降低驱油效率，并且也会形成"卡断"现象。储层中存在较多的小孔喉会对油水的渗流起到反作用，会阻止部分油滴的移动，并且会"锁死"在渗流初期已形成的既定流动通道，降低驱油效率。

长 8 储层物性差、孔喉细小、非均质性强等因素严重影响了储层的水驱油效率。从真实砂岩微观水驱油实验还发现，储层微观孔喉分布的强非均质性造成了剩余油的"绕流"现象，形成了连片的残余油。孔喉差异特征明显，也会造成"卡断"现象，但其产生的油滴可以随着驱替过程被最终采出。在孔喉特别细小的致密砂岩储层，也存在着"贾敏效应"，它的存在会使水驱油效率降低。

1）均匀驱替

均匀驱替从微观上看，注水波及面积逐渐增大，水驱油整体较均匀，驱替前缘几乎平行推进，无明显高渗透通道，多出现在致密砂岩储层中孔喉发育较好的区域，驱油效果较好，如图 1-41 所示。

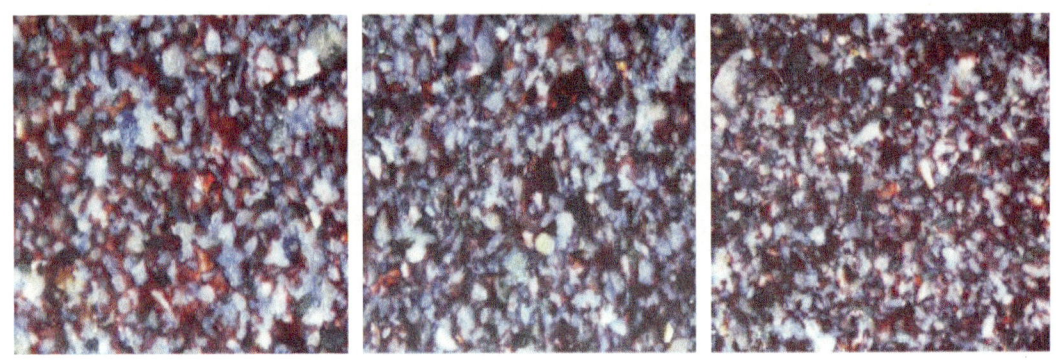

图 1-41　均匀驱替型（红色为油、蓝色为水，后同）

2）蛇状驱替

蛇状驱替从微观上看，注水波及面积较分散，水驱油整体不均匀，呈现出单向指进现象，驱替前缘推进各不相同，会形成明显的残余油，有明显高渗透通道，多出现在致密砂岩储层中孔隙连通较好的区域，最终驱油效果较差，如图 1-42 所示。

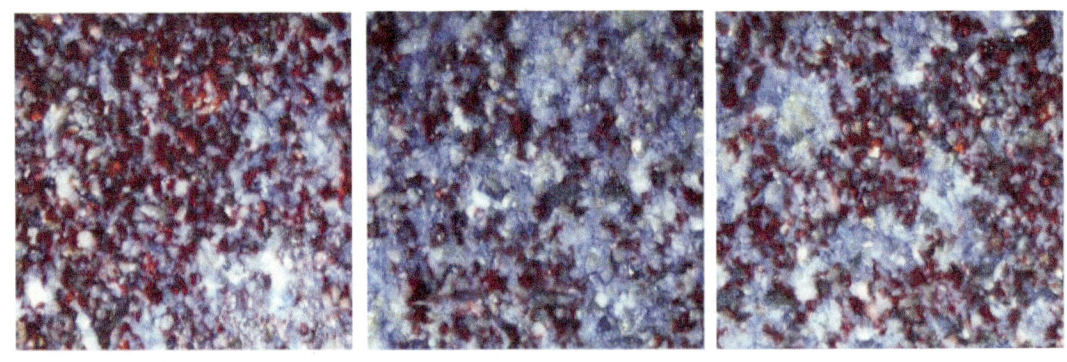

图 1-42　蛇状驱替型

3）树枝状驱替

树枝状驱替从微观上看，注水波及面积也较分散，水驱油整体不均匀，呈现出多个单向指进现象，驱替前缘推进也各不相同，会形成明显的残余油，有明显高渗透通道，最终驱油效果一般，如图 1-43 所示。

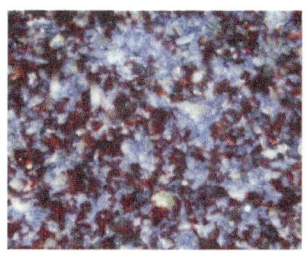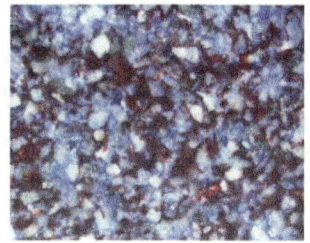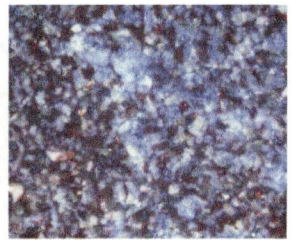

图 1-43　树枝状驱替型

4）网状驱替

网状驱替从微观上看，注水波及面积也较分散，水驱油整体不均匀，呈现出多个单向指进现象，突破后形成网状渗流通道，驱替前缘推进也各不相同，会形成明显的残余油，存在明显高渗透通道，最终驱油效果较好，如图 1-44 所示。

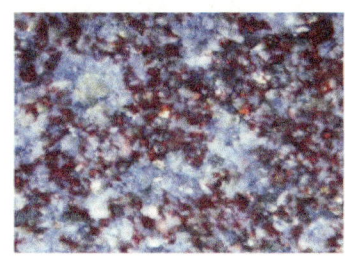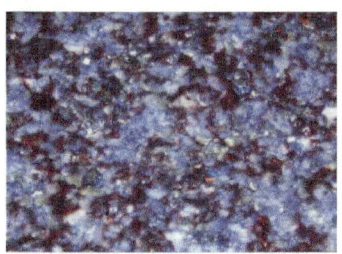

图 1-44　网状驱替型

从薄片分析来看，指状驱替驱油效率明显低于网状及均匀网状驱替，指状驱替中突进渗流区域内的渗流通道明显好于周围；从单井角度来看，不同深度样品的驱油效率差别很大，适合分段开发；从微观尺度来看，喉道半径分布范围大，驱油效率高，说明当喉道半径整体较小时，具有少量较大的孔喉半径且分布均匀有利于驱油，所以孔喉大小与空间分布对驱油效率的影响需要综合考量。

3. 黏土矿物

黏土矿物的存在会影响孔隙喉道，使其变小，这会使水驱油效率降低。孔隙中充填黏土矿物，例如充填孔隙的硅质和绿泥石膜粒间充填的定向片状伊利石与石英微晶等，都会影响储层孔隙结构非均质性、微观渗流能力，降低渗流空间（图 1-45）。

(a)硅质和绿泥石膜充填孔隙　　　　　　(b)绿泥石膜及粒间孔、长石溶孔

图 1-45　储层铸体薄片照片

综上，微观孔喉特征的非均质性决定了微观剩余油的分布规律。同时，微观剩余油分布取决于原生孔隙和次生孔隙的发育程度。粒间孔较发育的储层，粒间孔是其最主要的渗流通道，剩余油主要分布在细孔喉当中。粒间孔和次生孔隙都比较发育的储层，剩余油主要分布在变孔喉处；如果孔喉比相对较小，剩余油主要存在于分布范围较小的角隅当中。

第二章　低渗透油藏深部调驱技术

油田进入中高含水阶段以后，调剖是一种行之有效的稳产手段。20 世纪 80 年代，注水井调剖技术逐渐被提出来。以鄂尔多斯盆地为代表的低渗透油藏平面、纵向水驱不均导致含水上升过快，是制约该类油藏控水稳油的关键因素。传统以"冻胶+体膨颗粒"、凝胶、树脂类为主的调剖工艺在东部油田应用较多，"十二五"期间，低渗透—超低渗透油藏借鉴了东部油田调剖思路，初期取得了较好的效果，但该类油藏应用中出现无法进入储层深部、后续注水在近井地带发生绕流、有效期短的问题，导致在该类油藏中的适应范围有限。本章围绕低渗透油藏水驱开发矛盾，在进一步明确油井见水规律、开展优势通道判识的基础上，研发适用于低渗透油藏的调驱体系：纳米聚合物微球体系、微米凝胶体系、黏弹自调控剂体系、微乳液体系，研究其适用条件、技术标准及工艺参数，初步形成了低渗透油藏调驱用系列关键材料。

第一节　发展历程

长庆油田属于典型的"低渗透、低压力、低丰度"油藏，储层非均质性强，天然裂缝发育，主要采用"注水补充能量+压裂投产"的开发方式，注水开发油田占全油田产量 97% 以上。随着开发的深入，注入水沿优势通道向生产井突进，导致部分油井含水率上升快，影响了水驱开发效果。堵水调驱是改善层内、层间、平面矛盾，实现油田稳产的重要技术手段。通过该技术，可有效改善水井的吸水剖面和油井的产液剖面，扩大注水波及体积，增加可采储量，降低自然递减速度，提高油田的开发水平。

长庆油田自 20 世纪 80 年代起开始研究探索堵水调剖技术，在吸取国内外油田先进经验的基础上，在马岭油田利用聚丙烯酰胺、交联聚合物冻胶等进行化学堵水试验，取得了一定效果。20 世纪 90 年代在马岭、安塞、樊家川等油田利用水玻璃—氯化钙、水泥等体系进行堵水调剖试验，从单纯的油井堵水发展到了以注水井调剖为主，很大程度上提高了堵水调剖效果。自 2011 年开始，在单井堵水、单井调剖基础上，逐渐发展为区块整体堵水调剖技术，矿场试验工作量明显增加。同时，攻关试验以聚合物微球为代表的深部调驱技术。在此期间，相应的堵水调驱物理模拟实验评价方法、机理研究、选井决策技术、堵水调驱剂、配套工艺技术也得到了发展。调驱综合技术的发展及应用，有效提升了现场实施的效果。长庆油田近年调剖调驱年工作量达到了 3000 井次的规模，增产原油超过 20×10^4t/a。

一、低渗透油田调剖机理、评价方法研究

在学习和引进国外先进技术的同时，在调驱机理及性能评价的方法方面做了尝试和

探索。利用二维、三维物理模型研究了冻胶微观驱替规律，冻胶优先进入被水占据的大孔道，而未进入微小孔隙，表明冻胶优先进入高渗透区封堵，不会进入油层低渗透带。随注入时间的增加，含水面积增加，模拟油面积缩小，弱凝胶几乎不变，表明弱凝胶封堵大孔道之后，迫使注入水改向，从而改善微观波及效率。设计了不同优势通道类型物理模型，研究了"裂缝、裂缝+孔隙、孔隙"三种见水类型油藏调剖机理。

在前期微观和宏观物理模拟研究的基础上，利用循环管路建立了调剖剂动态性能评价装置，对冻胶在较长运移距离后的抗剪切能力、成胶能力、封堵性能进行了评价研究。该装置用于评价冻胶的抗剪切性能，分为盛液系统、动力系统、管路循环系统、数据监测系统四部分，其中盛液系统用于实验流体的盛放和流体循环终端；动力系统用于提供实验流体循环动力，提供不同大小的泵入速度；管路循环系统是实验流体循环的通道，整个循环系统是一个密闭环境；数据监测系统用于监测实验过程中进出口压力、泵压、流量、温度等数据，并进行收集保存。实验根据需要筛取相应目数的陶粒、石英和岩屑颗粒，分别充填长度20m，内径1mm的无缝钢管，注入冻胶后循环，考察其抗剪切性能。该实验也为调剖工艺设计提供了理论依据。

随着调驱体系的升级换代，针对纳米聚合物微球，设计了微流控模型并开展多尺度实验。研究了多孔介质尺度下，纳米聚合物微球提高采收率的微观机理；单一孔喉尺度下，不同尺寸、分布形态的颗粒运动过程和流场变化；界面尺度下，纳米聚合物微球在三相界面处的微观作用机理。给出了流变特性和界面参数的变化规律及分析，揭示了自然分散状态下的诱导振荡—剪切—原位乳化机制和亲水特性增强水膜机制。

二、堵水调剖体系优化与研发

按照全生命周期立体调驱理念，围绕"封堵窜流通道、扩大波及体积"目标，结合不同油藏、不同开发阶段，从引进聚合物冻胶类、颗粒类、水泥类、沉淀类等体系，到自主攻关研发，形成了纳米聚合物微球、微米凝胶、黏弹自调控剂等主体调剖调驱技术，持续改善水驱开发效果。

三、搭建堵水调剖数字化效果分析与决策平台

鄂尔多斯盆地沟壑纵横，各采油单位站点分布广泛且分散，调剖调驱单井施工周期平均长达三个月以上，实施井数逐年增多加剧了数据录取烦琐、劳动强度大等矛盾。长庆油田累计实施调剖达到30000井次以上，年工作量达3000余井次。为确保方案有效执行与施工参数录取的准确可靠，搭建了堵水调剖数字化效果分析与决策平台。其前端主要依托无线远程传输技术，实现对调剖现场主要施工参数的远传与施工曲线自动生成，同时监控现场是否按既定设计要求施工。后端主要依托油田公司数据库，结合从前端传回的施工曲线及工艺参数，开展见效规律分析及工艺适应性评价，进而结合堵水调剖决策软件形成年度实施方案或试验方案。该技术为堵水调剖技术决策、现场施工管理及质量控制提供了快捷有效的手段，对保障评价效果具有重要意义，同时为实现堵水调剖工艺及效果分析的"大数据"化提供了平台。

第二节 需求与对策

低渗透油藏持续稳产和高效开发是国家能源战略重大要求。低渗透油藏已成为我国油气开发建设的主战场,长庆油田不断挑战低渗透极限,2013年如期建成"西部大庆",2023年完成原油产量2575×10⁴t,占国内原油产量的近八分之一,占中国石油国内原油产量的四分之一,持续稳产对保障国家能源安全具有重大战略意义。与中高渗透油藏相比,低渗透油藏进入中高含水阶段降递减难度大,持续稳产是世界级难题。以东部油田为代表的中高渗透油藏储层物性好,渗透率高,地层压力系数大,开发中后期通过聚合物驱油实现稳产。长庆油田具有"低渗、低压、低丰度"特点,同时水驱不均矛盾突出且普遍存在,改善水驱技术难度大,国内外尚无成功案例借鉴,老油田自然递减较大,稳产形势严峻。

一、低渗透油田水驱优势通道认识

1. 侏罗系优势通道主要由高渗透层段构成

侏罗系油藏储层物性相对较好（空气渗透率大于10mD）,以孔隙型渗流为主,几乎没有动态缝。注水井近井地带经长期水洗,剩余潜力较小,剩余油主要为深部非均质剩余油。优势通道主要由高渗透层段构成,渗透率约300mD,对应孔喉直径为7~15μm（图2-1和图2-2）。

图2-1　Y37-121水洗段取心资料（100mD左右）

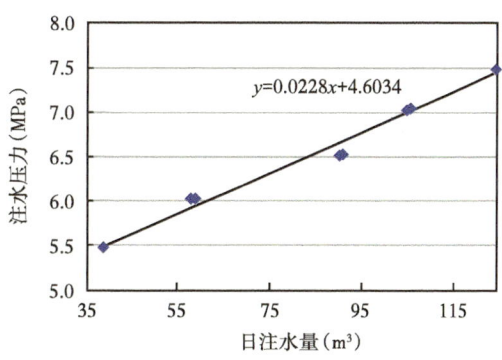

图2-2　X37-35井吸水指示曲线

2. 三叠系油水井间优势通道主要由三种形态裂缝构成

三叠系优势通道主要由动态缝、微裂缝、人工压裂缝共同构成。以安塞油田WY试验区为例：基质渗透率为2.29mD左右,但示踪剂测试解释渗透率可达1~2.6D,次一级可达100~500mD,主要原因就是动态缝、微裂缝、人工压裂缝的存在（图2-3）。

动态缝主要分布在注水井周围50m以内,开启缝宽估算为100μm~1mm。长庆油田注水井不压裂,长期水驱过程中随地层压力升高,新的裂缝逐渐开启,在吸水剖面、试井、测井曲线上有所反映（图2-4）。

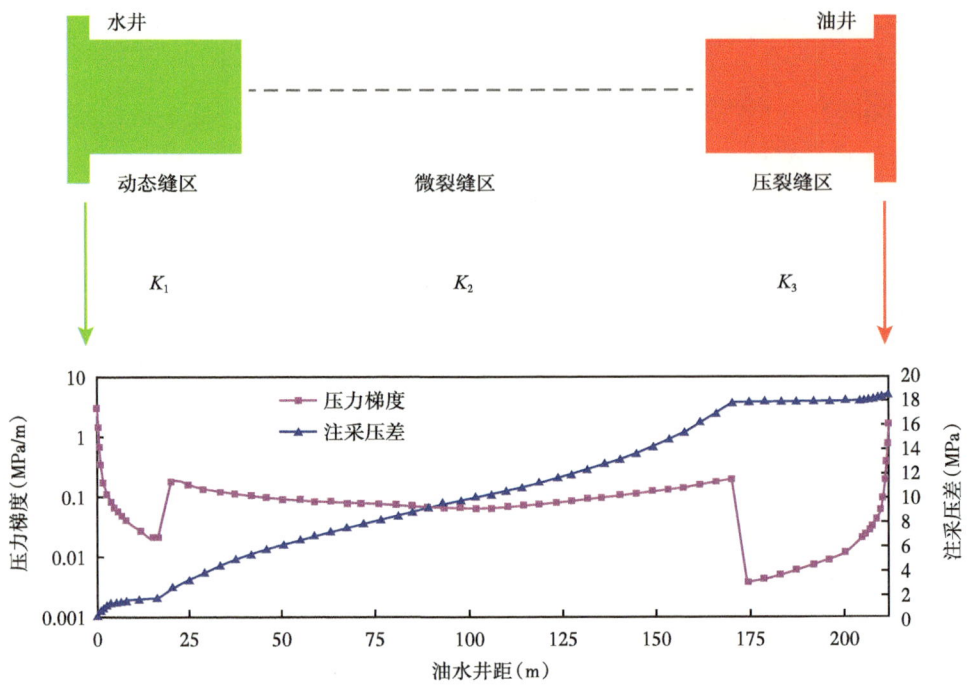

图 2-3　长庆油田三叠系油藏油水井间不同类型裂缝渗流区示意图

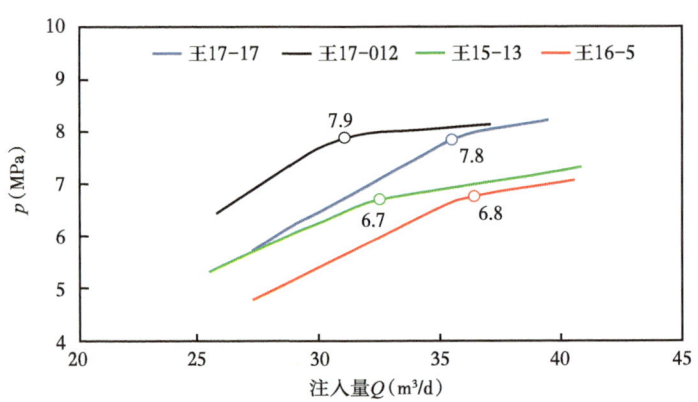

图 2-4　典型井吸水指示曲线

微裂缝主要分布在距水井 50m 之外，主要使储层内比表面积降低，从而使储层渗透率大幅增加。假设基质颗粒空间转化为微裂缝，孔隙度增大幅度有限，主要使储层内比表面积减小，进而使渗透率增大。基质颗粒越小，比表面积降幅越大。微裂缝等大孔隙是特低—超低渗透油藏可注水开发的有利条件。基质中存储大部分原油，但渗流能力极低，微裂缝是油藏的主要导流通道，但微裂缝绝非普遍认为的毫米级大裂缝，都是纳微尺度的微裂缝。

通过文献调研，低渗透岩心测定启动压力梯度的数据在 0.5~25MPa/m（表 2-1），假设按500m井距的层内渗流距离进行计算,在储层中的启动压力范围为(0.5~25)×500=250~17500MPa,实际油藏永远达不到。

表2-1 低渗透岩心测定启动压力梯度调研结果表

作者	年份	渗透率(mD)	启动压力梯度(MPa/m)
肖鲁川等	2000	0.43	20
		0.5	10
刘日武等	2002	1.88~2.01	4~6
杨琼等	2004	0.623	1.032
闫梅等	2006	0.35	3.25
郝鹏程等	2008	2~3	0.8~1.03
田冷等	2009	0.3087	25

特低—超低渗透岩石具备基质及裂缝双重介质的复杂结构特征,在储层中产生了一个较大的等效渗透率,微裂缝等大孔隙渗流符合达西渗流。

通过地质建模,结合生产历史模拟计算,量化井间优势通道参数,低渗透油藏井间水窜优势通道尺度为微米尺度。按照典型区块渗透率、孔喉半径的绝对值、相对值概率分布聚类结果,将窜流通道划分为三种类型,并给出了三种类型的绝对值、相对值分布范围。井间优势渗透裂缝尺度为10微米级(表2-2,图2-5至图2-8)。

表2-2 典型区块窜流通道类型划分结果表

油田	区块	类型划分	渗透率(mD)	渗透率比	孔道半径(μm)	孔喉半径比
靖安长6	WLW一区	优势渗透孔隙	5~40	3~20	0.2~1.2	1~4
		优势渗透孔道	40~300	20~160	1.2~5.0	4~16
		优势渗透裂缝	300~1500	160~1200	5.0~12.0	16~40
安塞长6	WY区	优势渗透孔隙	4~120	2~70	0.4~2.5	3~10
		优势渗透孔道	120~600	70~400	2.5~6.0	10~25
		优势渗透裂缝	600~1500	400~1500	6.0~12.0	25~50
姬塬长8	L1区等	优势渗透孔隙	5~125	10~180	0.4~2.8	5~18
		优势渗透孔道	125~500	180~800	2.8~5.5	18~35
		优势渗透裂缝	500~1000	800~2500	5.5~11.0	35~100
华庆长6	Y284	优势渗透孔隙	3~40	10~100	0.3~1.8	3~15
		优势渗透孔道	40~400	100~1000	1.8~6.0	15~50
		优势渗透裂缝	400~700	1000~3000	6.0~10.0	50~120

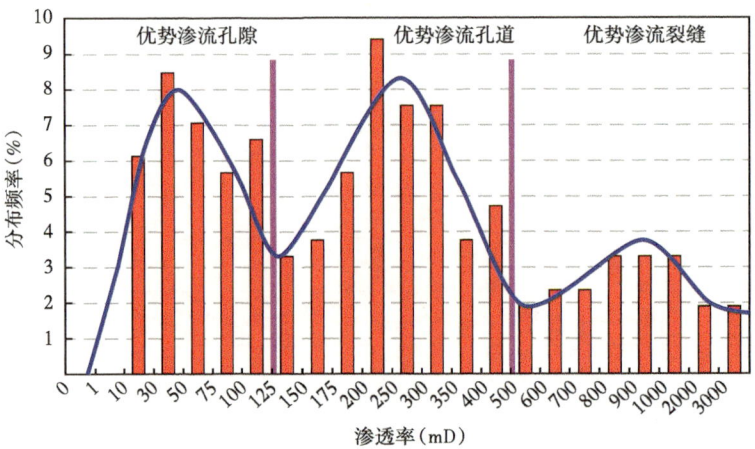

图 2-5　姬塬长 8 油藏窜流通道渗透率频率分布图

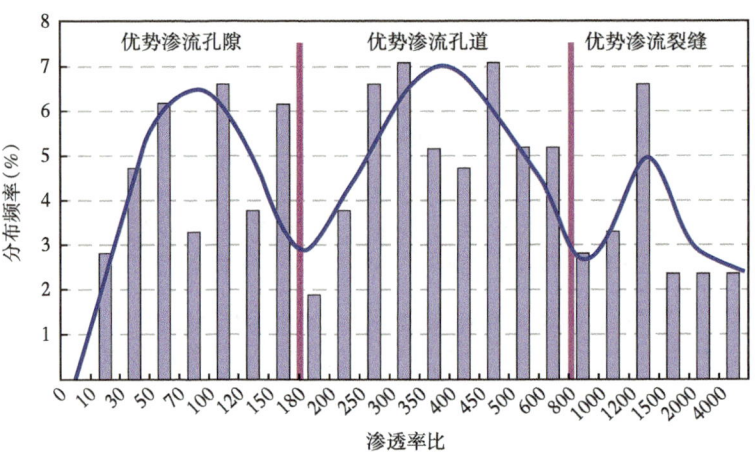

图 2-6　姬塬长 8 油藏窜流通道形成后渗透率比

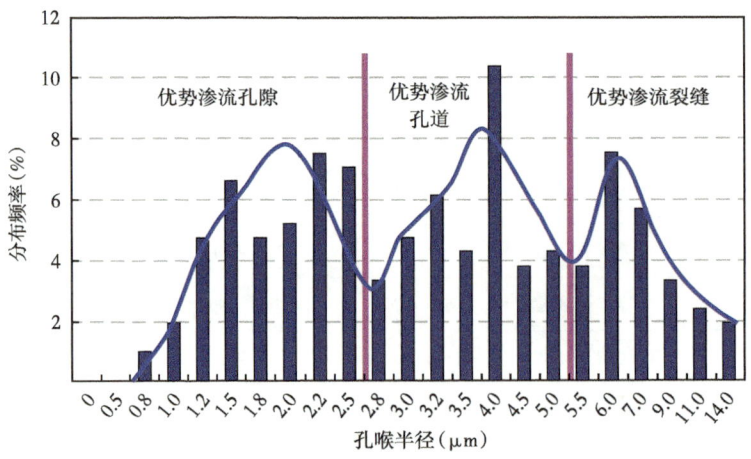

图 2-7　姬塬长 8 油藏窜流通道孔喉半径频率分布

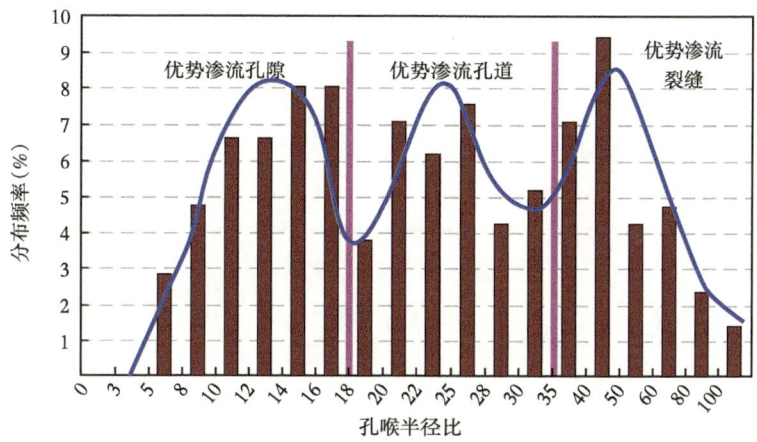

图 2-8　姬塬长 8 油藏窜流通道形成后孔喉半径比

地下流场是由"基质—裂缝—基质—裂缝"构成的复杂渗流网络。纯基质、纯贯通裂缝是极端的存在。低渗透—超低渗透—致密储层制约流动问题，油、水、喉三者配置关系决定了"能否流动"。孔决定了储集空间、储量，喉决定了流动门槛、可动储量。井间微裂缝之间由基质喉道连接，堵裂缝必须要考虑调驱剂在基质中的流动性及运移性，体系有效通过基质喉道才能实现深部调驱，这一认识转变指导体系设计由毫米级、微米级向纳米级转变（图 2-9）。

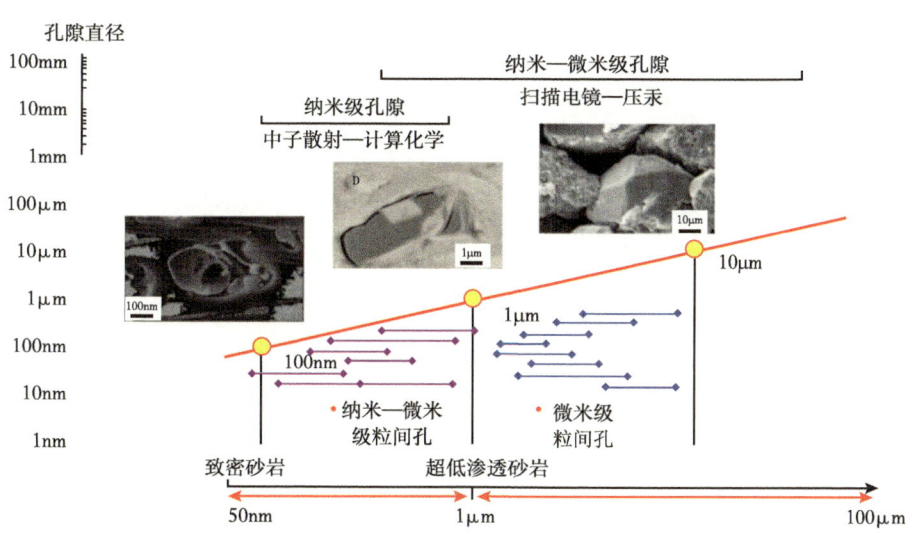

图 2-9　部分典型储层取心孔隙尺度研究结果

二、不同类型油藏的水驱矛盾

以胡尖山等侏罗系为代表的低渗透油藏（含中高渗透），注水开发以后，油井见效快，见效后有一定的稳产期，而后逐步见水。储层非均质性较强，渗透率级差高达数百，变异系数大于4、突进系数普遍大于10。含水上升规律总体表现为"S"形。低含水阶段（含水率小于20%），含水上升缓慢；中含水阶段（含水率20%~60%），含水上升速度较快；高含水阶段（含水率60%~80%），上升趋势有所减缓；进入特高含水阶段（含水率大于80%）以后，含水上升变得更加平缓（图2-10）。该类油藏开发时间长，注水井近井地带经长期水洗，剩余潜力较小，剩余油主要为深部非均质剩余油。

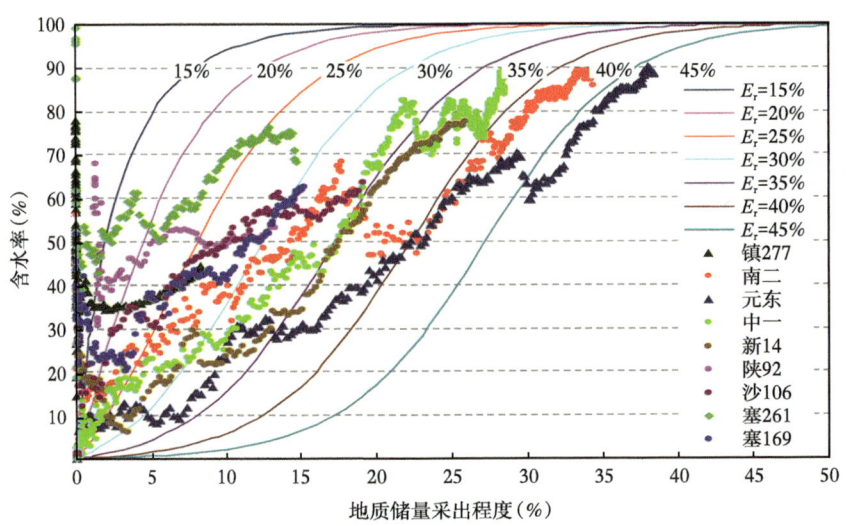

图2-10 长庆油田部分侏罗系油藏含水率与采出程度曲线

E_r为最终采收率

以安塞、靖安等为代表的特低渗透油藏，有效驱替系统建立较好，目前处于高含水、中高采出程度开发阶段。长期水驱后，平面及剖面矛盾逐渐突出，平面波及范围大，多方向见水，注采调控难度大；纵向上高低渗透层间渗流阻力差异变大，剖面水驱不均加剧，导致含水上升速度加快，递减加大。受优势渗流通道及裂缝等影响，注采比上升，存水率下降、水驱指数大幅上升，采油速度下降，常规注采调整控水稳油难度大（图2-11）。

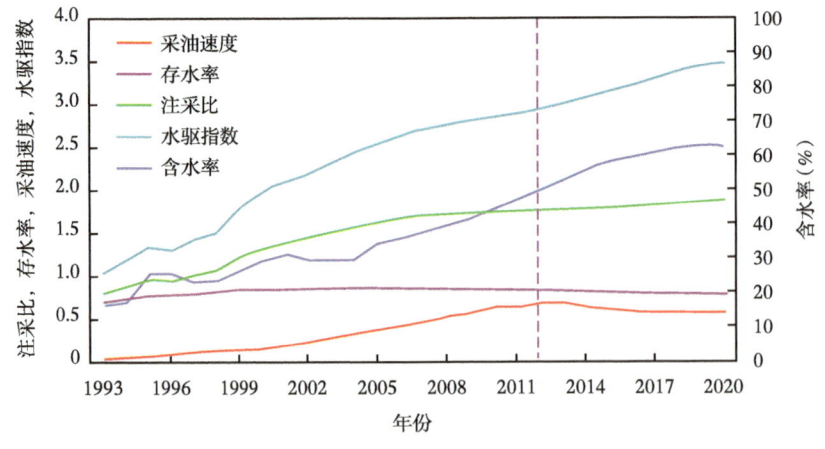

图2-11 长庆油田特低渗透油藏水驱开发指标变化情况

以姬塬、华庆等为代表的超低渗透油藏，目前处于中高含水、低采出程度开发阶段。受储层物性差、砂体连通性差、井排距偏大等影响，部分区块有效驱替系统建立难度大。纵向上受层间非均质影响剖面矛盾突出，吸水不均井平均占比40%以上；平面上见水井增多，以裂缝型、多方向见水为主，含水上升加快。定向井区主要表现出见效即见水，部分区块裂缝主向井易水淹，侧向井受效困难，水平井注水开发区易见水（图2-12）。

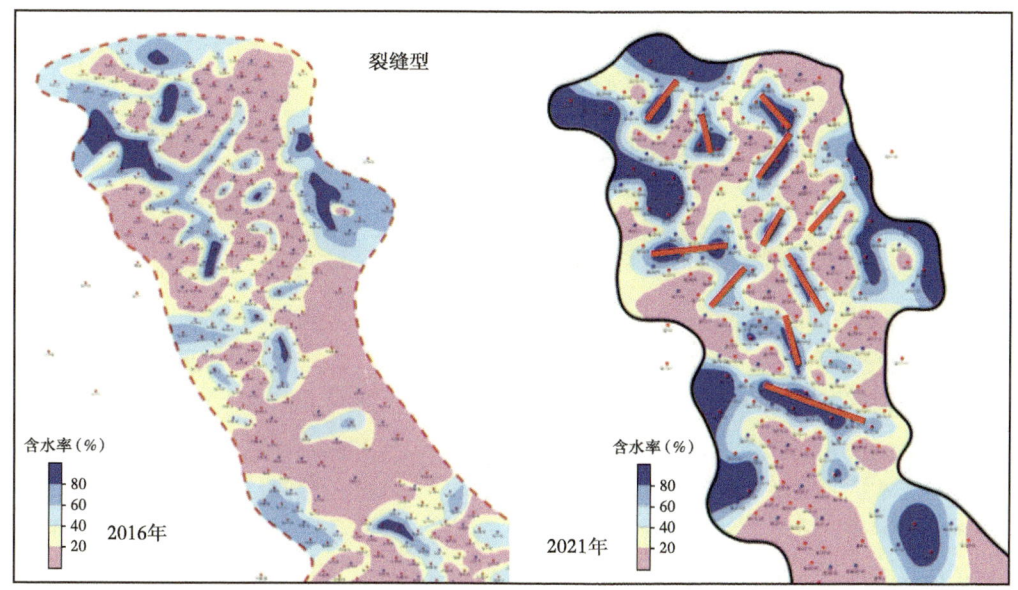

图2-12　长庆油田姬塬L1油藏西北部含水分布变化图

三、深部调驱技术对策

按照全生命周期立体调驱理念，围绕"封堵窜流通道、扩大波及体积"目标，结合不同油藏、不同开发阶段，研发形成了纳米聚合物微球、微米凝胶颗粒、黏弹自调控剂等主体调剖调驱技术，实现不同位置优势通道的有效封堵，达到降递减控含水率，持续改善水驱开发效果（表2-3）。

表2-3　长庆油田深部调驱技术及特点

工艺类型	治理类型	技术特点
聚合物微球	深部调驱	分散性好，可在线注入；纳米级粒径，可进入孔喉
PEG凝胶	近井调剖	耐温抗盐性好，采出水配液；单相体系，配液简单
黏弹自调控剂	深部调驱	线性分子结构，注入性好；良好的黏弹性，高渗透通道增黏封堵、低渗透基质剪切变稀
微乳液	深部调驱（高压注水油藏）	粒径小，易进入储层微孔细喉降低毛细管阻力

以深部调驱改善水驱为目标，立足油藏全生命开发周期，提出了"整体治理、先堵后驱"的技术理念。动态缝导致水淹严重、平面见效差异大，以近井封堵动态缝为主，优先扩

大宏观波及体积，提高侧向井水驱动用，解决平面水驱不均。平面水驱差异小，进入中高含水开发阶段，以深部调驱封堵微裂缝为主，扩大微观波及体积，解决深部剖面水驱不均。

在不同开发阶段，选用不同工艺差异化治理，实现按需精准调剖调驱。中—低含水开发阶段，油藏局部见水，以微米凝胶颗粒治理为主，封堵动态缝扩大宏观平面波及；中—高含水开发阶段，油藏整体见水，局部单点微米凝胶封堵与区域连片微球调驱结合，封堵动态缝及微裂缝、扩大宏观与微观波及；高含水开发阶段，水驱波及范围广、见效程度高，侏罗系油藏采用黏弹自调控剂深部调驱持续扩大储层深部波及，三叠系油藏探索微球与微乳液协同调驱措施，在扩大波及基础上提高驱油效率。

第三节　主体调驱技术

一、纳米聚合物微球深部调驱技术

长庆油田低渗透储层油藏物性差、非均质性强，剖面矛盾日益突出，不同类型油藏水驱不均，注水低效循环情况凸显，深部剩余油动用困难，自然递减日渐增大，稳产任务艰巨。纳米聚合物微球深部调驱技术经过近年来在长庆油田的不断攻关与持续试验，形成了适合长庆油田储层特点的纳米聚合物微球深部调驱工艺技术体系。本节针对纳米聚合物微球深部调驱技术，详细介绍了聚合物微球的合成方法、聚合物微球的表征、聚合物微球的物理化学性质评价、聚合物微球深部调驱技术标准，以及聚合物微球深部调驱技术在长庆油田各类油藏的适用条件。

1. 纳米聚合物微球的合成及表征

创新反相微乳液聚合方法，通过水相合成和油相反转等工艺，实现了聚合物微球的精准制备。表 2-4 和表 2-5 分别为利用反相乳液聚合法合成纳米聚合物微球时用到的实验原料和实验仪器。

表 2-4　实验原料

名称	纯度	生产厂家
丙烯酰胺 AM	分析纯	天津市福晨化学试剂厂
离子单体 AMPS	分析纯	天津市福晨化学试剂厂
交联剂 MBA	>98%	天津市福晨化学试剂厂
引发剂过硫酸铵	分析纯	天津市福晨化学试剂厂
稳定剂 Span 80	化学纯	天津市福晨化学试剂厂
氢氧化钠	>99.8%	北京伊诺凯科技有限公司
氯化钠	>99.8%	北京化工厂
无水氯化钙	>96%	天津市津科化工研究所
无水氯化镁	分析纯	天津市福晨化学试剂厂
氮气	99.999%	北京市氧利科化工气体公司
乙醇	>99.7%	北京化工厂
丙酮	>99.5%	北京化工厂

表 2-5 实验仪器

仪器名称	仪器型号	生产厂家
集热式恒温加热磁力搅拌器	DF-101S	郑州长城科工贸有限公司
电子天平	ME204E	梅特勒—托利多仪器（上海）有限公司
pH 计	FE20	梅特勒—托利多仪器（上海）有限公司
电动搅拌器	IKA EUROSTAR	上海京工实业有限公司
热 台	IKA RCT basic	上海京工实业有限公司
电热恒温鼓风干燥箱	DHG-9140A	北京陆希科技有限公司
超声波清洗器	KQ-300DB	昆山市超声仪器有限公司
循环式多用真空泵	SHB-III	上海振捷实验设备有限公司
台式高速离心机	TG16-WS	湖南湘仪仪器公司

将有机硅前驱体 VTES 以 11%（质量分数）的浓度与去离子水混合，并将该混合液以 700r/min 的转速在 25℃ 条件下分别搅拌 3h、6h、9h 和 12h，得到一系列 VSNPs 分散液。

将丙烯酰胺 AM、离子单体 AMPS、交联剂 MBA 和 VSNPs 分散液按一定物质的量的比配制所需浓度的单体水溶液，完全溶解，搅拌均匀，此为水相，利用 NaOH 水溶液将水相溶液 pH 值调至 6.8；按一定质量比在油相介质中缓慢加入稳定剂 Span，搅拌均匀，加入恒定温度的四口烧瓶中，此为油相。将单体溶液缓慢倒入四口烧瓶中，通入 N_2 脱氧恒温 0.5h 后，在 300~700r/min 转速下搅拌，加入氧化还原引发剂 APS 引发聚合。

将聚合得到的乳液放入乙醇和丙酮中破乳沉淀，并用丙酮洗涤三次得到聚合粉末产物，在恒温烘箱中烘干至恒重，用于微球性能的评价（图 2-13）。

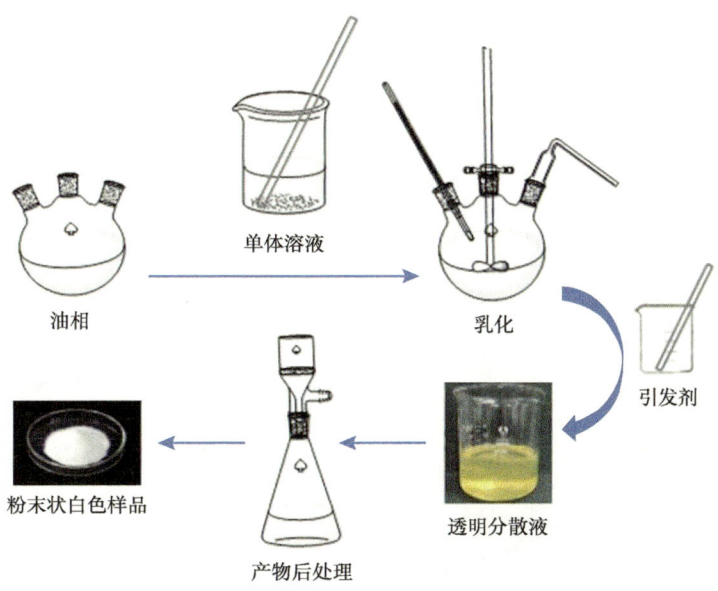

图 2-13 纳米聚合物微球室内合成工艺流程示意图

聚丙烯酰胺反相微乳液聚合的关键是乳化体系的筛选，只有在合适的乳化体系范围内微乳液聚合才能稳定进行。从工业应用的角度出发，探索低乳化剂含量、高固含量并且体系稳定的微乳液体系，对聚丙烯酰胺微乳液应用于堵水调剖领域有着重要意义。选用油相为连续相，水相为微乳液，将亲水亲油平衡值（HLB值）为4.3的Span80（失水山梨醇单油酸酯）分别与其他三种HLB值10以上的乳化剂复配，探索每种组合不同复配比的增溶水相量，最终确定最大增溶水相量的复配组合和复配比。并且在此基础上，进一步探索反相微乳液体系，绘制水相、油相，以及复配乳化剂的拟三元相图，确定可形成油包水（W/O）型微乳液体系的区域。并根据需要选定合适的体系组合，即在保证高固含量的基础上，降低乳化剂含量（图2-14）。

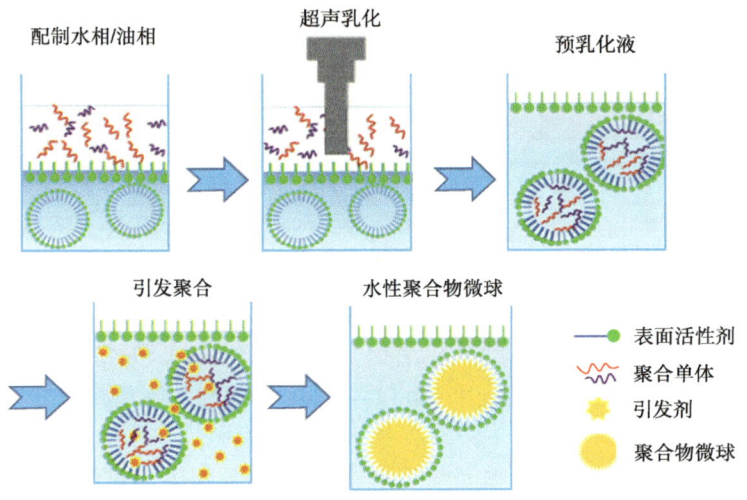

图2-14 纳米聚合物微球合成工艺机理图

2. 聚合物微球理化性质评价

1）外观特征

将样品摇至均匀后，采用目测的方式记录聚合物微球的颜色外观，并观察其静置后再次分层的情况。另外，利用光学显微镜观察聚合物微球的外观形态。具体方法为：将乳液用丙酮洗涤并沉淀，把沉淀物反复用丙酮提纯后，烘干至恒重，然后将干燥后的粉末样品用研钵充分研细并过筛，将过筛后的样品分散于无水乙醇中，并超声分散30min。将分散好的分散液滴一滴于洁净的载玻片上，在便携式数字显微镜下观察聚合物微球的形貌。图2-15为聚合物微球初始形态照片，由图2-15可知纳米聚合物微球为淡黄色半透明液体。

图2-15 聚合物微球样品初始形态

2）密度、黏度特征

称量前将样品摇至均匀，准确称量一定质量的待测样品，用密度瓶测量试样的体积，聚合物微球乳液质量与聚合物微球乳液体积之比即为聚合物微球乳液的密度。聚合物微球的黏度是影响聚合物微球注入、流动的重要因素，其受到聚合物微球浓度、温度等条件的影响。此处黏度是指未经处理的样品原始黏度，测试方法为：将样品摇至均匀后，采用 SNB-1 型黏度计（上海方瑞仪器有限公司）在常温下直接测定相应样品的黏度。

各聚合物微球的固含量、黏度、密度及 pH 值见表 2-6。由表 2-6 数据可知，实验检测的聚合物微球固含量为 30.79%，密度为 $1.07g/cm^3$，黏度为 $436mPa \cdot s$，pH 值范围为 5.5~9.8。

表 2-6 聚合物微球的物性分析

可分离固体物含量（%）	黏度（$mPa \cdot s$）	密度（g/cm^3）	pH 值
30.79	436	1.07	8.32

3）粒度分布特征

本节利用 Zetasizer Nano ZS 90 激光纳米粒径仪对 I 型聚合物微球（初始粒径为 100nm）和 II 型聚合物微球（初始粒径为 300nm）两种聚合物微球的粒度分布进行了研究。模拟地层水矿化度为 6318.29mg/L。Zetasizer Nano ZS 90 激光纳米粒径仪系统由六个主要部件组成，分别是激光器、样品池、检测器、衰减器、相关器和计算机。首先，由激光器提供光源，照射样品池内样品粒子，大多数激光束直接穿过样品，但有一些被样品中的粒子所散射；然后，检测器测量散射光的强度，如果监测到太多的光，那么检测器可能会过载，使用一个"衰减器"降低散射光的光强；最后，将检测器的散射光强信号传递至数字信号处理板（称为相关器），相关器在连续时间间隔内比较散射光强，得到光强变化的速率，并将相关器信息传递至计算机，Zetasizer 软件分析数据并计算得到粒径信息和分布系数值 PDI。

（1）若分布系数值 PDI < 0.05，试样为单分散体系；
（2）若分布系数值 0.05 ≤ PDI < 0.08，试样为近单分散体系；
（3）若分布系数值 0.08 ≤ PDI < 0.7，试样为适中分散度的体系；
（4）若分布系数值 PDI ≥ 0.7，试样为尺寸分布非常宽的体系。

根据光强分布、体积分布和数量分布计算得到的试样粒径分布不同（图 2-16）。下面以一个由相等数量的 5nm 和 50nm 球形粒子组成的混合物为例，说明三种测试方法结果的不同：

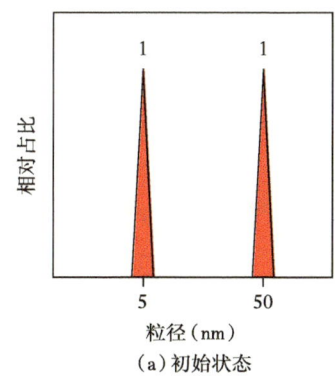
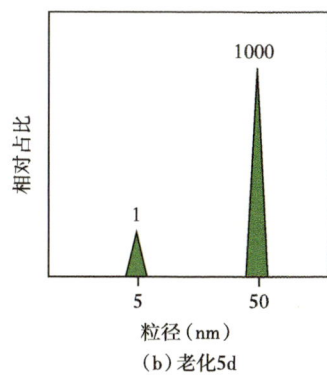
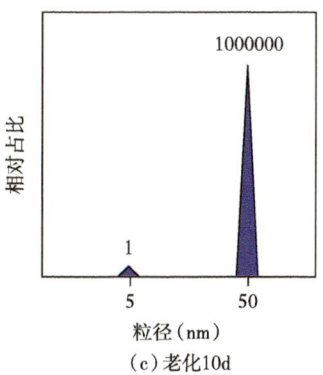

图 2-16 三种粒度分布测量方法对比图

（1）数量分布：$N_1:N_2$，数量平均粒径大约为28nm；

（2）体积分布：$N_1 \times \frac{3}{4}\pi r_1^3 : N_2 \times \frac{3}{4}\pi r_2^3$（即$N_1V_1:N_2V_2$），体积平均粒径大约为49nm；

（3）光强分布：$N_1V_1^2:N_2V_2^2$，光强平均粒径大约为50nm。

具体的实验操作步骤为：（1）将Ⅰ型聚合物微球和Ⅱ型聚合物微球两种聚合物微球均匀分散于模拟地层水中，配制浓度为0.5%的聚合物微球溶液，利用Zetasizer Nano ZS 90激光纳米粒径仪（图2-17）测试其粒径分布；（2）将配制的浓度为0.5%的聚合物微球置于DHG-9425 A型电热恒温鼓风干燥箱恒温55℃养护；（3）分别在第1h、第6h、第1d、第3d、第5d、第10d、第15d和第20d取出部分聚合物微球溶液，利用Zetasizer Nano ZS 90激光纳米粒径仪测试聚合物微球不同养护时间的粒径分布。实验结果如图2-18和图2-19所示。

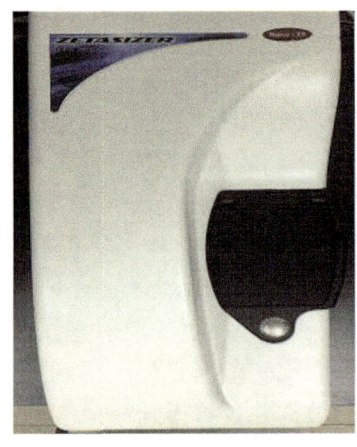

图2-17　Zetasizer Nano ZS 90激光纳米粒径仪

将图2-18和图2-19中Ⅰ型聚合物微球和Ⅱ型聚合物微球两种聚合物微球溶液不同养护时期粒径分布测试结果取平均值，结果见表2-7和表2-8。

表2-7　Ⅰ型聚合物微球平均粒径测试结果

养护时间	平均粒径测试结果（nm）				分布系数值 PDI			
	第一次	第二次	第三次	平均值	第一次	第二次	第三次	平均值
原始尺寸	263.0	211.2	207.7	227.3	0.427	0.645	0.657	0.576
养护1h	583.9	580.3	570.5	578.2	0.411	0.428	0.413	0.417
养护6h	1122.0	984.1	1152.0	1086.0	0.418	0.369	0.381	0.389
养护1d	1747.0	1749.0	1759.0	1752.0	0.934	0.705	0.723	0.787
养护3d	3089.0	3247.0	3222.0	3186.0	0.463	0.444	0.419	0.442
养护5d	3979.0	3998.0	3946.0	3974.0	0.474	0.405	0.423	0.434
养护10d	4324.0	4329.0	4371.0	4341.0	0.457	0.456	0.389	0.434
养护15d	4553.0	4560.0	4575.0	4563.0	0.428	0.385	0.382	0.398
养护20d	4839.0	4655.0	4621.0	4705.0	0.264	0.286	0.223	0.258

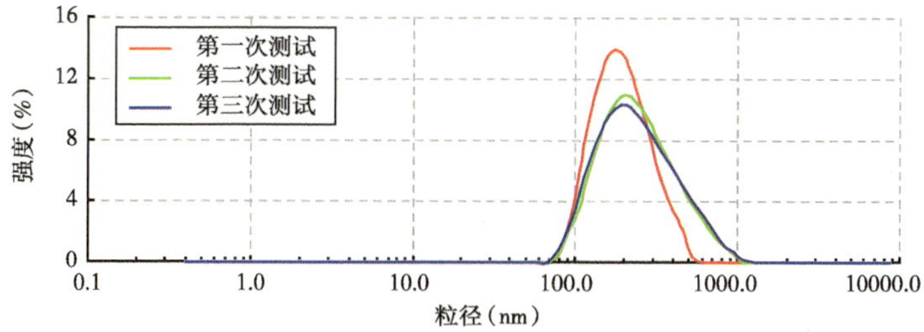

(a)聚合物微球溶液原始粒径分布

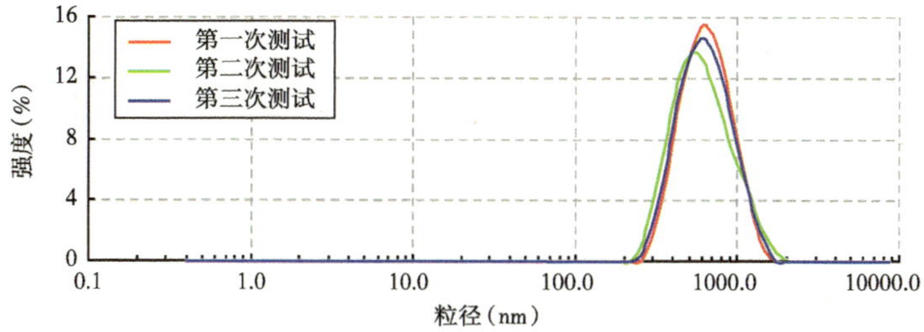

(b)聚合物微球溶液养护1h粒径分布

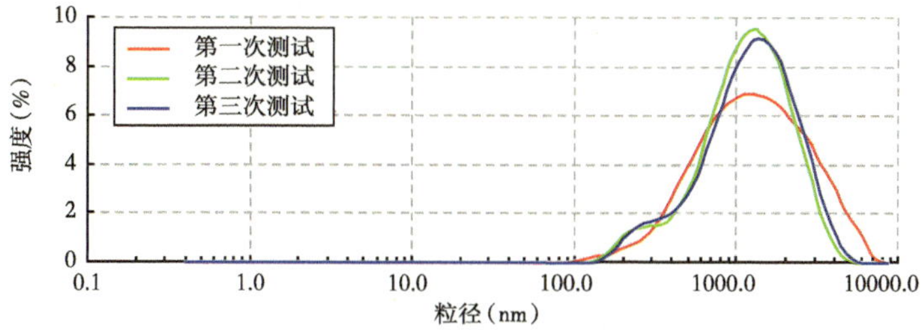

(c)聚合物微球溶液养护1d粒径分布

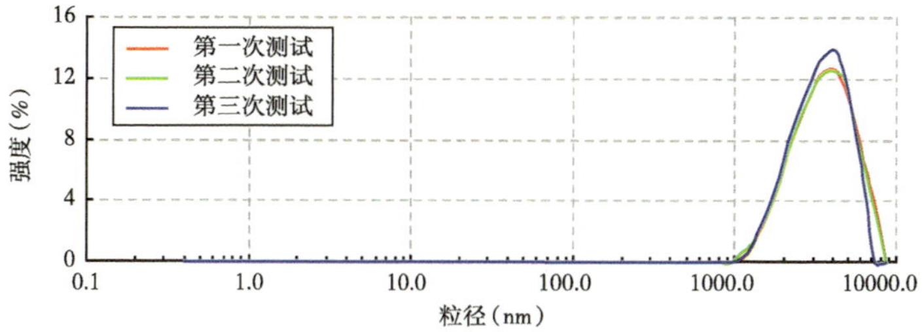

(d)聚合微球溶液养护10d粒径分布

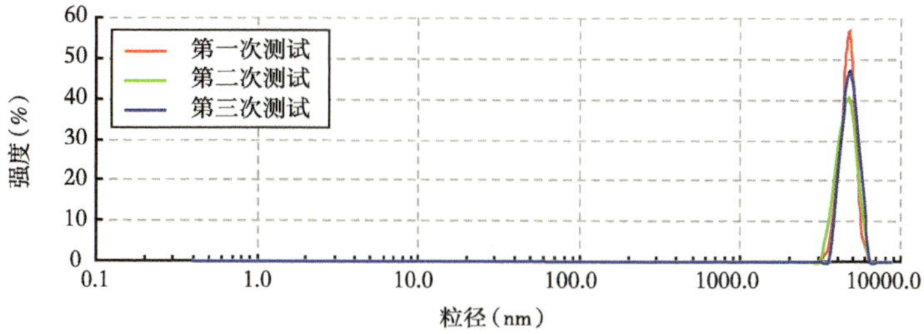

(e)聚合物微球溶液养护20d粒径分布

图 2-18　Ⅰ型聚合物微球溶液不同养护时期粒径分布图

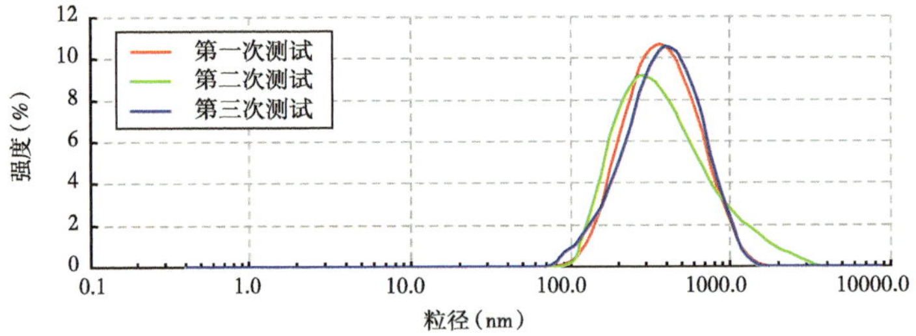

(a)聚合物微球溶液原始粒径分布

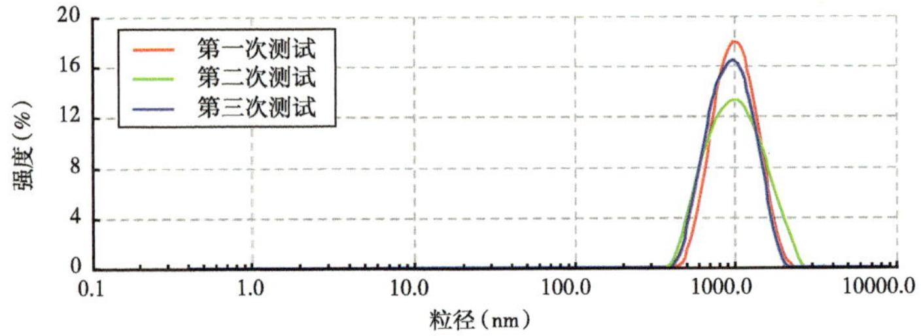

(b)聚合物微球溶液养护1h粒径分布

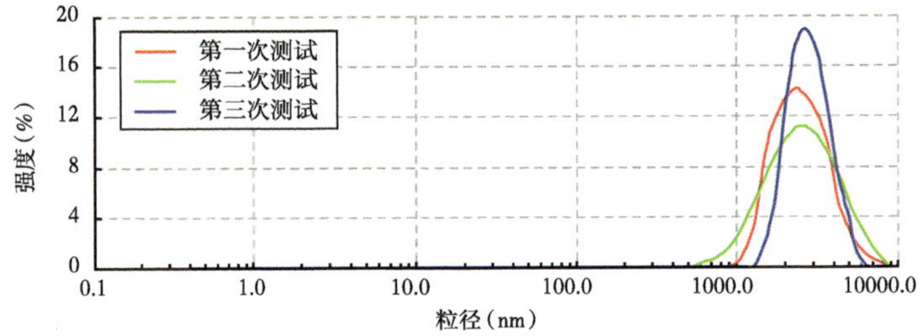

(c)聚合物微球溶液养护1d粒径分布

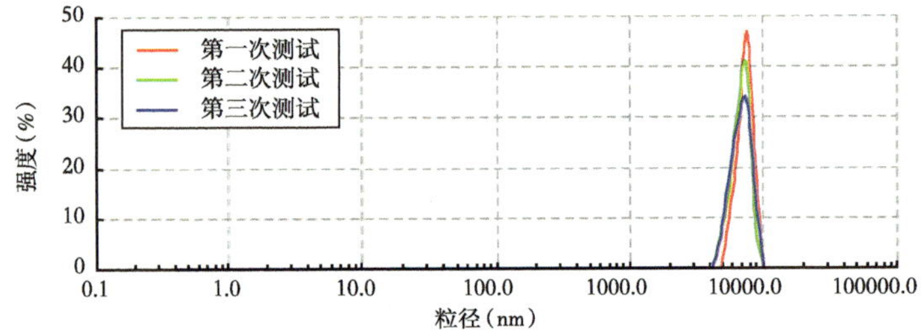

(d)聚合物微球溶液养护10d粒径分布

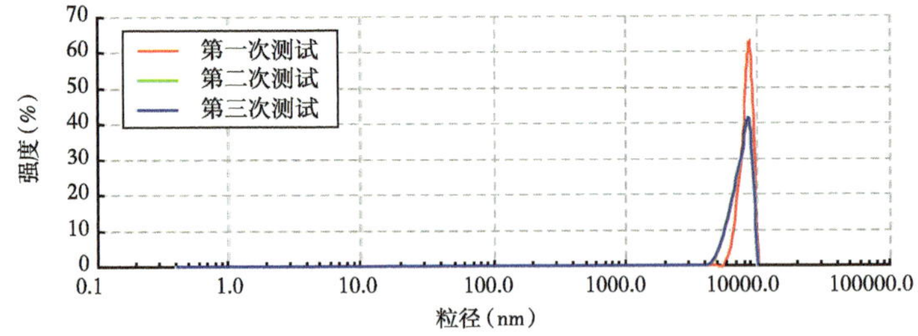

(e)聚合物微球溶液养护20d粒径分布

图 2-19　Ⅱ型聚合物微球溶液不同养护时期粒径分布图

表 2-8　Ⅱ型聚合物微球平均粒径测试结果

养护时间	平均粒径测试结果（nm）				分布系数值 PDI			
	第一次	第二次	第三次	平均值	第一次	第二次	第三次	平均值
原始尺寸	380.4	371.2	387.3	379.6	0.622	0.737	0.641	0.667
养护 1h	1003.0	987.6	971.2	987.3	0.369	0.461	0.382	0.404
养护 6h	1491.0	1599.0	1626.0	1572.0	0.425	0.398	0.403	0.409
养护 1d	2534.0	2515.0	2658.0	2569.0	0.475	0.646	0.278	0.466
养护 3d	5302.0	5128.0	5309.0	5246.0	0.207	0.212	0.236	0.218
养护 5d	6460.0	6713.0	6569.0	6581.0	0.287	0.206	0.218	0.237
养护 10d	7396.0	7302.0	7224.0	7307.0	0.331	0.297	0.312	0.313
养护 15d	7826.0	7545.0	7569.0	7647.0	0.238	0.249	0.273	0.253
养护 20d	8256.0	7991.0	8019.0	8089.0	0.281	0.340	0.342	0.321

根据图 2-18 和图 2-19，以及表 2-7 和表 2-8 可以看出：Ⅰ型聚合物微球的初始平均粒径在主要分布在 100~400nm，Ⅱ型聚合物微球的初始平均粒径在主要分布在 200~700nm，经过在模拟地层水中恒温 55℃条件下养护，聚合物微球平均粒径发生了明显的增大，养护 20d 的聚合物微球发生了水化膨胀，其平均粒径已经膨胀到数微米。测试结果显示，两种聚合物微球的初始粒径为数百纳米，可以顺利地通过狭窄的孔喉，进入地层深部，注入性能良好；经过恒温 55℃养护的聚合物微球体积发生了膨胀，平均粒径增大到微米级别，也达到了封堵地层孔喉的要求。根据表 2-7 和表 2-8 中Ⅰ型聚合物微球和Ⅱ型聚合物微球两种聚合物微球的平均粒径测试结果，利用式（2-1）计算两种聚合物微球的膨胀倍数，结果如图 2-20 和图 2-21 所示。

$$c = \frac{D_2 - D_1}{D_1} \tag{2-1}$$

式中　c——聚合物微球膨胀倍数；
　　　D_2——聚合物微球水化膨胀后的平均粒径，nm；
　　　D_1——聚合物微球初始平均粒径，nm。

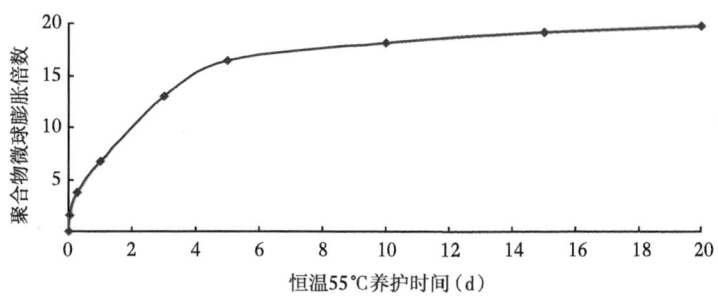

图 2-20　Ⅰ型聚合物微球膨胀倍数与养护时间的关系

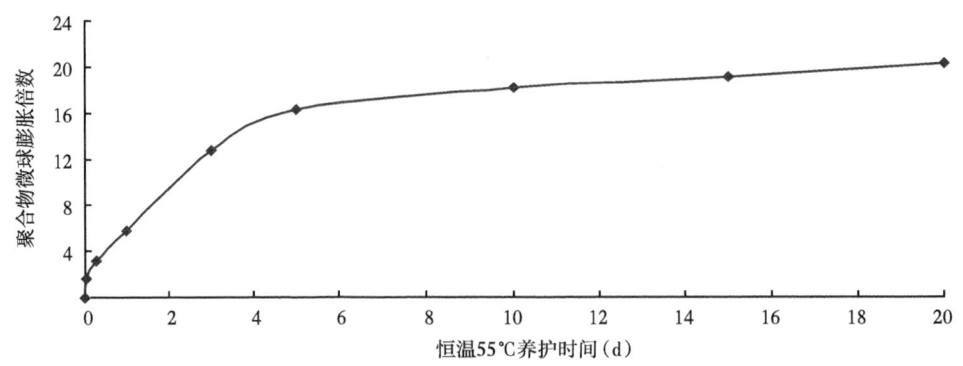

图 2-21　Ⅱ型聚合物微球膨胀倍数与养护时间的关系

根据图 2-20 和图 2-21 可以看出：Ⅰ型聚合物微球和Ⅱ型聚合物微球在矿化度为 6318.29mg/L 的模拟地层水恒温 55℃ 养护时，两种聚合物微球均发生了水化膨胀现象。在养护初期，聚合物微球粒径的变化比较明显，随着养护时间增加，聚合物微球粒径的增长幅度逐渐变缓，养护 20d 后，两种聚合物微球的膨胀倍数达到 20 倍左右。

4）分散能力

微球在水中的分散性越好，悬浮能力就越强，微球在用计量泵注入注水管线和在注水管线中的流动性就越好。聚合物微球乳液分散性评价的表征一般有两种检测方法：测粒径及其粒径分布和在一定温度下观察聚合物微球分散液是否存在分层现象。粒径及其粒径分布的测定主要通过对微观下聚合物微球的粒径大小及其粒径分布进行测定，以分析聚合物微球乳液中粒径大小及分布情况；而一定温度下观察聚合物微球分散液是否存在分层现象的表征手段则表现为聚合物微球在一定矿化度分散液中宏观上的分散性能。两种表征手段各有其应用范围，前者对聚合物微球的制备具有指导意义，而后者则直接指导聚合物微球的现场应用。由于测粒径及其粒径分布的方法在微球形貌大小部分中呈现，现详细介绍在一定温度下观察聚合物微球分散液是否存在分层现象的实验方法，该方法具有简单方便的特点。

将不同矿化度的聚合物微球分散液放入 40℃ 烘箱内，在不同的时间内观察聚合物微球分散液的悬浮状况来评价聚合物微球的分散性能，若经一定时间后（如：10d 或 20d 等）聚合物微球乳液没有发生明显的沉淀现象，则说明聚合物微球颗粒产品具有较好的分散性。具体方法为：

（1）分别配制矿化度为 0，10000mg/L，20000mg/L 的氯化钠溶液备用；

（2）将聚合物微球乳液用丙酮清洗，干燥后，称取微溶胶颗粒，以步骤（1）配制的氯化钠溶液为溶剂配制成 0.5% 的微溶胶分散液；

（3）用磁力搅拌器搅拌，将搅拌均匀的微球溶液倒入 50mL 比色管中，放入 40℃ 恒温烘箱中静置间隔一段时间取出比色管，观察微球分散状态是否均匀，是否发生沉淀。

分散性实验结果见表 2-9，通过实验可发现聚合物凝胶微球颗粒能较好分散在水中，未发现明显大的颗粒或团块沉淀在量筒底部；而在盐水溶液中有些样品不能稳定悬浮。表明聚合物微球颗粒在水中具有较好的分散性，能稳定地悬浮在水溶液中。

表 2-9　在不同矿化度的氯化钠溶液中聚合物微球的分散性

时间	矿化度 0	矿化度 10000mg/L	矿化度 20000mg/L
0	A	A	A
1h	A	A	A
3h	A	A	A
7h	A	A	A
36h	A	A	A
72h	A	A	A
96h	A	A	A
120h	A	A	A
144h	A	A	A
168h	A	A	A
216h	A	A	A
288h	A	A	A
432h	A	A	A
完全静止后	A	A	A

注：A—分散均匀；B—略有沉降现象；C—出现分层现象，但没有明显的分层界面；D—出现分层现象，且界面清晰。

5）耐剪切能力

将质量分数为 1% 的聚合物微球体系分别在转速 3500r/min 和 7000r/min 下连续剪切 20s 后的黏度恢复情况见表 2-10。由表 2-10 可看出，在转速 3500r/min 剪切下，聚合物微球体系的黏度保留率在 95% 以上，剪切前后黏度几乎没有发生较大变化，耐剪切性能很好；在转速 7000r/min 剪切下，聚合物微球的黏度保留率依然在 95% 以上，具有很好的抗剪切稳定性。在高剪切速率下，微球的内部网络结构依然能够保持稳定，没有被大量破坏。

表 2-10　聚合物微球分散体系在不同转速下连续剪切后的黏度及黏度保留率

时间		3500r/min		7000r/min	
		黏度（mPa·s）	黏度保留率（%）	黏度（mPa·s）	黏度保留率（%）
剪切前		2.4	100.00	2.4	100.00
剪切后	10min	2.3	95.83	2.3	95.83
	30min	2.4	100.00	2.4	100.00
	50min	2.4	100.00	2.4	100.00
	70min	2.4	100.00	2.4	100.00
	90min	2.3	95.83	2.4	100.00
	110min	2.3	95.83	2.3	95.83

6）形变能力

聚合物微球的微观力学特性对聚合物微球在多孔介质中的运移非常重要。自原子力显微镜（AFM）问世以来，原子力显微镜以其高分辨率、超灵敏性等功能，成为微纳米材料力学研究的一个十分有利的工具，它不仅能够反映凝胶颗粒的形貌，而且能够定量测定凝胶颗粒弹性模量等力学性质。AFM探针在靠近、接触和压入凝胶颗粒的这一过程中，探针微悬臂由于受到凝胶颗粒的阻碍而弯曲变形，使得通过微悬臂反射得到光敏二极管阵列的激光信号发生变化而记录下探针所受到的力变化过程。AFM力曲线是将AFM探针与凝胶颗粒表面之间的距离作为横坐标，将探针微悬臂的变形作为纵坐标而得到的曲线，根据胡克定律，探针所受到的作用力与探针微悬臂变形量之间的关系是：力 = 微悬臂形变量 × 探针弹性系数。

计算弹性模量的方法主要是根据赫兹模型，赫兹模型是赫兹在1982年建立的模型，主要用于计算弹性材料的力学性质。赫兹模型作了一些假设，比如：表面是连续的、光滑的，变形是相对很小的。在凝胶软颗粒的变形小于颗粒高度的一半时，认为凝胶颗粒的变形规律符合弹性体。赫兹模型是现在应用最为广泛的一个模型，这里，借用赫兹模型来计算聚合物微球颗粒的弹性模量。

通过AFM做WQ800颗粒的纳米压痕实验可得到本次测量第1组至第4组的聚合物微球WQ800的弹性模量在11.958~24.599MPa的范围内，平均值为17.91MPa，方差为4.48MPa，表明纳米聚合物微球具有良好的形变能力（表2-11）。

表2-11 聚合物微球弹性模量数据表

序号	泊松比	探针直径（nm）	斜率	弹性模量（MPa）
1	0.5	100	0.57615	24.599
2	0.5	100	0.35620	11.958
3	0.5	100	0.45977	17.536
4	0.5	100	0.46011	17.556

7）耐温抗盐能力

（1）耐高矿化度评价与表征。

通过采用4种不同矿化度（10000mg/L、40000mg/L、60000mg/L、100000mg/L）的模拟地层水配制浓度为5000mg/L的聚合物微球溶液，将溶液放置于65℃的恒温干燥箱中，放置不同时期后，用激光粒度仪测微球的粒径大小，根据测得结果，计算微球膨胀倍数（N），结果如图2-22所示。

由图2-22可知，由于相对于纯水而言，当水中存在Na^+、Mg^{2+}、Cl^-、Ca^{2+}等离子时，微球的三维网络分子结构内外的渗透压会减小，使聚合物微球的膨胀速率减小；微球在水中离解生成带负电荷的高分子链，溶液同时存在大量的阳离子，而阳离子对高分子链具有屏蔽的作用，这会大大地减弱分子链间的静电斥力，使高分子线团网络的伸展受到抑制，因而降低了微球的膨胀速率。因此得出，纳米级微球初始粒径在50~100nm之间，粒径中值在70nm左右，10d后微球膨胀到最大0.658μm，平均膨胀9倍。矿化度越高，微球膨胀后粒径越小。

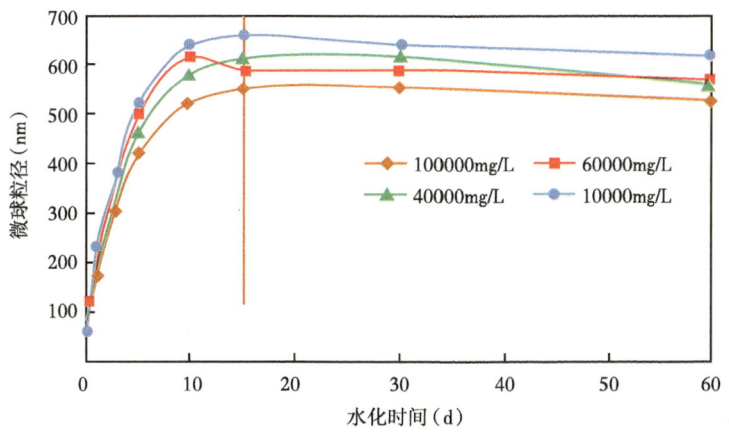

图 2-22　65℃ 不同矿化度条件下微球的膨胀规律

（2）耐温性能评价与表征。

用矿化度为 20000mg/L 的模拟地层水配制浓度为 5000mg/L 的微球溶液，搅拌均匀后分别倒入 3 个丝口瓶中，密封好后放置在四个不同温度 50℃、60℃、70℃、80℃ 的恒温干燥箱中，样品在放置不同时间后，用激光粒度仪测微球的粒径，并计算微球的膨胀倍数（N），结果如图 2-23 所示。

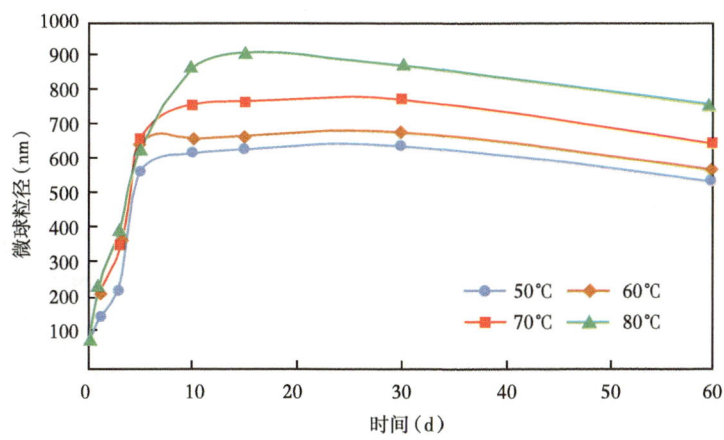

图 2-23　不同温度下聚合物微球的膨胀倍数随时间的变化曲线

由图 2-23 可以看出，在溶液矿化度相同时，初始阶段微球的膨胀倍数迅速增大，膨胀速率较大，曲线较为陡峭，在 10d 左右时增至最大值，随后膨胀倍数增长速度曲线逐渐趋于平缓，微球初始粒径在 50~100nm 之间，粒径中值在 70nm 左右，15d 后在 80℃ 情况下微球膨胀到最大 0.91μm，膨胀 13 倍。温度越高，微球膨胀后粒径越大。主要原因在于：微球的主链或侧链上含有酰胺基、磺酸基和羧基，这些官能团都具有强烈的亲水性，这是微球溶于水时发生膨胀的本质原因。从分子结构上来看，微球是由高分子链相互缠绕等物理交联构成的具有低交联度的三维网络，溶剂可通过网络结构渗透到微球中，这是其具有遇水发生膨胀的原因之一。温度升高，一方面促使分子链段间的次价键（范德华力）缔和作用减弱，使分子线团收缩作用减小，另一方面增大了溶剂对分子链的溶剂化作用，使线团不断伸缩扩张，微球就会不断膨胀。温度升高，增强了聚合物分子热运动和溶剂的不断变换位置，使得膨胀速率增大。

8）微观形貌特征

将一定量聚合物微球固体粉末充分稀释并搅拌均匀后，取少量倒在盖玻片上，干燥后直接将其粘在导电胶带上喷金，在扫描电子显微镜及透射电镜下观察其形貌，结果如图 2-24 和图 2-25 所示，由图 2-24 和图 2-25 可以看出，在放大 10000 倍的扫描电子显微

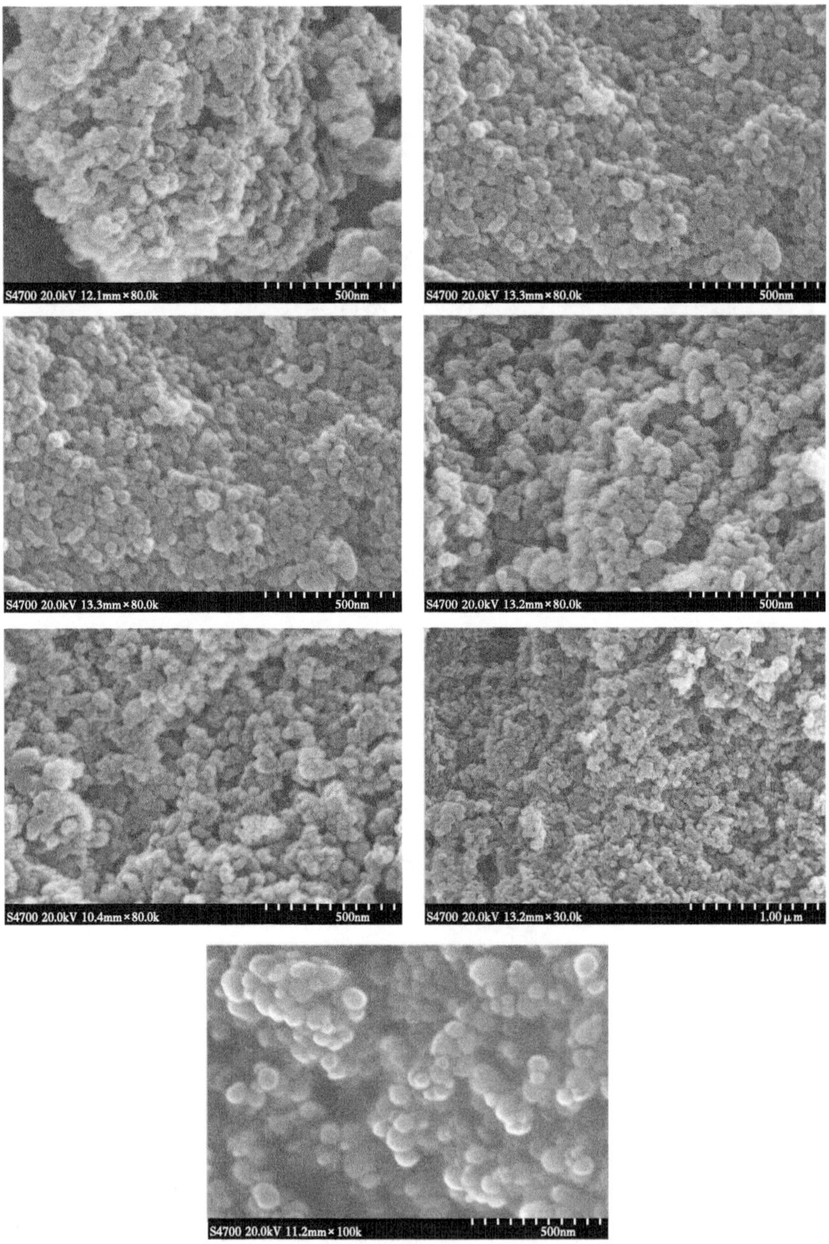

图 2-24　聚合物微球扫描电镜（SEM）形貌图

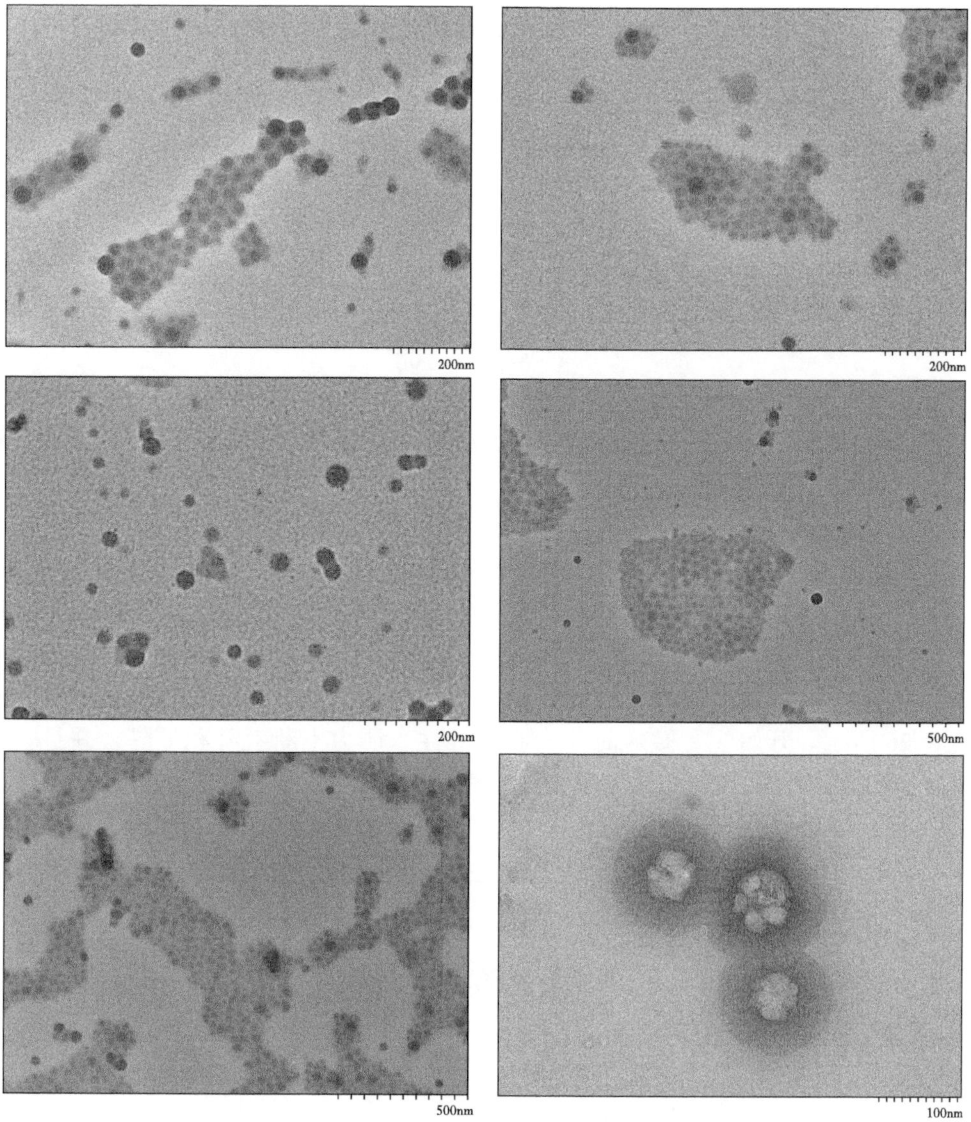

图 2-25 透射电镜观测聚合物微球外观形貌

镜下，纳米聚合物微球颗粒完整性和球形度较好，表面光滑，比表面积大，粒径大小较为均一，基本在 100nm 左右。这有利于聚合物微球在油田地下储层孔道中的运移，可以使微球深入到地下更深层发挥封堵作用，从而提高采收率。同时透射电镜结果表明，干粉微球均匀且球形度好，微球直径在 110nm 左右。

9）封堵性能

按岩石孔喉纳米级尺度要求合成的聚合物微球直径很小，因此数量很大。按球的体积进行计算，直径 5nm 的 1kg 聚合物微球其数量为 20 亿个，直径 3nm 的 1kg 聚合物微球其数量为 100 亿个。可见孔喉尺度下纳米聚合物微球有庞大的数量特征，如此众多的聚合物微球在注入油层后会广泛分布在油藏岩石孔隙中，对水产生阻力，以不断改变水流方向。

合成的纳米聚合物微球是一种半固体，分散在水中可形成液固两相，水是连续相，微球是分散相。适用于单井、小区块油田、海上油田等的深度调驱。微球的封堵能力将通过岩心实验进行研究。通过岩心封堵实验，可确定微球的可注入性、封堵能力大小、注入过程和后继注水阶段的压力变化及注入浓度与压力变化关系等，为现场试验提供实验依据。

封堵率定义为堵剂封堵前后水相渗透率的差值与该岩心原始水相渗透率的比值，是衡量堵剂改变岩心原始渗透能力的参数指标。封堵率反映了岩心封堵后水相渗透率的降低程度。其测定方法是：首先测定封堵前岩心水相渗透率 K_1，然后注入暂堵剂，老化一段时间后，再测封堵后的水相渗透率 K_2，按式（2-2）计算暂堵剂的封堵率 E。

$$E=\frac{K_1-K_2}{K_1}\times 100\% \quad (2\text{-}2)$$

式中　E——封堵率，%；
　　　K_1——封堵前岩心水测渗透率，D；
　　　K_2——封堵后岩心水测渗透率，D。

用与油田产出砂粒径相当的砂粒装填岩心管，岩心管长度为30cm，直径为2.5cm，渗透率为3.472D。实验分3个阶段注入：首先注水，待压力稳定后改注1500mg/L的聚合物微球样品分散体系，然后进行后续水驱。整个实验恒速注入，实验过程中压力随时间的变化由计算机压力采集系统自动获取。测定填砂岩心的压力随注入孔隙体积倍数的变化，结果如图2-26所示。开始注入微球时，岩心管的注入压力不断上升和下降，并且变化幅度很大，这里定义这种压力的变化现象为"波动式压力变化"；后续水驱过程中，压力仍然保持波动式变化特征，并且最终保持在一个相对较高的水平。

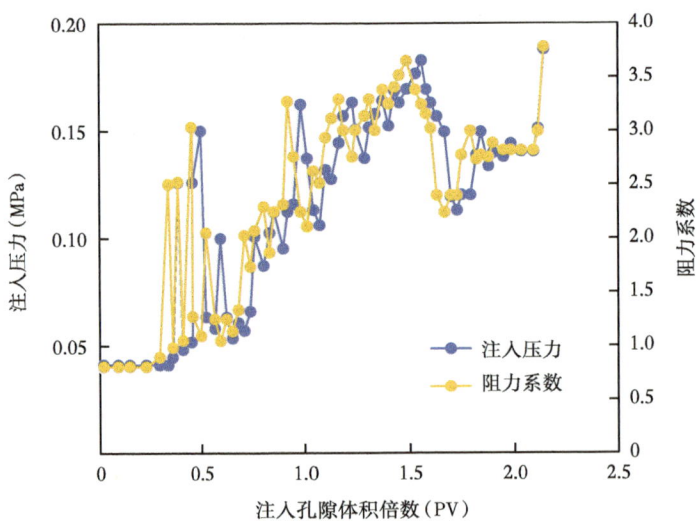

图2-26　微球在水驱后岩心中的运移封堵压力曲线

聚合物微球是弹性固体，在岩心喉道处会发生物理堵塞，该过程类似于气泡或液珠通过喉道时的贾敏效应，要产生一个附加阻力，当压力达到该附加阻力的时候，微球发生弹性变形通过该喉道，此时压力突破，并立即降低，之后微球继续向岩心深部运移；微球运移到下一个喉道处又会发生封堵,产生附加阻力,这也就是"波动式压力变化"的原因。微球在注入过程中,压力一直处于波动变化状态,说明微球一直向岩心深部运移,并不断封堵;后续注水过程中,压力也在波动变化,说明微球仍在岩心中封堵、运移,并不断重新分布,此阶段的"波动式压力变化"还说明:后续水驱不仅改变微球的分布状态,也改变岩心中压力场和流线场的分布形式。

通过改变注入聚合物微球的注入速度,得到了不同驱替速度下聚合物微球封堵参数及封堵特性,实验结果见表2-12,结果表明:聚合物微球封堵性能与渗流速度成反比。即:在近井水流速度高的地带不会发挥封堵作用,油水井间渗流速度较小的地带封堵性能较强。

表2-12 不同驱替速度下聚合物微球(100nm)封堵参数及封堵特性

编号	孔隙体积（mL）	孔隙度（%）	液测渗透率（mD）	注入速度（mL/min）	微球体积（PV）	后续水驱渗透率（mD）	封堵率（%）
1	134	27.30	154.11	0.1	0.3	17.35	88.74
2	128	26.08	107.43	0.3	0.3	44.24	58.82
3	146	29.74	293.58	0.5	0.3	125.35	57.30
4	140	28.52	223.74	1.0	0.3	136.64	38.93
5	141	28.72	256.46	2.0	0.3	161.01	37.22

3. 聚合物微球调驱技术标准

目前Q/SY CQ 8024—2023《注水井调驱用纳米聚合物微球技术规范》规定了注水井调驱用纳米聚合物微球的质量检验要求,包含了外观、密度、分散性能、可分离固形物含量、初始粒径、黏度、硫元素含量、封堵性能、残余单体含量等十项指标及各项指标的检测仪器设备与检验方法。

表2-13 聚合物微球技术要求

序号	项目	指标要求		
		WQ50	WQ100	WQ300
1	外观	淡黄色半透明液体		
2	密度（25℃，g/cm³）	0.900~1.100		
3	分散性能	在水中完全分散,无絮状物,无凝胶		
4	可分离固形物含量（%）	≥18.0	≥20.0	≥20.0
5	初始粒径（D_{50}，nm）	$30 \leq D_{50} < 70$	$70 \leq D_{50} < 150$	$150 \leq D_{50} < 450$
6	原液黏度（25℃，mPa·s）	≤2000		
7	分散液黏度（0.2%，25℃，mm²/s）	≤5		
8	硫元素含量（占可分离固形物,%）	≥2.0		
9	封堵性能（型式检验,%）	≥80		
10	残余单体含量（型式检验,%）	≤0.05		

进一步，《注水井调驱用纳米聚合物微球技术规范》也规定了聚合物微球调驱剂的检验规则、包装、标志、储存运输规则，以及现场应用聚合物微球调驱剂时的安全、环境及健康控制要求。针对聚合物微球调驱剂的检验，应当在药品出厂及应用过程中做检验，检验条件应满足此标准要求，检验结果应满足此标准规定的技术参数。若有任意一项参数不满足标准规定的技术参数，则应该进行复检。若复检仍存在指标不满足规定的技术参数情况，应判定产品不合格。针对聚合物微球调驱剂的包装与储存运输，应当采用清洁、干燥、密封、容量为25L或1000L的塑料桶包装。同时产品包装或合格证上印有醒目的生产厂名、产品名称、规格型号、执行标准、净含量、批号或生产日期、保质期等信息。聚合物微球调驱剂应当贮存在干燥、通风处，按规格分类存放，本品在常温下贮存有效期为12个月。一年内若有轻微分层，搅匀后不影响使用。运输过程中应避免与尖状物品混运，装卸时应轻装轻卸，防止摔碰、曝晒、雨淋。针对聚合物微球调驱剂的安全、环境及健康控制要求，聚合物微球调驱剂无毒、不易燃、无腐蚀性、无刺激性气味，若发生聚合物微球泄漏，应当切断泄漏源、回收泄漏物。同时在现场使用过程中，操作人员进行作业时应避免与皮肤直接接触，采取适当的安全健康防护措施，穿戴相应劳保用品，佩戴防护眼镜、手套等防护用品。若不慎接触皮肤，则快速用大量流动清水连续冲洗干净。

4. 聚合物微球调驱机理

1）低渗透油藏聚合物微球微观渗流机制

利用微观孔隙模型刻蚀及显微镜成像技术，在孔隙尺度上对聚合物微球驱替液在多孔介质中的运移做进一步的研究。

（1）微观模型。

经过标准光蚀刻技术（standard photolithography）、耦合等离子深刻蚀技术（coupled plasma-deep reactive ion itching）、热氧化（thermal oxidation），以及阳极键合（anodic bonding）等过程，在一单晶硅芯片上进行了相似的孔隙结构刻蚀。详细的微观孔隙刻蚀过程可以参考 Chomsurin 等的研究成果。

根据长庆油田 WY 区块储层岩心 CT 扫描的结构特征，考虑到致密砂岩复杂低渗透的特点，提取结构的孔径分布特征，通过 QSGS 两尺度颗粒的生成算法，重构了微观模型的结构。图2-27给出了该微观模型的孔隙结构，表2-14为孔隙网络结构的特征参数。微观模型的尺寸为8mm×6mm，孔隙深度为39μm（平均孔隙的尺寸），孔隙度为44.39%。

表2-14 微流控芯片孔隙结构

微观孔隙结构特征	
长度（mm）	8
宽度（mm）	6
深度（μm）	39（平均孔隙宽度）
孔隙度（%）	44.39
孔隙直径平均值（μm）	39

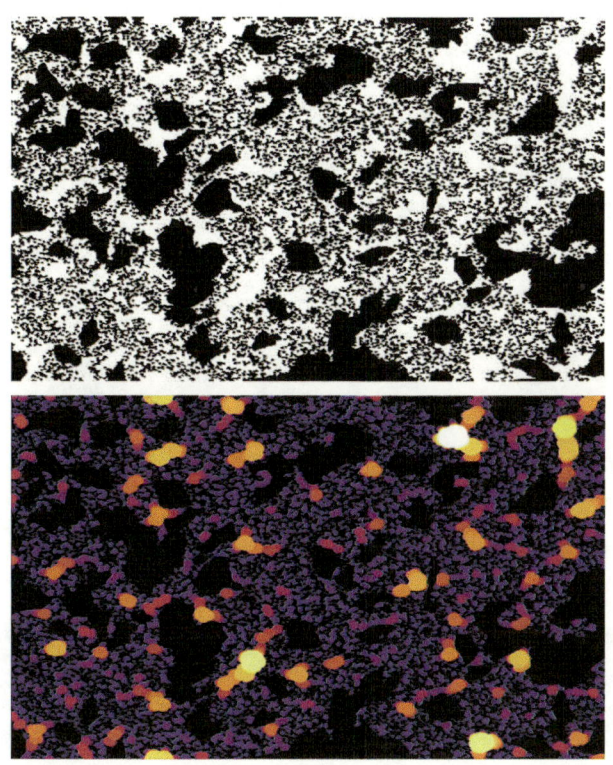

图 2-27　实验采用的微流控芯片的结构及孔隙大小分布（1 像素点为 2μm）

（2）实验设备与过程。

两个恒流注射泵被用于进行矿物油、水、微球稀释液的注入。硅基微流控芯片的入口端通过一个三相阀门与注射泵 A 和注射泵 B 相连。采用尼康体视显微镜对实验过程进行拍摄，采用 Validyne 压力传感器对实验过程进行观测。

驱替实验开始前，首先对硅基微流控芯片进行清洗，方法是依次注入一定量（100PV 以上）的以下溶液：去离子水、乙醇、去离子水、$NH_4OH：H_2O_2$ 以 5：1 的混合溶液、去离子水。清洗后的硅基微流控芯片固定在显微镜平台下，并与相应管线相连。首先将气态的 N_2 通入微观模型中，排空微观模型及管道中的去离子水。实验开始前，以相对高的压力使芯片内部饱和油相。随后，注射泵注入与荧光指示剂混合的水或者微球稀释液。这里所用的荧光指示剂为荧光素钠，其被广泛地应用于水相的识别。该指示剂只溶于油相而不溶于水相。待以上准备工作结束后，进行水或者微球稀释液的排驱实验。实验过程中保持恒定流量 1μL/min。

（3）荧光指示剂与微观成像系统。

实验过程中的图像拍摄是通过尼康研究级体式荧光显微镜 SMZ18 完成的。拍摄放大倍数为 3 倍，精度达到 1.92μm/像素点。对经过染色处理的水和微球稀释液的观测是通过一个 GFP-L 滤镜完成的，其激发波长为 λ_{ex}=460~500nm。所用的高速相机为 DS-Ri2 Microscope Camera 1600 万彩色高速 SCMOS。拍摄过程中该相机由 NIS-Elements 软件控制。

被荧光素钠染色处理过的水和微球稀释液，其所具有的荧光信号强度是未经过处理的矿物油的 10 倍以上，即信号值/噪声值大于 10。因此后期在进行水相及微球溶液的识别的时候，可以很明确地施加一阈值从而将 CO_2 从其他两者中分离出来。对图像的处理，水相、微球稀释液、油相的分离和饱和度的计算是通过 ImageJ 软件完成的。

（4）实验试剂特性。

实验中用到的主要试剂为：矿物油、去离子水、微球驱替液稀释溶液、微球溶液中提取的乳状液。采用 Hakke MarsIII 测量液体的黏度，实验液体的性质如下：矿物油的黏度：$21mPa·s$，去离子水的黏度：$0.91mPa·s$。通过 Kruss 接触角测量仪测量相关界面张力及接触角。测量结果如图 2-28 和图 2-29 所示。

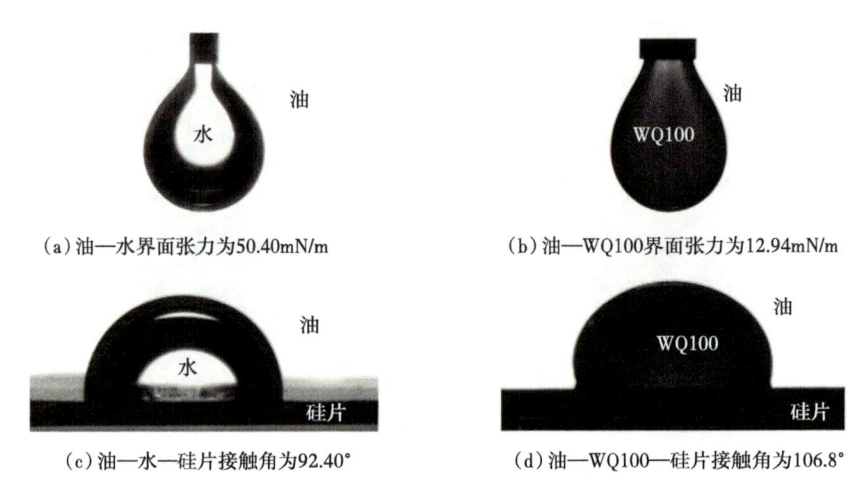

图 2-28 纳米微球作用前后接触角对比

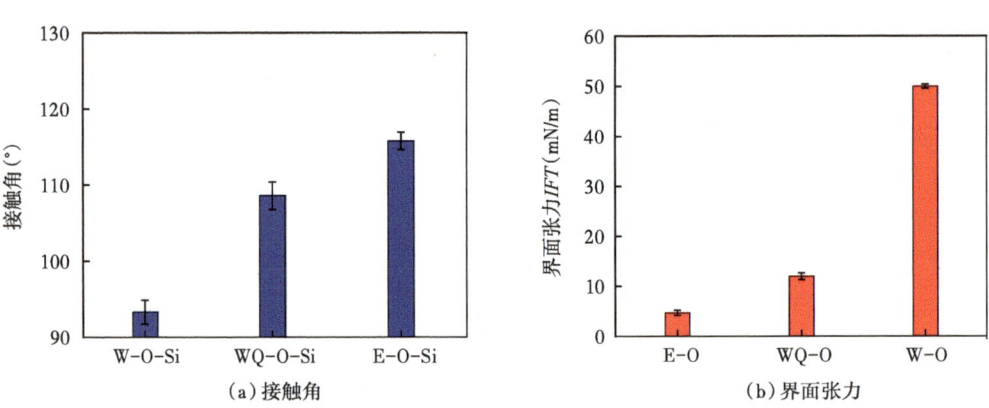

图 2-29 接触角及界面张力分布
W—水；O—油；WQ—微球；Si—硅；E—乳状液

接触角的关系为 $\theta_{WQ100-油-硅} > \theta_{水-油-硅} > 90°$，而界面张力的关系为 $IFT_{WQ100-油} < IFT_{水-油}$。WQ100 能够增加水—油—硅的接触角，能够减小水—油界面张力。

（5）微观渗流规律。

采用硅基微流控芯片，芯片刻蚀深度为 $60\mu m$；大柱直径为 $600\mu m$，相邻柱间距（纵向）为120μm，横向间距为200μm；小柱直径300μm，相邻柱间距（纵向）为60μm，横向间距为100μm。上下层孔隙率之比大致为1∶1（图2-30）。

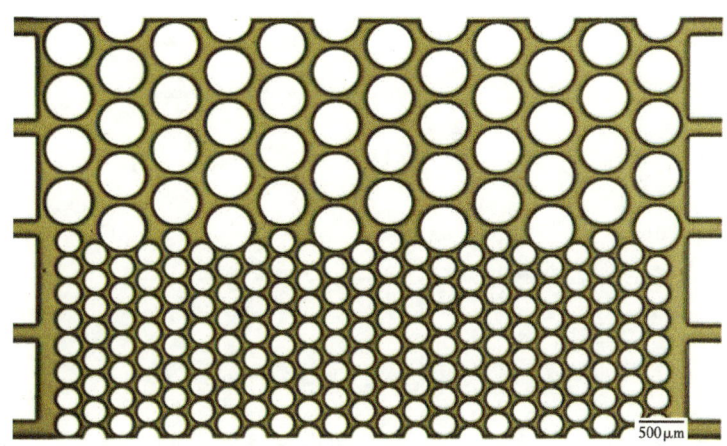

图2-30　硅基微流控芯片结构

对于水驱，水相很快在高渗透区域突破，低渗透部分几乎无法动用。在水相突破之后，由于界面张力的消失，压差锐减至低压差状态（图2-31和图2-32）。

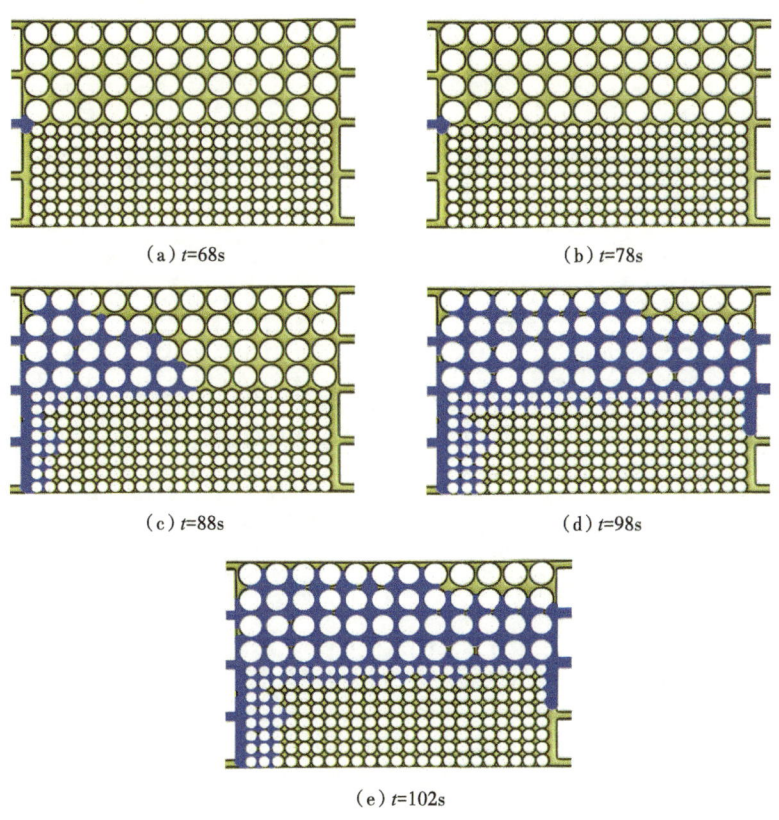

图2-31　水驱过程图

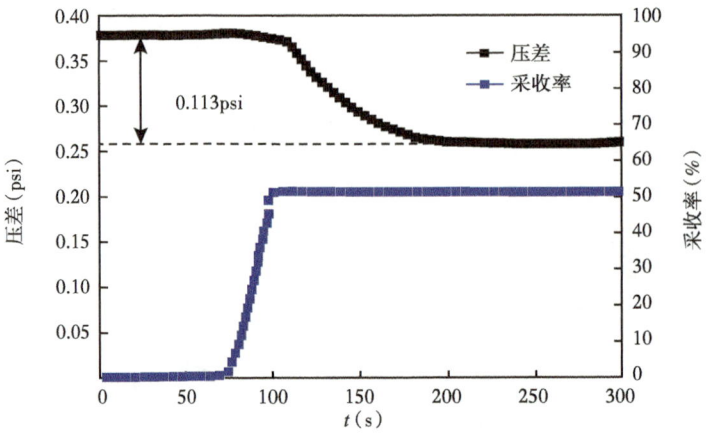

图 2-32 水驱压差和采收率随时间的变化

对于 WQ100 驱替，在初始阶段，低渗透和高渗透区域同步驱替。随后，低渗透区域滞后高渗透区域，在高压和低界面张力的作用下，在后半段发生指进现象以驱替低渗透区域的油相。WQ100 的黏度高，在初始时刻会产生高渗透和低渗透区域同步驱替的情况，随后，由于后半段的高压及界面张力的减小，发生指进现象。优势通道形成后，油水界面张力消失，WQ100 的流速加快，黏度降低，导致压差急剧减小（图 2-33 和图 2-34）。

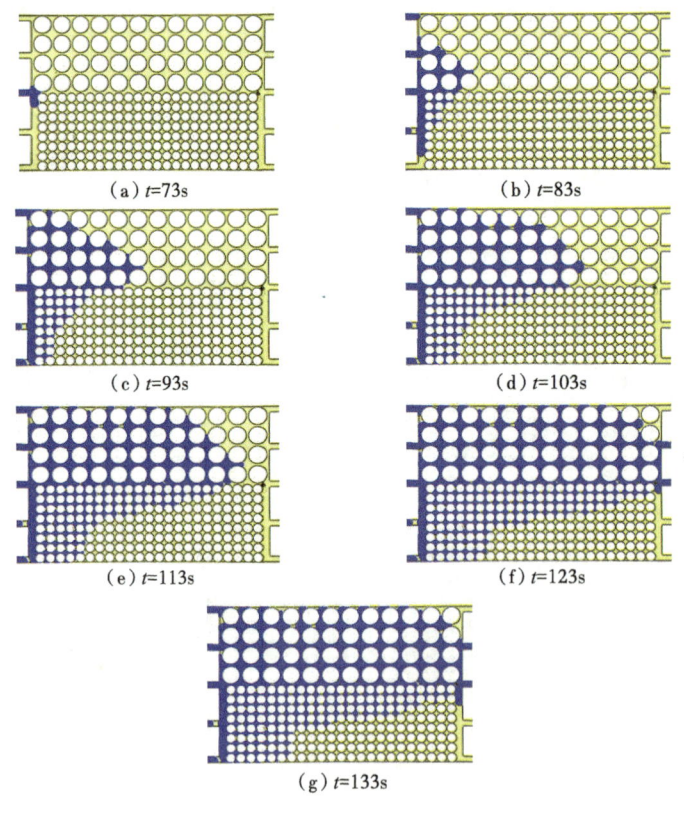

图 2-33 WQ100 驱替过程图

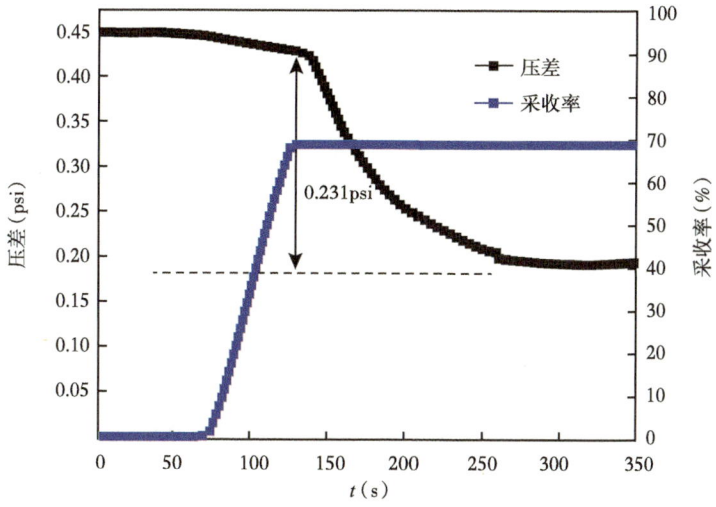

图 2-34　WQ100 驱替压差和采收率随时间的变化

（6）聚合物微球在多孔介质中输运的孔尺度模拟。

WY 区块储层岩心结构具有致密砂岩的特征，颗粒粒径分布具有二元分布的特征，考虑到其孔隙结构，基于 QSGS 的两尺度随机生成算法，生成了具有 WY 区块储层岩心结构特征的微流控芯片结构。并基于此相似结构，开展了微芯片实验的研究和数值模拟的研究（图 2-35）。

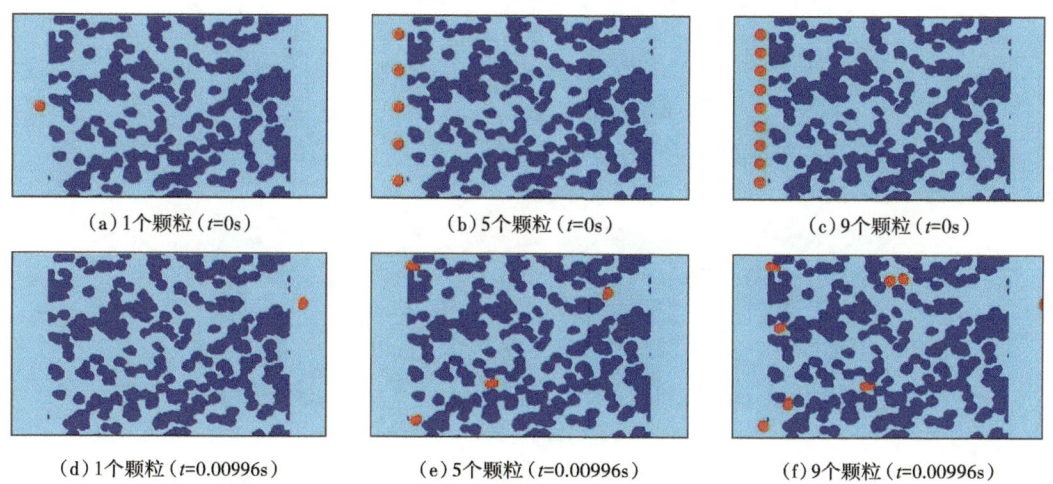

图 2-35　聚合物微球在多孔介质中输运的孔尺度模拟

聚合物微球在多孔介质中的运动会导致进出口压差的变化，特别是其在堵塞—通过的情况下，进出口的压差会急剧地变化，产生压力振荡（图 2-36）。颗粒越多，压力振荡的幅度就会越大。聚合物微球在多孔介质中的运动会影响整个流场中压力的分布情况，并且在堵塞与变形通过的情况下会发生压力的振荡（图 2-37）。

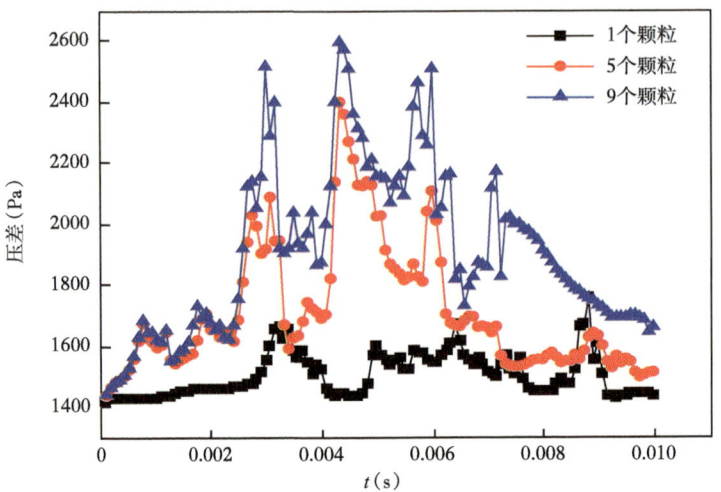

图 2-36　聚合物微球通过多孔介质时进出口压差的变化

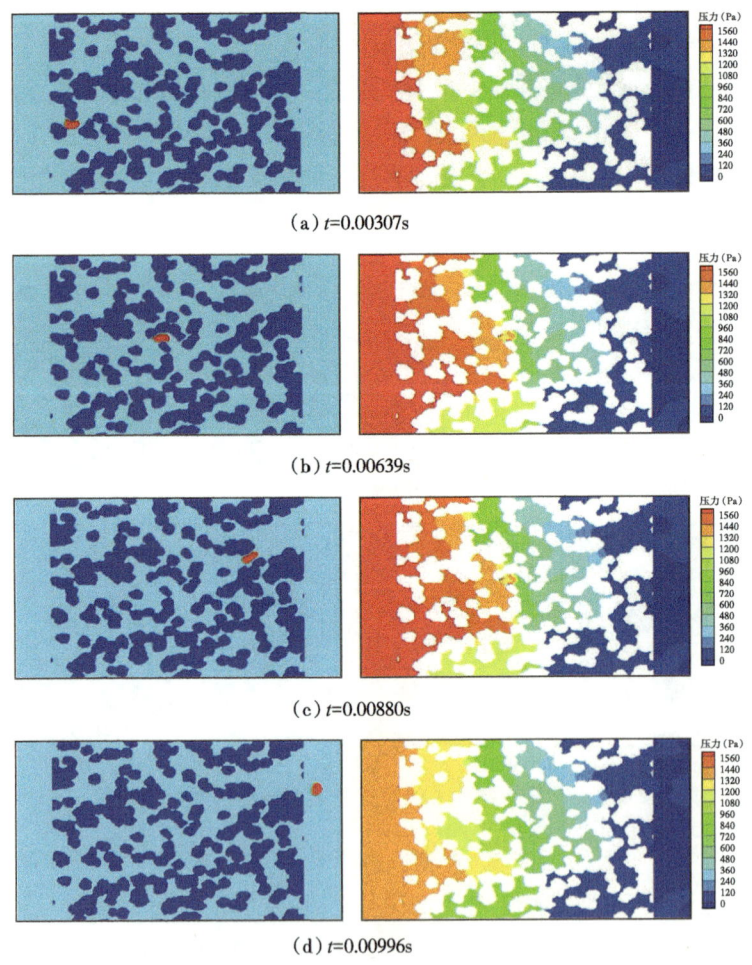

(a) $t=0.00307s$

(b) $t=0.00639s$

(c) $t=0.00880s$

(d) $t=0.00996s$

图 2-37　聚合物微球通过多孔介质时的形态及压力分布情况（1 个颗粒）

实验研究发现，聚合物微球具有增加黏度和降低界面张力的作用。黏度的增加增大了低渗透区域的波及范围，界面张力的减少导致了从高渗透区域向低渗透区域的指进现象的发生。这两种情况均有利于提高采收率。

考虑到微尺度上，聚合物微球通过与其尺度相同的孔喉的情形，基于 IB-LBM 算法，计算了多个颗粒通过微通道、规则阵列非均质通道、随机生成的结构的情形。得出当通道大于颗粒直径时，多个颗粒在微通道中的运移会导致非牛顿效应的产生，增加了流动的阻力及靠近壁面部分的剪切力；当多孔介质的孔隙略大于聚合物微球时，多个聚合物微球一同进入，多颗粒之间的相互作用，能够达到大颗粒通过多孔介质的效果；在随机生成的多孔介质的结构中，大颗粒的通过能够导致更大的压力波动，但是大颗粒的数量越多，滞留的情况越严重。

2）聚合物微球调驱改善水驱规律

（1）含优势通道效应的芯片油藏。

长庆油田在实际开采过程中，优势通道效应明显，裂缝、高渗透层、低渗透层排列复杂。优势通道效应不同于非均质性，如图 2-38 所示为芯片油藏和含有优势通道的芯片油藏。其非均质性几乎一致，如图 2-39 所示，但是实际流动过程明显不同，如虽然优势通道占据孔隙体积很小，但是流量占比又很高。

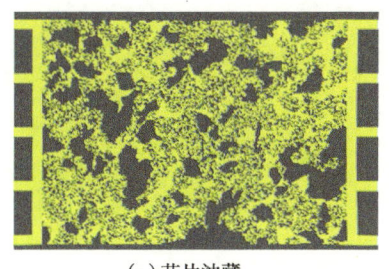 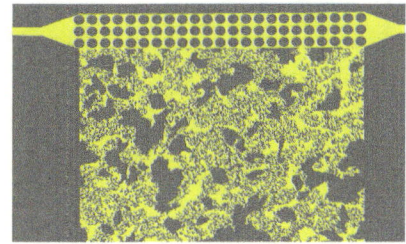

（a）芯片油藏　　　　　　　　　　（b）含有优势通道的芯片油藏

图 2-38　芯片油藏和含有优势通道的芯片油藏

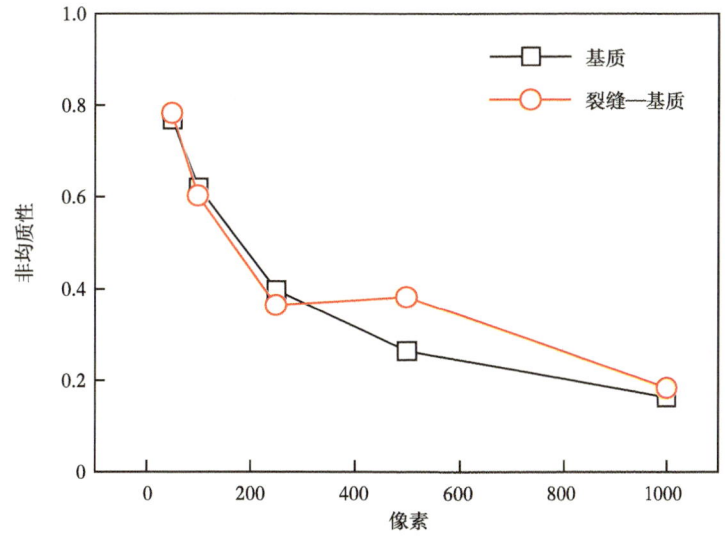

图 2-39　不同大小网格划分的非均质性评价

（2）芯片油藏实验结果。

这里分别开展三种聚合物微球浓度（体积分数分别为 0.3%、1.0%、3.0%）对改善水驱效果的影响。最终的形态如图 2-40 所示。研究发现由于聚合物微球在水中稀释会形成聚集体，而聚集体在相对较大的优势通道里面发挥着重要作用，如图 2-40 中浓度为 1%（体积分数）的聚合物微球在水中稀释能够达到 64.47% 的采收率，低浓度（体积分数 0.3%）无法在优势通道中发挥作用，高浓度由于聚集体过多导致通道堵塞反而阻碍了采收率的进一步提高。

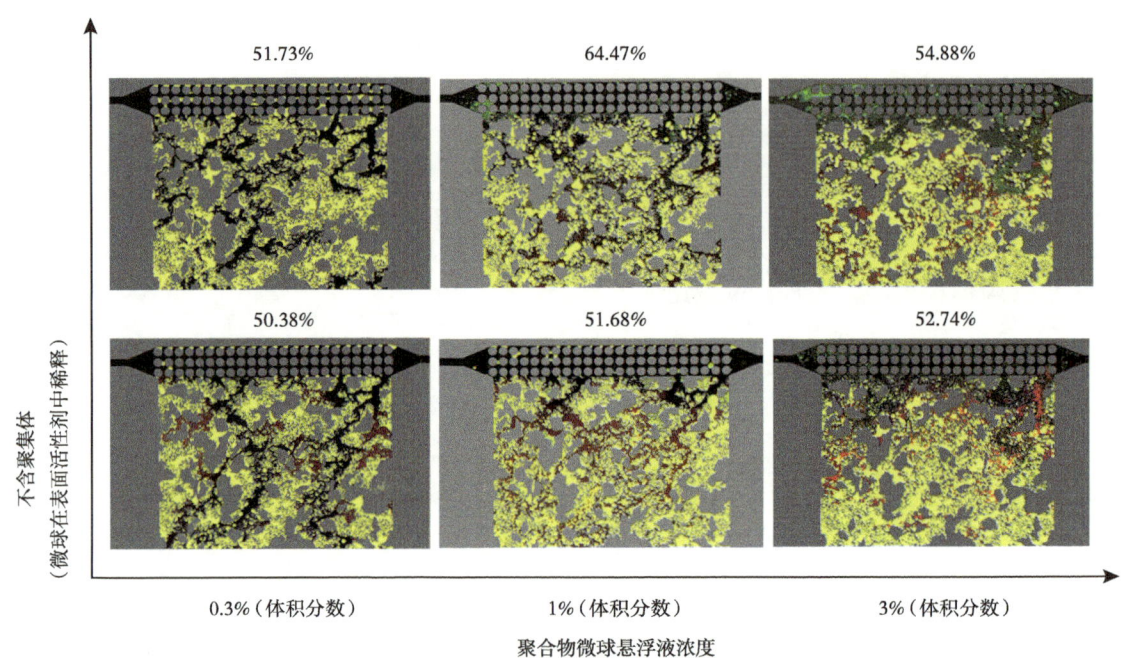

图 2-40 芯片油藏最终实验多相分布情况及最终采收率

图中黄色为油相、黑色为水相、绿色为聚合物微球聚集体，由于单个的分散聚合物微球的荧光弱，故无法显示出来

针对 1%（体积分数）浓度的聚合物微球在水溶液中稀释形成适宜浓度的聚合物微球聚集体为什么能够提高并得到最大的采收率的问题，针对优势通道中聚合物微球聚集体的运动情况进行了观察，图 2-41 所示为含有优势通道的芯片油藏的优势通道部分中聚合物微球的运动情况。聚合物微球聚集体会随着驱替过程的进行不断地在裂缝填充质中进行积累，直到达到一定的压力后分散突破过去，造成一个压力波动。通过压力传感器检测芯片进出口的压力差，通过比较 1%（体积分数）浓度聚合物微球在水中稀释形成的悬浮液、在表面活性剂中稀释形成的悬浮液及去离子水驱替过程中多孔介质进出口的压力差，如图 2-42 所示，可以发现，聚合物微球在水中稀释形成的适宜浓度的聚合物微球聚集体有利于形成强烈的压力波动以实现对基质中的剩余油的进一步开采，如图 2-42 中黑色曲线所示，而表面活性剂的加入会减少聚集体的数目，进而整个体系的压力波动就会弱化很多，如图 2-42 中红色曲线所示。单纯的去离子水的驱替无法形成有效的压力波动的效应，而且压力差始终保持在很低的水平，如图 2-42 中蓝色曲线所示。

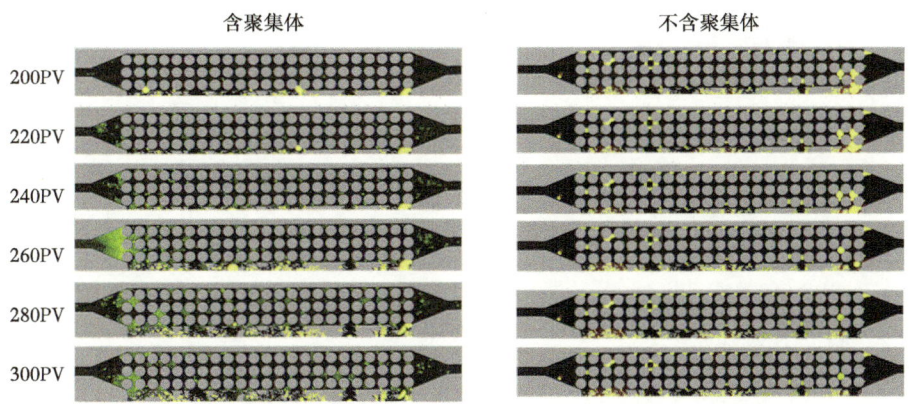

图 2-41　1%（体积分数）浓度聚合物微球在水中稀释形成的聚合物微球聚集体在优势通道中的运动情况（拍摄范围为 200~300PV）

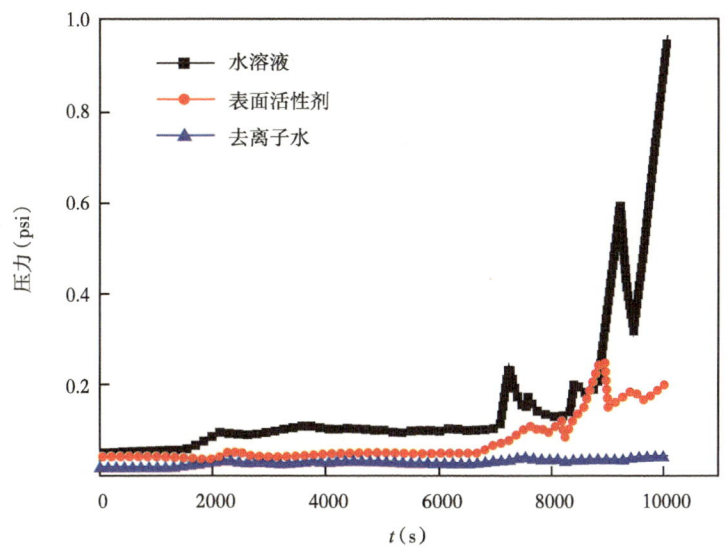

图 2-42　1%（体积分数）浓度聚合物微球在水中稀释形成的悬浮液、在表面活性剂中稀释形成的悬浮液及去离子水驱替过程中多孔介质进出口的压力差

（3）聚合物微球调驱改善水驱机理。

聚合物微球悬浮液复杂的流体性质与低渗透油藏复杂的结构均使得聚合物微球在多孔介质的输运机理很复杂。与具有相同流变特性的连续型聚合物相比，聚合物微球悬浮液在多孔介质中能够形成波动的现象，波动的过程对提高采收率是有利的。聚合物微球原液在水中稀释会形成乳状液包裹微球形成聚集体，而这些聚集体会在裂缝中积累，进而可以在比其尺寸大得多的裂缝中形成波动现象。聚合物微球悬浮液会改变油—水—固三相的接触角，实验结果显示接触角并不是越小对采油越有利。超亲水导致的卡断现象会限制采收率的进一步提高。当制备微凝胶颗粒悬浮液时，乳液微凝胶颗粒是自动形成的。具有不同含油量的乳液微凝胶颗粒将影响悬浮液的流变性。乳液微凝胶颗粒的中间浓度可形成合适的

压力波动。浓度过高会阻塞主导通道，而浓度过低则不会形成有效的压力波动。

5. 聚合物微球调驱技术适用条件

1）聚合物微球粒径与储层匹配原则

利用 Kozeny 公式，计算岩心的平均孔喉直径：

$$d=\sqrt{\frac{32K}{\phi}} \qquad (2-3)$$

式中　K——岩心渗透率，mD；

　　　ϕ——岩心孔隙度。

聚合物微球在岩心内部封堵，可以根据聚合物微球的半径 r 与岩心孔喉半径 R 之间的关系，分为几种情况，如图 2-43 所示。

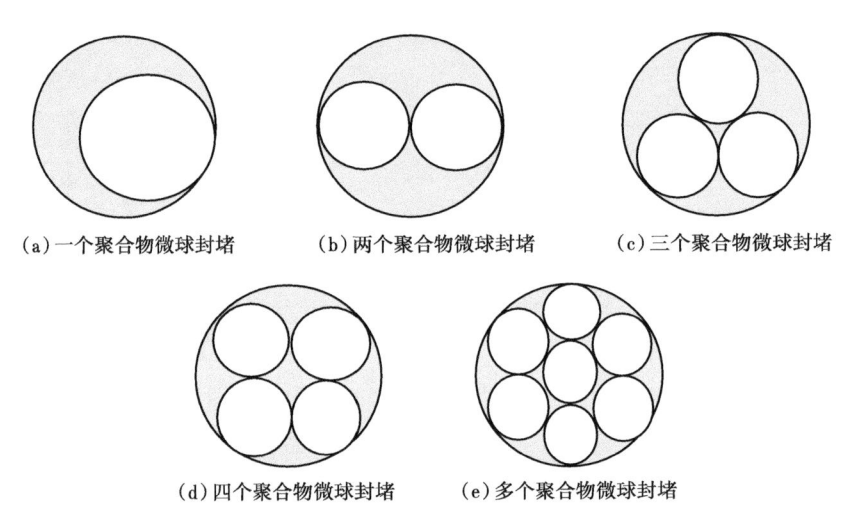

图 2-43　聚合物微球封堵储层机理图

（1）当聚合物微球的半径 r 大于岩心孔喉半径 R 时，如图 2-43（a）所示，聚合物微球可以直接封堵储层；

（2）当 $0.5R \leqslant r < R$ 时，如图 2-43（b）所示，一般为两个聚合物微球架桥封堵储层；

（3）当 $0.464R \leqslant r < 0.5R$ 时，如图 2-43（c）所示，一般为三个聚合物微球架桥封堵储层，建立几何模型，如图 2-44 所示，则 $r=0.464R$；

图 2-44　三个聚合物微球架桥封堵储层几何模型　　图 2-45　四个聚合物微球架桥封堵储层几何模型

(4) 当 $0.414R \leqslant r < 0.464R$ 时，如图 2-43（d）所示，一般为四个聚合物微球架桥封堵储层，建立几何模型，如图 2-45 所示，则 $r=0.414R$；

(5) 当 $r < 0.414R$ 时，如图 2-43（e）所示，一般为多个聚合物微球架桥封堵储层。

结合聚合物微球封堵储层机理模型与聚合物微球封堵性能实验结果，建立聚合物微球粒径与储层的匹配原则为：

(1) 当聚合物微球粒径与岩心孔喉平均直径之比小于 0.4 时，聚合物微球在岩心中只能依靠多个聚合物微球封堵，封堵性能一般，随着压力的升高，聚合物微球很容易通过岩心孔喉而起不到封堵作用。

(2) 当聚合物微球粒径与岩心孔喉平均直径之比介于 0.4~1.2 时，聚合物微球在岩心中可以实现一个聚合物微球封堵、两个聚合物微球封堵、三个聚合物微球封堵和四个聚合物微球封堵，聚合物微球兼具良好的运移性能和封堵性能。随注入压力升高可以变形运移，从而进入油藏深部，达到深度调剖的作用。在这种情况下，封堵率随聚合物微球粒径的增加逐渐升高，当聚合物微球粒径与岩心孔喉平均直径之比在 1~1.2 时，聚合物微球在保证注入性的同时，可以在岩心中形成稳定的封堵性能。

(3) 当聚合物微球粒径与岩心孔喉平均直径之比大于 1.2 时，虽然聚合物微球的封堵率进一步增加，但岩心端面处开始出现聚合物微球残留、堆积现象，在端面形成胶团，聚合物微球出现注入困难现象。

2）聚合物微球调驱技术在长庆油田各类油藏的适用条件

(1) 低渗透油藏。

纳米聚合物微球调驱技术在低渗透油藏中应用有效率为 83.8%，可以实现油藏深部剩余油的有效动用，深部调驱效果、效益较好；由于储层物性好、近井水洗程度高，近井调剖有效率仅 63.4%。

(2) 特低渗透油藏、超低渗透 I/II 类油藏。

针对特低渗透油藏，由于其整体进入中高含水期，受优势渗流通道及裂缝等影响，注采比上升，存水率下降，水驱指数大幅上升，采油速度下降，常规注采调整控水稳油难度大；针对超低渗透 I/II 类油藏，其纵向上受层间非均质影响，剖面矛盾突出，吸水不均井平均占比 40% 以上；平面上受见水井增多，以裂缝型、多方向见水为主，含水率上升加快。而特低渗透、超低渗透 I/II 类油藏是目前改善水驱的主要对象，根据油藏不同开发阶段、不同生产动态特征，按照全生命周期立体调驱理念，在前期单井调剖封堵基础上逐步加大深部调驱比例。

通过对长庆油田特低渗透油藏、超低渗透 I/II 类油藏规模实施纳米聚合物微球调驱，认识到：特低渗透油藏压力保持水平在 95%~105%，油藏调驱有效率 100%。压力保持水平小于 95% 或大于 105% 的油藏调驱无效风险增大，小于 95% 在调驱后应提高配注促进见效，大于 105% 的油藏应先降低配注平衡地层压力再实施微球调驱。超低渗透 I/II 类油藏压力保持水平大于 80%、注采比不大于 3.0 的油藏调驱效果好。无效井主要集中在高注采比、未建立有效驱替的油藏（注采比大于 3.0 且压力保持水平小于 80%）。

(3) 超低渗透 III 类油藏。

由于超低渗透 III 类油藏储层物性差、有效驱替难以建立，注采压差大，平均压力保持水平低（84.3%）。对于基本建立驱替且注采比较低的油藏，通过微球调驱可以改善开发效果。

6. 聚合物微球数值模拟

用理论方法研究微球在多孔介质中的运移机理及运移规律，可从理论上了解微球的运移条件、滞留引起的微球体积分数分布及变化，以及微球滞留引起的地层孔隙度和渗透率的变化。在此基础上建立微球调驱的数学模型，旨在以低成本高效的数值模拟方法对现场注入参数进行优选。

1) 微球渗滤的连续性方程

由于近井间的屏蔽效应，优势渗流通道以相邻井间的主流线为主，且窜流通道较狭窄。因此，井间窜流通道可以简化为井间一维流动过程，多井间窜流则可简化为多分支一维流动的并联叠加。

一维流动单元如图 2-46 所示，取地层中一微单元体，流体从单元体左端流入，右端流出，单元体长 Δx，流入端面积为 $A(x)$，流出端面积为 $A(x+\Delta x)$，平均面积为 $\overline{A}$。微球分散体系在流入端的速度为 $v(x)$，流出端的速度为 $v(x+\Delta x)$。

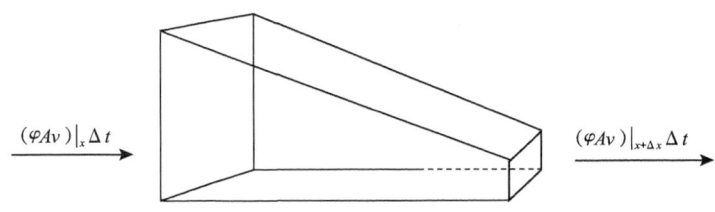

图 2-46 一维流动单元示意图

在时间 Δt 内，微球流入单元体的质量流量为：$(\varphi Av)|_x \Delta t \rho_m$。

在时间 Δt 内，微球流出单元体的质量流量为：$(\varphi Av)|_{x+\Delta x} \Delta t \rho_m$。

在时间 Δt 内，为求在单元体的累积质量增量：

$$(\delta)|_{t+\Delta t} \overline{A} \Delta x \rho_m - (\delta)|_t \overline{A} \Delta x \rho_m \tag{2-4}$$

根据质量守恒原理有如下关系：

纳米微球流入量 - 纳米微球流出量 = Δt 时间内一维单元体的质量变化 (2-5)

其数学表达式为：

$$(\varphi Av)|_x \Delta t \rho_m - (\varphi Av)|_{x+\Delta x} \Delta t \rho_m = \delta|_{t+\Delta t} \overline{A} \Delta x \rho_m - \delta|_t \overline{A} \Delta x \rho_m \tag{2-6}$$

两端同时除以 $\Delta x \Delta t$，并当 Δx 和 Δt 趋于零时取方程的极限，得：

$$-\frac{\partial(\varphi Av)}{\partial x} = \overline{A}\frac{\partial \delta}{\partial t} \tag{2-7}$$

对于等速渗滤过程，则有：

$$-v\frac{\partial(\varphi A)}{\partial x} = \overline{A}\frac{\partial \delta}{\partial t} \tag{2-8}$$

一般情况下，优势渗流通道即为注水井与生产井之间的主流线，故可取主流线之间的一维水淹通道为等截面通道，即：

$$A = \overline{A} = \text{const} \quad (2-9)$$

由以上分析可知，对于等速等截面一维流动而言，微球渗滤连续性方程为：

$$-v\frac{\partial(\varphi A)}{\partial x} = \overline{A}\frac{\partial \delta}{\partial t} \quad (2-10)$$

式中　φ——微球悬浮液的体积分数，%；
　　　x——微球悬浮液的渗滤距离，m；
　　　v——流动速度，m/min；
　　　t——微球悬浮液渗滤时间，min；
　　　ρ_m——微球密度，g/cm³；
　　　δ——单位体积多孔介质截留微球的体积，即微球滞留体积与多孔介质外表总体积的比值，m³/m³。

2）纳米微球渗滤动力学方程

当微球悬浮液体系在多孔介质中渗滤时，固相（纳米微球）、液相（水）两相发生梯度分离，纳米聚合物微球逐步被多孔介质固着而在多孔介质中滞留，纳米聚合物微球分散体系的体积分数是时间 t 和渗滤距离 x 的函数，即 $\varphi=\varphi(x, t)$，Iwasaki 于1937年提出以下关系：

$$\frac{\partial \varphi}{\partial x} = -\lambda \varphi \quad (2-11)$$

式中　φ——微球悬浮液的体积分数，%；
　　　x——微球悬浮液的渗滤距离，m；
　　　λ——渗滤系数。

若存在如下定解条件：

$$\begin{cases} \varphi(x,t)|_{x=0} = \varphi_0 \\ \delta(x,t)|_{t=0} = 0 \end{cases} \quad (2-12)$$

式中　φ_0——微球分散体系的入口体积分数，%。

那么在渗滤开始时刻，即 $t=0$ 时，对式（2-11）积分可得：

$$\varphi(x,0) = \varphi_0 \mathrm{e}^{-\lambda_0 x} \quad (2-13)$$

上述关系表明，油层在任意深度分离的微球的量与微球分散体系的局部微球的体积分数有关，而且纳米微球的体积分数随着其在油层中渗滤距离的增加而减少。

（1）渗滤系数。

渗滤系数在实际状态下是变化的，它受颗粒尺寸、渗滤速度、多孔介质的充填情况、介质的比表面积、介质的初始孔隙度、单位体积介质中的滞留量等因素的影响，故有：

$$\lambda = \lambda(\delta, \phi, v, \cdots) \tag{2-14}$$

1969 年，Ives 提出了渗滤系数的通用计算公式：

$$\lambda = \lambda_0 \left(1 + \frac{\gamma\delta}{\phi}\right)^y \left(1 - \frac{\delta}{\phi}\right)^x \left(1 - \frac{\delta}{\delta_{\max}}\right)^z \tag{2-15}$$

式中　x，y，z——实验指数；
　　　γ——与介质填充粒度有关的几何常数；
　　　ϕ——孔隙度；
　　　δ——纳米微球滞留量，m^3/m^3；
　　　$\delta_{\max}$——纳米微球最大滞留量，m^3/m^3；
　　　λ_0——基础渗滤系数。

在通用公式中，第一括号项表示微球吸附在多孔介质上，增加了单位过滤面积；第二括号项指孔隙空间中由于微球的积累使多孔介质的表面积减小；第三括号项指微球的存在减小了横断面上的孔隙面积，使真实液流速度增加。

渗滤系数的变化与微球滞留量 δ 的变化有很明显的相关性，在此选择 Maroudas 于 1965 年提出的假设作为数学模型中渗滤系数的计算公式，即：

$$\lambda = \lambda_0 \left(1 - \frac{\delta}{\delta_{\max}}\right) \tag{2-16}$$

（2）微球最大滞留量。
①假设条件及滞留区间描述。

假设微球若能通过喉道则就能通过与之相连的孔隙，若不能通过喉道也就不能进入与之相邻的孔隙；不考虑由于成岩作用（包括岩石类型、含量、黏土水合作用、粒径分布、杂基充填和胶结，以及腐蚀作用等）的影响而形成的不连通孔喉，也不考虑只有一个主孔隙入口的盲端。

微球是否能够进入并通过喉道取决于两个因素：一是微球粒径与喉道直径的相对大小；二是驱替压力梯度与微球弹性变形能力的相对大小。

取微球半径与平均喉道半径的关系为 $r_{球} = K\bar{r}$（K 为系数），将喉道半径分为如下几个区间：$[r_{\min}, r_{c1}]$，$[r_{c1}, r_{c2}]$，$[r_{c2}, K\bar{r}]$，$[K\bar{r}, r_{\max}]$。其中，$r_{\min}$ 为喉道最小半径；r_{c1} 为微球可以发生变形进入喉道的临界喉道半径 1；r_{c2} 为微球可以发生变形通过喉道的临界喉道半径 2；$r_{球}$ 为微球半径；$r_{\max}$ 为喉道最大半径。

微球在喉道中的存在状态有如下四种：
a. 微球半径小于喉道半径，喉道半径区间为 $[K\bar{r}, r_{\max}]$，微球可以顺利通过喉道；
b. 微球半径大于喉道半径，但是微球可以通过弹性变形进入喉道，并且能运移通过喉道，喉道半径区间为 $[r_{c2}, K\bar{r}]$，根据假设，这部分微球也能通过与之相连通的孔隙；
c. 微球半径大于喉道半径，但是微球可以通过弹性变形进入喉道，并且能运移通过喉道，喉道半径区间为 $[r_{c1}, r_{c2}]$，根据假设，这部分微球也能通过与之相连通的孔隙；

d. 微球半径大于喉道半径，微球不能进入这部分喉道，喉道半径区间为 $[r_{\min}, r_{c1}]$。

由以上分析可知，喉道半径处于 $[r_{\min}, r_{c1}]$ 区间时，微球不能进入喉道；喉道半径处于 $[r_{c2}, K\bar{r}]$ 区间时，微球可以发生弹性变形通过喉道；喉道半径处于 $[K\bar{r}, r_{\max}]$ 区间时，微球可以自由运移；只有当喉道半径处于 $[r_{c1}, r_{c2}]$ 区间时，微球才可能发生滞留，所以最大滞留量即为微球在该区间的喉道及其连通孔隙中全部滞留时的滞留量。

取注水井到生产井之间的储层为研究对象，其体积为 V，孔隙度为 ϕ_0；则调驱前储层的孔隙体积为 $V \cdot \phi_0$。根据喉道半径大小（$r_{\min} < r_{c1} < r_{c2} < K\bar{r} < r_{\max}$），定义从小到大喉道区间的喉道及其连通的孔隙体的体积分别为 $V(x_i)$ 和 $V(y_i)$，于是有如下关系：

$$\sum_{i=1}^{4} V(x_i) + \sum_{i=1}^{4} V(y_i) = V\phi_0 \tag{2-17}$$

用修正的韦伯分布来描述喉道的分布，见式（2-18）：

$$f(r) = \begin{cases} \dfrac{\beta}{\alpha}\left(\dfrac{r - r_{\min}}{\alpha}\right)^{\beta-1} \exp\left[-\left(\dfrac{r - r_{\min}}{\alpha}\right)^{\beta}\right], & r \geq r_{\min} \\ 0, & r < r_{\min} \end{cases} \tag{2-18}$$

式中　β——形状参数，$\beta > 0$；

　　　α——尺度参数，$\alpha > 0$；

　　　$r_{\min}$——最小喉道半径，μm。

孔隙体与喉道的分布都服从韦伯分布。与喉道连通的孔隙体的体积与该半径区间的喉道的数目成正比；而喉道数目又与喉道半径概率密度函数在该区间的面积成正比。因此有以下结论（取 $K=1$）：

$$\frac{V(y_1)}{\sum\limits_{i=1}^{4} V(y_i)} = \int_{r_{\min}}^{r_{c1}} f(r) \mathrm{d}r \tag{2-19}$$

$$\frac{V(y_2)}{\sum\limits_{i=1}^{4} V(y_i)} = \int_{r_{c1}}^{r_{c2}} f(r) \mathrm{d}r \tag{2-20}$$

$$\frac{V(y_3)}{\sum\limits_{i=1}^{4} V(y_i)} = \int_{r_{c2}}^{\bar{r}} f(r) \mathrm{d}r \tag{2-21}$$

$$\frac{V(y_4)}{\sum\limits_{i=1}^{4} V(y_i)} = \int_{\bar{r}}^{r_{\max}} f(r) \mathrm{d}r \tag{2-22}$$

假设该储层空间内孔隙体总数目为 N，配位数为 6，则该空间内喉道总数目为 $3N$。假设孔隙体的平均半径为 $\bar{r}_p$，则孔隙体的总体积可表示为：

$$\sum_{i=1}^{4}V(y_i)=\frac{4}{3}N\pi\overline{r}_{\rm p}^{3} \qquad (2\text{-}23)$$

于是有：

$$V(y_1)=\frac{4}{3}N\pi\overline{r}_{\rm p}^{3}\int_{r_{\min}}^{r_{\rm c1}}f(r){\rm d}r \qquad (2\text{-}24)$$

$$V(y_2)=\frac{4}{3}N\pi\overline{r}_{\rm p}^{3}\int_{r_{\rm c1}}^{r_{\rm c2}}f(r){\rm d}r \qquad (2\text{-}25)$$

$$V(y_3)=\frac{4}{3}N\pi\overline{r}_{\rm p}^{3}\int_{r_{\rm c2}}^{\overline{r}}f(r){\rm d}r \qquad (2\text{-}26)$$

$$V(y_4)=\frac{4}{3}N\pi\overline{r}_{\rm p}^{3}\int_{\overline{r}}^{r_{\max}}f(r){\rm d}r \qquad (2\text{-}27)$$

该储层空间内喉道总数目为 $3N$，最小和最大喉道半径分别为 $r_{\min}$ 和 $r_{\max}$。将喉道半径区间进行无限分割。其中，将 $[r_{\min},\ r_{\rm c1}]$ 区间平均分为 m 份；将 $[r_{\rm c1},\ r_{\rm c2}]$ 区间平均分为 n 份；将 $[r_{\rm c2},\ \overline{r}\ ]$ 区间平均分为 p 份；将 $[\ \overline{r},\ r_{\max}]$ 区间平均分为 q 份。分割后每段长度均为 l，则有如下关系：

$$r_{\rm c1}-r_{\min}=ml \qquad (2\text{-}28)$$

$$r_{\rm c2}-r_{\rm c1}=nl \qquad (2\text{-}29)$$

$$\overline{r}-r_{\rm c2}=pl \qquad (2\text{-}30)$$

$$r_{\max}-\overline{r}=ql \qquad (2\text{-}31)$$

于是，任意一个喉道半径可表示为：

$$\begin{aligned}r(x)=r_{\min}+il\,(i=0,1,\cdots,m,m+1,\cdots,m+n,m+n+1,\\ \cdots,m+n+p,m+n+p+1,\cdots,m+n+p+q)\end{aligned} \qquad (2\text{-}32)$$

记喉道半径在区间 $[r(x),\ r(x)+1]$ 内的喉道数目为 $T(x)$，认为该区间的喉道分布服从威布尔分布，则每个喉道半径区间内喉道的数目与该区间的威布尔分布的概率密度成正比。于是可以得到 $[r_{\min}+il,\ r_{\min}+(i+1)l]$ 半径区间内的喉道数目的关系式：

$$T(r_{\min}+il)=3N\int_{r_{\min}}^{r_{\min}+(i+1)l}f(r){\rm d}r \qquad (2\text{-}33)$$

其中：

$$0\leqslant\int_{r_{\min}}^{r_{\min}+(i+1)l}f(r){\rm d}r\leqslant 1 \qquad (2\text{-}34)$$

并且有：

$$\sum_{i=0}^{m+n+p+q-1} \int_{r_{\min}}^{r_{\min}+(i+1)l} f(r) dr = \int_{r_{\min}}^{r_{\max}} f(r) dr = 1 \quad (2-35)$$

对于连续函数$f(r)$而言，对每一个半径区间$[r_{\min}+il, r_{\min}+(i+1)l]$进行无限分割（即当$l$足够小）时，有如下关系：

$$\int_{r_{\min}}^{r_{\min}+(i+1)l} f(r) dr \approx f(r_{\min}+il) l \quad (2-36)$$

则有：

$$T(r_{\min}+il) = 3Nf(r_{\min}+il) l \quad (2-37)$$

记在$[r_{\min}+il, r_{\min}+(i+1)l]$半径区间内的喉道数目$T(r_{\min}+il)$为$T(i)$，即：

$$T(r_{\min}+il) = T(i) \quad (2-38)$$

于是各个区间的喉道体积可以表示为：

$$V(x_1) = \sum_{i=0}^{m-1} \pi(r_{\min}+il)^2 LT(i) = 3N\pi L \int_{r_{\min}}^{r_{c1}} r^2 f(r) dr \quad (2-39)$$

$$V(x_2) = \sum_{i=m}^{m+n-1} \pi(r_{\min}+il)^2 LT(i) = 3N\pi L \int_{r_{c1}}^{r_{c2}} r^2 f(r) dr \quad (2-40)$$

$$V(x_3) = \sum_{i=m+n}^{m+n+p-1} \pi(r_{\min}+il)^2 LT(i) = 3N\pi L \int_{r_{c2}}^{\bar{r}} r^2 f(r) dr \quad (2-41)$$

$$V(x_4) = \sum_{i=m+n+p}^{m+n+p+q-1} \pi(r_{\min}+il)^2 LT(i) = 3N\pi L \int_{\bar{r}}^{r_{\max}} r^2 f(r) dr \quad (2-42)$$

式中　L——孔喉平均长度。

②纳米聚合物微球滞留量计算。

由以上分析可知，最大滞留量即为微球在区间$[r_{c1}, r_{c2}]$的喉道及其连通孔隙中全部滞留时的滞留量，因此可以将最大滞留量表示为：

$$\delta_{\max} = \frac{V(x_2) + V(y_2)}{V} \quad (2-43)$$

其中：

$$V(x_2) + V(y_2) = N\pi \left[3L \int_{r_{c1}}^{r_{c2}} r^2 f(r) dr + \frac{4}{3} \bar{r}_p^3 \int_{r_{c1}}^{r_{c2}} f(r) dr \right] \quad (2-44)$$

$$V = \frac{\sum_{i=1}^{4} V(x_i) + \sum_{i=1}^{4} V(y_i)}{\phi_0} = \frac{N\pi \left[3L \int_{r_{\min}}^{r_{\max}} r^2 f(r) \mathrm{d}r + \frac{4}{3} \overline{r}_p^3 \int_{r_{\min}}^{r_{\max}} f(r) \mathrm{d}r \right]}{\phi_0} \quad (2\text{-}45)$$

因此:

$$\delta_{\max} = \frac{V(x_2) + V(y_2)}{V} = \frac{N\pi \left[3L \int_{r_{c1}}^{r_{c2}} r^2 f(r) \mathrm{d}r + \frac{4}{3} \overline{r}_p^3 \int_{r_{c1}}^{r_{c2}} f(r) \mathrm{d}r \right] \phi_0}{N\pi \left[3L \int_{r_{\min}}^{r_{\max}} r^2 f(r) \mathrm{d}r + \frac{4}{3} \overline{r}_p^3 \int_{r_{\min}}^{r_{\max}} f(r) \mathrm{d}r \right]} \quad (2\text{-}46)$$

其中:

$$\int_{r_{\min}}^{r_{\max}} f(r) \mathrm{d}r = 1 \quad (2\text{-}47)$$

因此,最大滞留量可以表示为:

$$\delta_{\max} = \frac{N\pi \left[3L \int_{r_{c1}}^{r_{c2}} r^2 f(r) \mathrm{d}r + \frac{4}{3} \overline{r}_p^3 \int_{r_{c1}}^{r_{c2}} f(r) \mathrm{d}r \right] \phi_0}{N\pi \left[3L \int_{r_{\min}}^{r_{\max}} r^2 f(r) \mathrm{d}r + \frac{4}{3} \overline{r}_p^3 \right]} \quad (2\text{-}48)$$

化简得:

$$\delta_{\max} = \frac{\left[9L \int_{r_{c1}}^{r_{c2}} r^2 f(r) \mathrm{d}r + 4 \overline{r}_p^3 \int_{r_{c1}}^{r_{c2}} f(r) \mathrm{d}r \right] \phi_0}{9L \int_{r_{\min}}^{r_{\max}} r^2 f(r) \mathrm{d}r + 4 \overline{r}_p^3} \quad (2\text{-}49)$$

3) 微球运移数学模型求解

设 λ 与 δ 线性关系如下:

$$\lambda = \lambda_0 (1 + \kappa \delta) \quad (2\text{-}50)$$

其中, $\kappa = -\dfrac{1}{\delta_{\max}}$ 则完整的数学模型为:

$$\begin{cases} \dfrac{\partial \varphi}{\partial x} = -\dfrac{1}{v} \dfrac{\partial \delta}{\partial t} \\ \dfrac{\partial \varphi}{\partial x} = -\lambda \varphi \\ \varphi(x,t)\big|_{x=0} = \varphi_0 \\ \delta(x,t)\big|_{t=0} = 0 \\ \lim\limits_{t \to \infty} \delta(x,t) = \delta_{\max} \\ \lambda = \lambda_0 (1 + \kappa \delta) \end{cases} \quad (2\text{-}51)$$

将式（2-52）代入式（2-11），化简得：

$$-\frac{\partial \ln \varphi}{\partial x} = -\lambda_0 (1 + \kappa \delta) \tag{2-52}$$

将式（2-52）对 t 求偏导得：

$$-\frac{\partial^2 \ln \varphi}{\partial t \partial x} = \lambda_0 \kappa \frac{\partial \delta}{\partial t} \tag{2-53}$$

将式（2-10）代入式（2-53），移项化简整理得：

$$\frac{\partial}{\partial x}\left(\frac{\partial \ln \varphi}{\partial t} - \lambda_0 \kappa v \varphi\right) = 0 \tag{2-54}$$

令

$$\frac{\partial \ln \varphi}{\partial t} - \lambda_0 \kappa v \varphi = F(t) \tag{2-55}$$

由边界条件 $\varphi(x,t)|_{x=0} = \varphi_0$，而 $x=0$ 时，$\frac{\partial \ln \varphi}{\partial t}$ 很小，故可以忽略，则有：

$$F(t) = -\lambda_0 \kappa v \varphi|_{x=0} = -\lambda_0 \kappa v \varphi_0 \tag{2-56}$$

将式（2-56）代入式（2-55），化简得：

$$\frac{\partial \varphi}{\partial t} = \lambda_0 \kappa v \varphi (\varphi - \varphi_0) \tag{2-57}$$

式（2-57）对应的常微分方程为：

$$\frac{\mathrm{d}t}{1} = \frac{\mathrm{d}x}{0} = \frac{\mathrm{d}\varphi}{\lambda_0 \kappa v \varphi (\varphi - \varphi_0)} \tag{2-58}$$

解得：

$$\begin{cases} x = \varphi_1 \\ \mathrm{d}t = \frac{1}{\lambda_0 \kappa v \varphi} \frac{\mathrm{d}\varphi}{\varphi(\varphi - \varphi_0)} \end{cases} \tag{2-59}$$

对 dt 进行化简，整理得：

$$\mathrm{d}t = -\frac{1}{\lambda_0 \kappa v \varphi_0}\left(\frac{1}{\varphi} + \frac{1}{\varphi_0 - \varphi}\right)\mathrm{d}\varphi \tag{2-60}$$

解得：

$$t = -\frac{1}{\lambda_0 \kappa v \varphi_0}[\ln \varphi - \ln(\varphi_0 - \varphi)] + C_2' \tag{2-61}$$

即：

$$\lambda_0 \kappa v \varphi_0 t = \ln\left(\frac{\varphi_0}{\varphi} - 1\right) + C_2'' \tag{2-62}$$

化简得：

$$\left(\frac{\varphi_0}{\varphi} - 1\right) \exp(-\lambda_0 \kappa v \varphi_0 t) = C_2 \tag{2-63}$$

C_2 是与时间 t 无关的量，于是有：

$$\left(\frac{\varphi_0}{\varphi} - 1\right) \exp(-\lambda_0 \kappa v \varphi_0 t) = P(x) \tag{2-64}$$

化简式（2-64）得：

$$\varphi = \frac{\varphi_0}{P(x)\exp(\lambda_0 \kappa v \varphi_0 t) + 1} \tag{2-65}$$

则有：

$$\varphi(x,t)\big|_{t=0} = \varphi(x,0) = \frac{\varphi_0}{P(x) + 1} \tag{2-66}$$

将式（2-13）代入式（2-66），整理得：

$$P(x) = \frac{\varphi_0}{\varphi(x,0)} - 1 = \exp(\lambda_0 x) - 1 \tag{2-67}$$

于是有：

$$\varphi(x,t) = \frac{\varphi_0}{1 - [1 - \exp(\lambda_0 x)]\exp(\lambda_0 \kappa v \varphi_0 t)} \tag{2-68}$$

将 $\varphi(x,t)$ 对 x 求偏导数得：

$$\frac{\partial \varphi}{\partial x} = \varphi_0 \frac{\lambda_0 \exp(\lambda_0 x + \lambda_0 \kappa v \varphi_0 t)}{1 - [1 - \exp(\lambda_0 x)]\exp(\lambda_0 \kappa v \varphi_0 t)} \tag{2-69}$$

根据式（2-11）和式（2-50）得：

$$\begin{cases} \dfrac{\partial \varphi}{\partial x} = -\lambda \varphi \\ \lambda = \lambda_0 (1 + \kappa \delta) \end{cases} \tag{2-70}$$

于是有：

$$\varphi_0 \frac{\lambda_0 \exp(\lambda_0 x + \lambda_0 \kappa \nu \varphi_0 t)}{1-[1-\exp(\lambda_0 x)]\exp(\lambda_0 \kappa \nu \varphi_0 t)} = -\lambda_0(1+\kappa\delta)\varphi \tag{2-71}$$

解式（2-71）得：

$$\delta(x,t) = \frac{\exp(\lambda_0 \kappa \nu \varphi_0 t) - 1}{\kappa\{1-[1-\exp(\lambda_0 x)]\exp(\lambda_0 \kappa \nu \varphi_0 t)\}} \tag{2-72}$$

故该数学模型的解为：

$$\begin{cases} \varphi(x,t) = \dfrac{\varphi_0}{1-[1-\exp(\lambda_0 x)]\exp(\lambda_0 \kappa \nu \varphi_0 t)} \\ \delta(x,t) = \dfrac{\exp(\lambda_0 \kappa \nu \varphi_0 t)-1}{\kappa\{1-[1-\exp(\lambda_0 x)]\exp(\lambda_0 \kappa \nu \varphi_0 t)\}} \end{cases} \tag{2-73}$$

选择 Maroudas 于 1965 年提出的假设作为数学模型中渗滤系数的计算公式，则数学模型的解为：

$$\begin{cases} \varphi(x,t) = \dfrac{\varphi_0}{1-\exp\left(-\dfrac{\lambda_0 \nu \varphi_0 t}{\delta_{\max}}\right) + \exp\left(-\dfrac{\lambda_0 \nu \varphi_0 t}{\delta_{\max}} + \lambda_0 x\right)} \\ \delta(x,t) = \delta_{\max} \dfrac{1-\exp\left(-\dfrac{\lambda_0 \nu \varphi_0 t}{\delta_{\max}}\right)}{1-\exp\left(-\dfrac{\lambda_0 \nu \varphi_0 t}{\delta_{\max}}\right) + \exp\left(-\dfrac{\lambda_0 \nu \varphi_0 t}{\delta_{\max}} + \lambda_0 x\right)} \end{cases} \tag{2-74}$$

4）纳米聚合物微球深部运移动态模型

纳米聚合物微球在储层中运移、封堵、弹性变形、再运移、再封堵，直至储层深部，并在此过程中滞留，使储层物性发生改变。

（1）纳米微球质量浓度及滞留量时变动态模型。

纳米微球渗滤特征参数见表 2-15。

表 2-15 纳米微球渗滤特征参数

参数	$\bar{r}_p$（μm）	$\bar{r}$（μm）	ϕ_0	$r_{\min}$（μm）	$r_{\max}$（μm）	r_{c1}（μm）	r_{c2}（μm）	λ_0（m^{-1}）	ν/（m·m^{-1}）	φ_0（%）
取值	30	4.7327	0.25	0.5	25	2.37	4.12	0.1	0.1	20

根据上述推导结果，可以计算得到最大滞留量 $\delta_{\max}$ 为：

$$\delta_{\max} = \frac{\left[9L\int_{r_{c1}}^{r_{c2}} r^2 f(r)\mathrm{d}r + 4\bar{r}_p^3 \int_{r_{c1}}^{r_{c2}} f(r)\mathrm{d}r\right]\phi_0}{9L\int_{r_{\min}}^{r_{\max}} r^2 f(r)\mathrm{d}r + 4\bar{r}_p^3} = 0.0697 \tag{2-75}$$

因此，可以得到不同时间微球的质量浓度和滞留量的沿程分布情况，如图 2-47 所示。

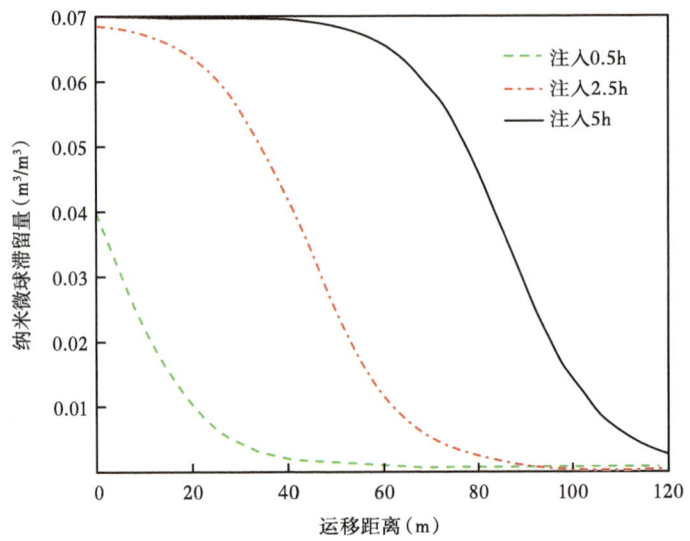

图 2-47　不同时间微球滞留量沿程分布

从图 2-47 中可以看出：在某一时刻，微球的沿程质量浓度和滞留量均逐渐降低；而随注入时间增加，同一位置上的微球质量浓度和滞留量均逐渐升高。由于多孔介质对纳米微球的渗滤作用，微球滞留首先发生在近井地带，随着微球运移，逐步向深部推进。

（2）孔隙度时变动态模型。

纳米微球在孔隙空间滞留会造成孔隙体积的减少，孔隙体积的减小值即为微球滞留所占据的体积，故瞬时孔隙度为：

$$\phi(x,t) = \phi_0 - \delta(x,t) \tag{2-76}$$

式中　$\phi(x,t)$——瞬时孔隙度；

ϕ_0——初始孔隙度；

$\delta(x,t)$——纳米微球瞬时滞留量。

计算得到注入纳米微球后不同时间岩石孔隙度变化沿程分布曲线，如图 2-48 所示。分析可得：同一位置处，岩石孔隙度随注入时间的增加而逐渐减小；同一时刻，岩石孔隙度的降低速度沿程逐渐降低。

（3）渗透率时变动态模型。

根据毛细管束模型，多孔介质的渗透率主要取决于介质的孔隙度和介质固相的比表面积，考虑微球封堵的影响，认为油层内孔隙体积发生变化后，岩石毛细管束的迂曲度不发生变化，修正 Kozeny 方程，得到微球滞留后的渗透率与初始状态下的渗透率之间的比值为：

$$\frac{K(x,t)}{K_0} = \left[B(1-\varepsilon) + \varepsilon \frac{\phi(x,t)}{\phi_0} \right]^3 \tag{2-77}$$

$$\varepsilon = 1 - \beta \delta(x,t) \tag{2-78}$$

式中　$K(x,t)$——瞬时渗透率，mD；

K_0——初始渗透率，mD；
ε——流动效率因子；
B——堵塞孔隙允许流体的流通系数；
β——系数。

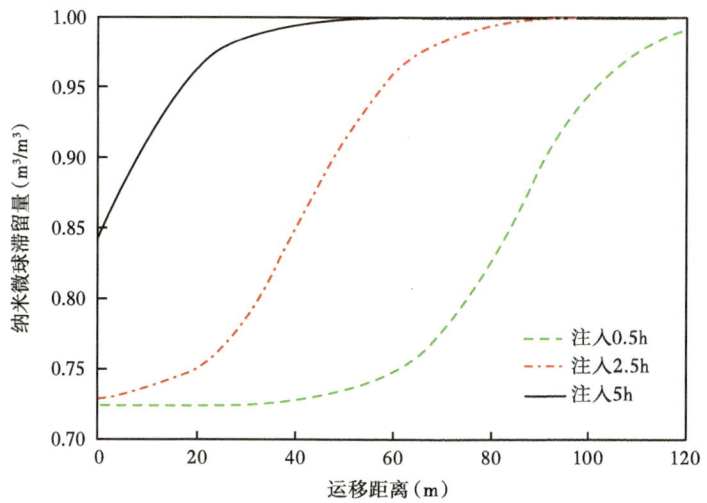

图 2-48　不同时间微球滞留量沿程分布

取表 2-16 所示的参数进行岩石渗透率变化模拟计算。绘制注入微球后不同时间岩石渗透率变化沿程分布曲线，如图 2-49 所示。

表 2-16　纳米微球渗滤特征参数

参数	B	β	ϕ_0
取值	0.15	3.5	0.25

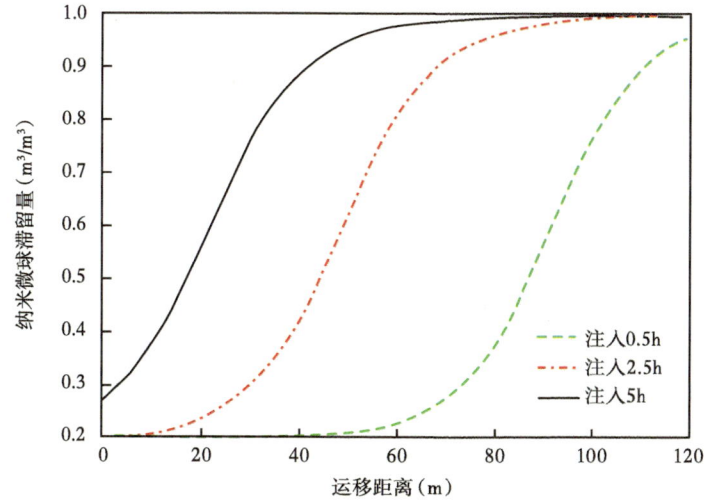

图 2-49　不同时间微球滞留量沿程分布

分析可得：同一位置处，岩石渗透率随注入时间的增加而逐渐减小；同一时刻，岩石渗透率的沿程降低程度逐渐降低。岩石渗透率比其孔隙度的变化幅度大得多，微球少量的滞留即可显著改变岩石渗透率，起到降低高渗透层渗透率的作用。

二、微米凝胶调驱技术

1. 微米凝胶适用条件

低渗透油藏储层整体致密，优势大孔道、微裂缝发育，造成储层非均质性强。水驱开发过程中，由于大尺度优势通道、微裂缝渗流，造成油井裂缝性见水、裂缝—孔隙性见水的问题，初期采用冻胶体系近井调剖治理。由于冻胶体系多种配液质量可控性差、地下成胶风险大，同时体膨颗粒体系粒径大、注入性差，需要大排量泵注，容易造成油井压力激动，引起含水率突升；高压注水油藏由于提压空间受限，冻胶体系难以实施，适应性不好。鉴于此，结合低渗透油藏地质特征，研发了微米级粒径、尺度可控的微米凝胶调驱剂。与常规体系相比，配液组分由 3~4 种简化为 1 种，颗粒粒径由 3~8mm 缩小为 100~150μm，能够适应采出水配液，施工质量可控性、体系注入性、深部运移性明显提升，与地层微裂缝、大孔道适配性更好。

2. 微米凝胶调驱剂合成

1）合成方法优选

常用的合成方法有乳液聚合/微乳液聚合、悬浮聚合/反相悬浮聚合、分散聚合等，不同的聚合方法制备出的胶体粒径大小不同[14]。悬浮/反相悬浮聚合法适用于制备大粒径、高强度的胶体颗粒，微米凝胶颗粒选用反相悬浮聚合法合成（图 2-50）。

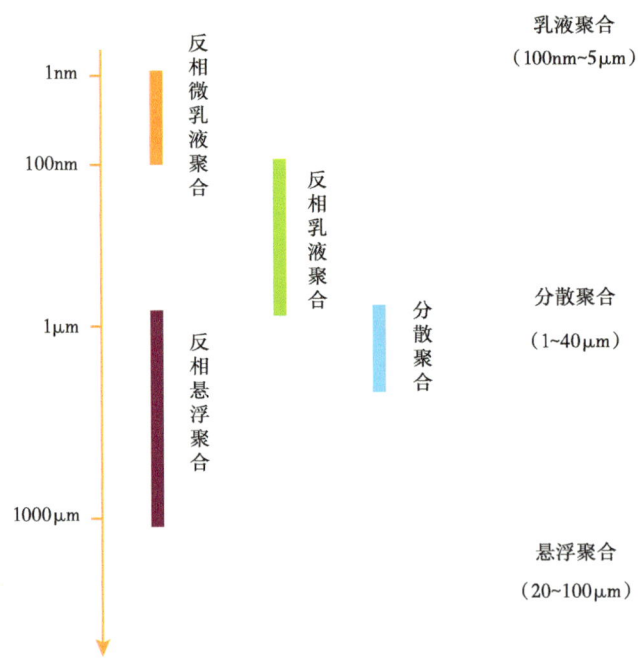

图 2-50　不同粒径大小凝胶颗粒合成方法

2）微米凝胶合成

以丙烯酰胺（AM）、阴离子单体丙烯酸（AA）及交联剂 N，N′—亚甲基双丙烯酰胺（MBA）为共聚单体，在温度 80~90℃ 条件下利用磁力搅拌器在 200~500r/min 高速搅拌，确保单体完全溶解，采用反相悬浮聚合法在反应釜中稳定反应，合成了三元共聚体系，通过预交联、剪切预制，得到百微米级颗粒状乳胶体（图 2-51 和图 2-52）。

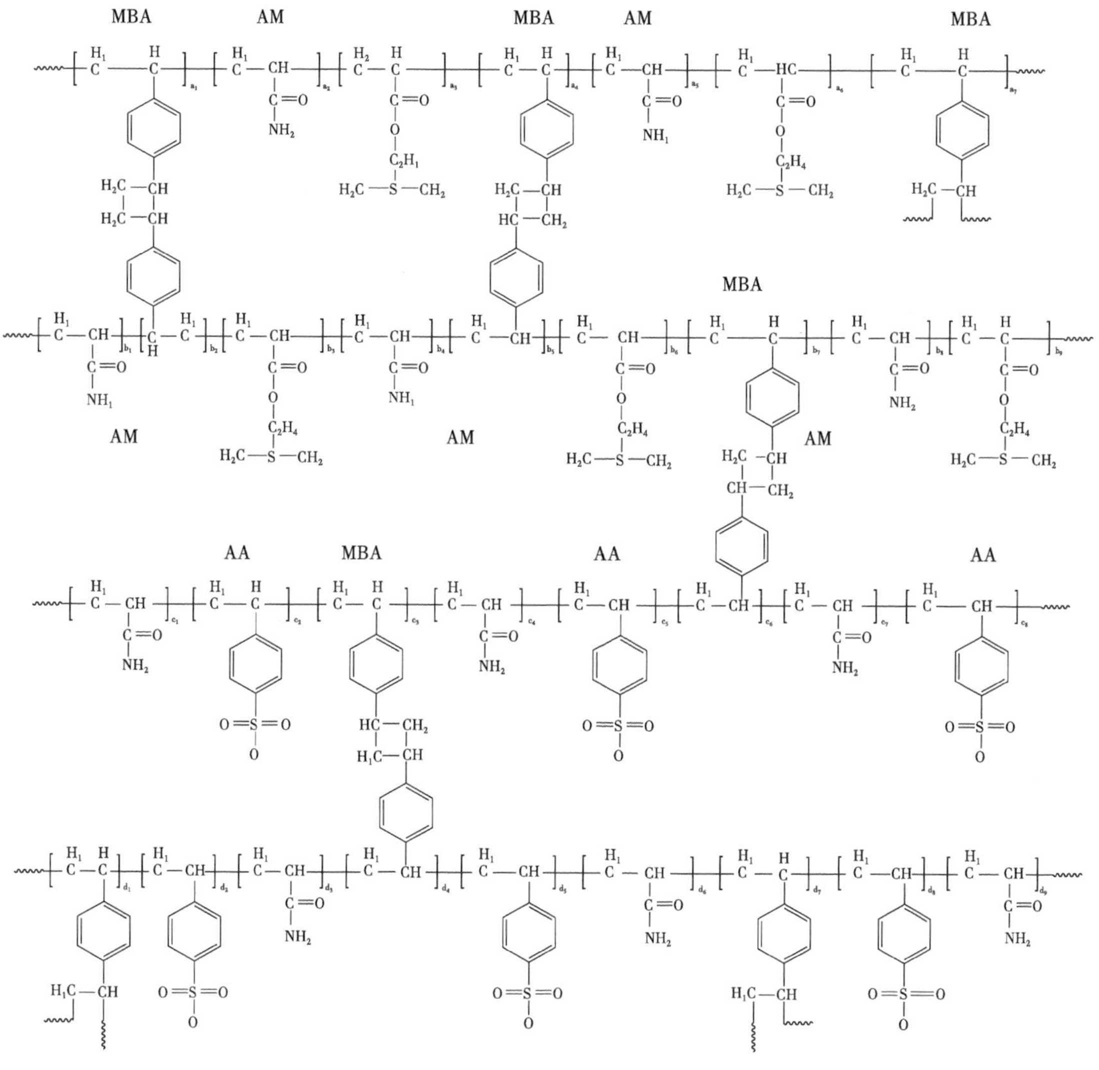

图 2-51　微米凝胶分子结构设计

3）凝胶形貌表征和性能评价

（1）形貌表征。

取少量样品置于导电胶上，随后进行喷金处理，采用钨灯丝扫描电子显微镜观察微米凝胶的表面形貌[15]。微米凝胶初始粒径为 40~300μm，表面呈沟壑状的褶皱结构，分散良好，没有出现粘连现象（图 2-53）。

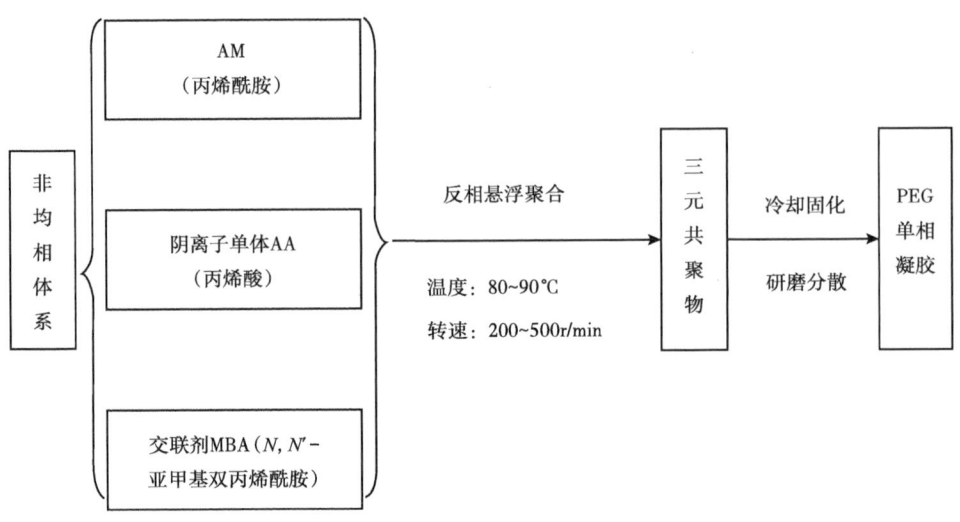

图 2—52　微米凝胶合成工艺

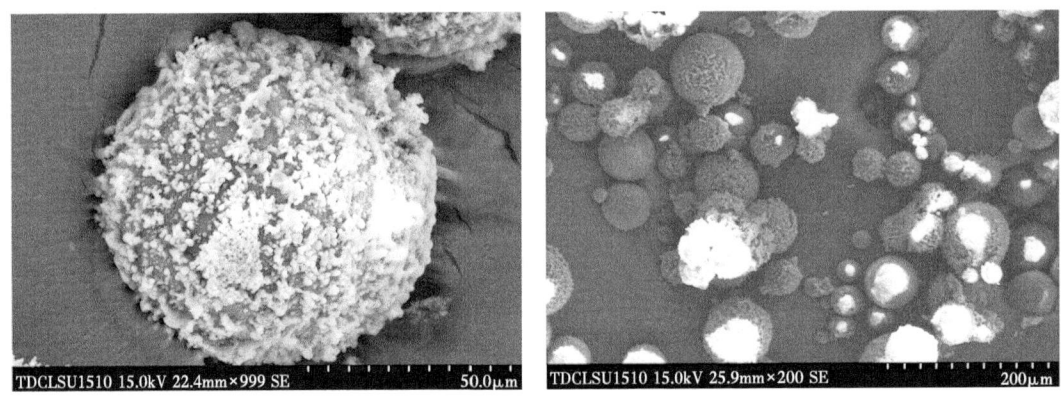

图 2—53　微米凝胶扫描电镜图

（2）红外光谱特征。

取少量干燥的样品和溴化钾固体置于研钵中，将二者研磨均匀并加入压片模具中，振荡使其分散均匀，然后将其压成透明度好的薄片试样，将压好的薄片置于红外光谱仪中测试，并记录其红外吸收光谱数据[16]。

由图 2—54 可知，其中 3489cm^{-1}、3435cm^{-1} 为酰胺基团中伯胺 N—H 键的伸缩振动吸收峰，2924cm^{-1}、2860cm^{-1} 为亚甲基或甲基中 C—H 伸缩振动吸收峰，1654cm^{-1} 为酰胺基团中 C=O 的伸缩振动特征吸收峰，1454cm^{-1}、1396cm^{-1} 为 C—H 弯曲振动吸收峰，1190cm^{-1} 处为 C—N 键的伸缩振动峰，上述吸收峰的存在说明合成产品中存在酰胺基团，1295cm^{-1} 和 1037cm^{-1} 处是磺酸基团中 S=O 的对称和不对称伸缩振动特征吸收峰。图 2—54 中没有 C=C 的特征吸收峰，说明结构中没有残存的 C=C，表明各原料单体充分进行了聚合反应，合成了所需化学品。

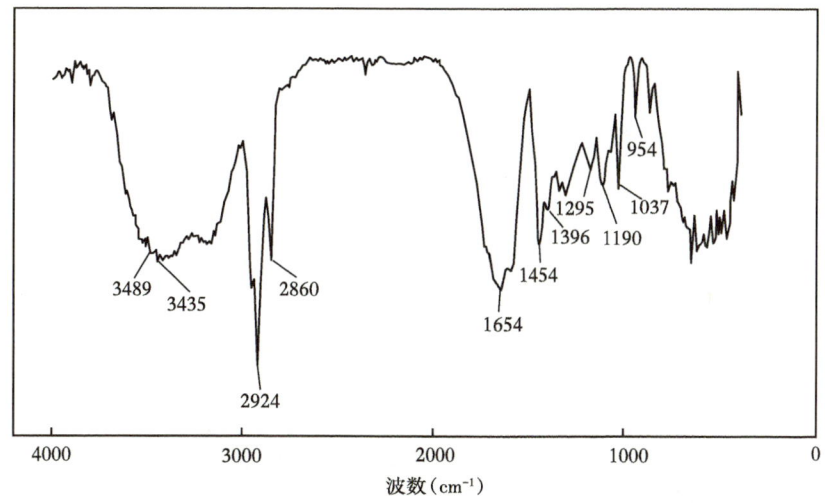

图 2-54 微米凝胶红外光谱特征图

（3）成胶强度测试。

相同组分不同的聚合机理制备出的微米凝胶颗粒，直径不同，稳定性不同。强度—压缩变形能力宏观测试表明，随着胶体形变的不断加大，胶体强度呈指数变化。形变达到 0.75MPa 时，胶体强度达到 0.8MPa，能满足"堵得住"要求（图 2-55 和图 2-56）。

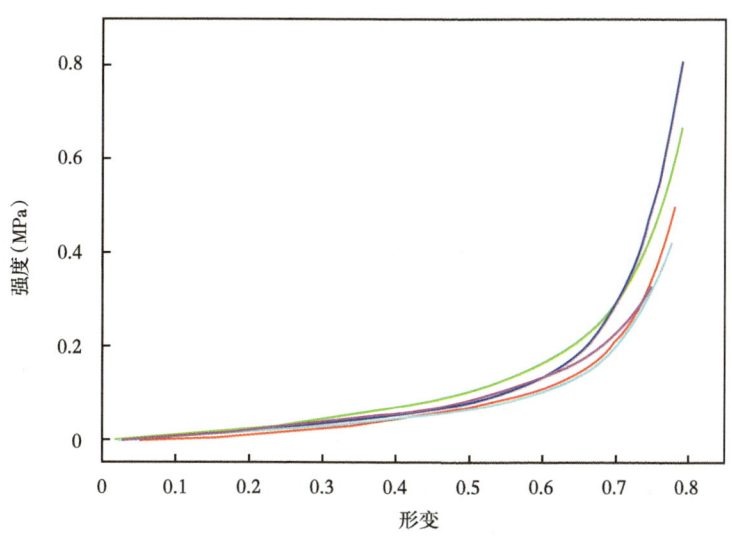

图 2-55 微米凝胶强度—压缩变形能力宏观测试

（4）抗老化性能测试。

根据热分解温度，判断凝胶热稳定性及适宜的温度范围，采用热失重法表征。热失重曲线测定如下：

取 5mg 的微米凝胶颗粒样品，利用 TA-Q500 热失重分析仪（图 2-57），设定温度范围：0~800℃，升温速率：20℃/min，N_2（流速 40mL/min）环境测定样品的失重情况。

图 2-56　微米凝胶未剪碎实物图

图 2-57　TA-Q500 热失重分析仪

从图 2-58 中可以看到有几个失重阶段：位于 43~127℃ 区间内热失重量为 4.416%，这是由于样品内残留的未干燥完全的乙醇挥发导致；第一阶段起始于 170~210℃，终止于 330~370℃，热失重量为 29.61%，与酰胺基团的热分解相对应（理论值为 30.15%）；第二阶段发生在 370~540℃，热失重量为 49.35%，起因于酰氧基团的热分解；第三阶段位于 540℃ 以上的温度区间，此时聚合物主链开始分解。从热失重曲线分析可以看出，在 170℃ 以下自身没有发生分解，凝胶具有突出的热稳定性，能够满足井下使用温度。

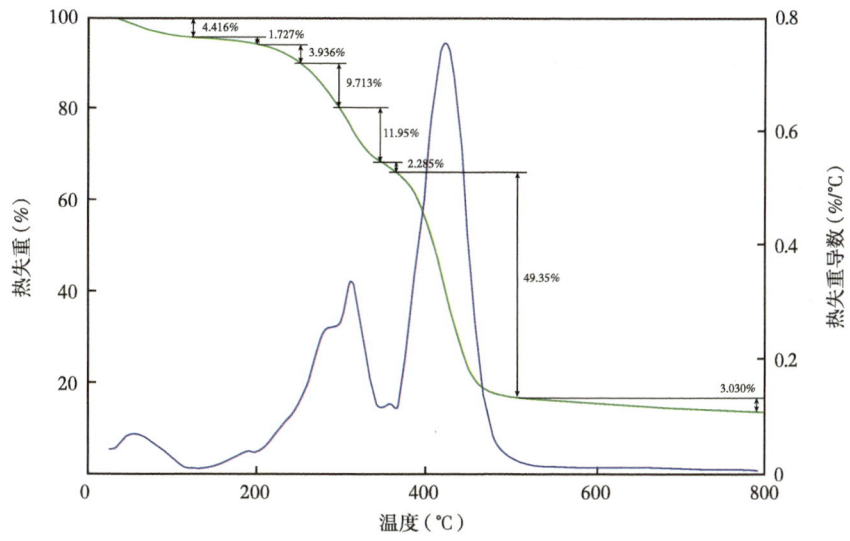

图 2-58 微米凝胶体系热失重曲线

（5）抗温抗盐性能测试。

模拟鄂尔多斯盆地延长组油藏温度及地层水矿化度，采用总矿化度为 20g/L、40g/L、60g/L、80g/L、100g/L 的长 6 油藏模拟地层水，配制质量浓度为 0.5% 的微米凝胶颗粒溶液，在温度为 60℃ 的保温箱内烘烤，间隔一定时间后适当搅拌后取少量溶液置于激光粒度仪内测量粒径并记录。从实验结果可知，在模拟油藏温度 60℃、矿化度 20~100g/L 时，微米凝胶颗粒仍能够溶胀，溶胀后粒径是初始粒径的 1.56~2.08 倍，矿化度对微米凝胶颗粒的水溶胀性能有一定影响，随矿化度的增大，体系抗盐性能有所降低，但该影响较小（图 2-59）。

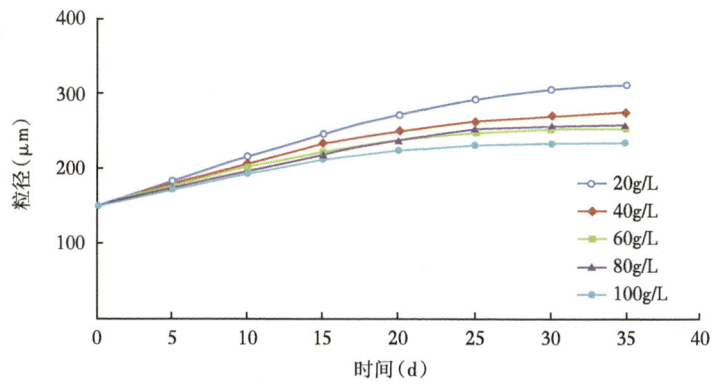

图 2-59 不同矿化度下微米凝胶粒径变化曲线

采用总矿化度为 60g/L 的长 6 油藏模拟地层水，配制质量浓度为 0.5% 的微米凝胶颗粒溶液，模拟油藏温度 40℃、50℃、60℃、70℃、80℃，置于保温箱内烘烤，间隔一定时间后适当搅拌后取少量溶液置于激光粒度仪内测量粒径并记录，实验范围内温度对微米凝胶颗粒溶胀性能几乎没有影响。

（6）注入性能测试。

测试不同浓度凝胶水分散液的沉降性能及其旋转黏度值，评价分散稳定性和注入性[17-18]。准确称取 0.5g 凝胶，将其分散在 100g 水中，充分搅拌至凝胶在水中分散均匀，得到 5%（质量分数）凝胶水分散液，利用旋转黏度计测量其旋转黏度值。按照同样的方法分别配制 1.0%（质量分数）、1.5%（质量分数）的凝胶水分散液。

采用旋转黏度计测量凝胶质量浓度为 0.5% 的水分散液黏度为 13.4mPa·s，低于规定的 20mPa·s，达到预期设计要求，并且该黏度值显示出凝胶良好的注入性。同时，配制好的凝胶水分散液在 60℃ 恒温条件下静置 7d，基液黏度仍保持在 20mPa·s 以内。表明凝胶水分散性好，稳定性好（图 2-60）。

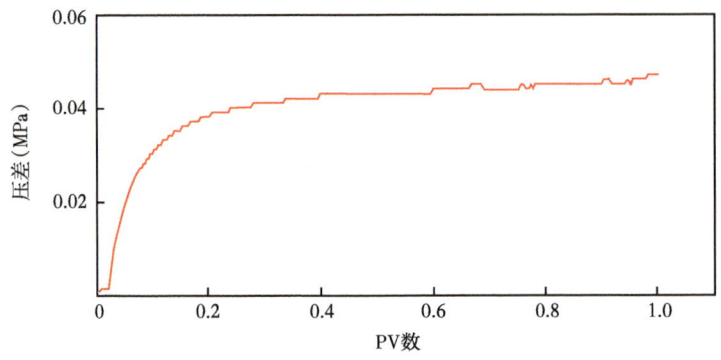

图 2-60　填砂管注入压力变化（0.5% 注入液）

（7）封堵性能测试。

实验材料：凝胶颗粒、油砂（80~100 目），油田注入水（矿化度 59300mg/L）。

仪器及设备：采油化学剂评价装置；真空泵；分析天平：感量 0.01g；玻璃仪器：100mL 具塞刻度量筒及烧杯；搅拌器。

实验参数：填砂管尺寸：30mm×500mm，填砂管体积：353.25cm³，孔隙体积：78.43cm³，孔隙度：22.20%，填砂管初始水测渗透率：307.68mD；注入浓度为 0.5%（质量分数）的样品凝胶调驱剂 1PV，即 78.43mL。注入调驱剂后，膨胀 2d、4d、6d、12d 后分别测试水驱渗透率。测试结果见表 2-17。

表 2-17　微米凝胶封堵性能测试数据统计表

项目	压差（MPa）	渗透率（mD）	封堵率（%）
堵前测试	0.06	307.68	
堵后 2d	0.25	73.58	76.08
堵后 4d	1.96	8.10	97.37
堵后 6d	4.58	3.35	98.91
堵后 12d	6.34	2.50	99.19

实验开始阶段，渗透率波动较大，随着注入量的增加，渗透率波动幅度变小，逐渐接近平稳，在某个中值附近上下浮动，达到稳定状态；同时，随着膨胀时间的增加，水测渗

透率明显降低,在注入堵剂 6d 后,渗透率能达到 10mD 以下,说明堵剂膨胀后起到了显著的封堵效果(图 2-61)。

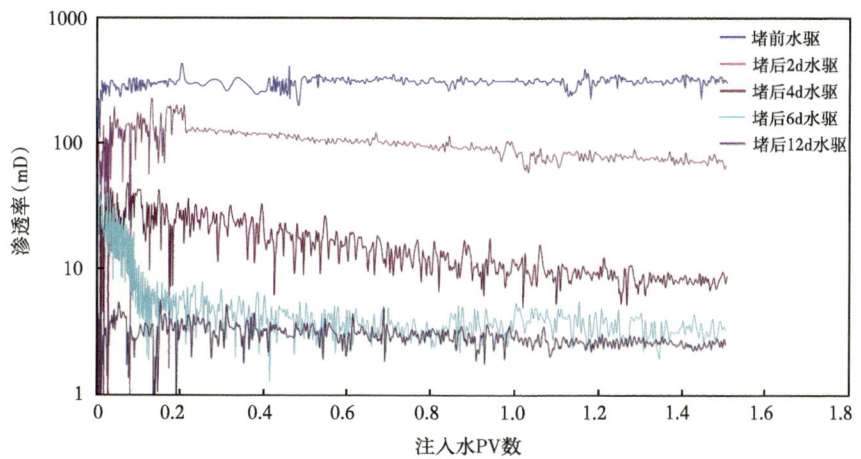

图 2-61　微米凝胶注入后渗透率变化曲线

随着注入量的增加,压力逐渐升高,达到相对稳定状态,同时在压力升高过程中,压力曲线有上下波动的趋势,说明堵剂在岩心中存在封堵—突破的过程;同时,随着膨胀天数的增加,堵剂最后的封堵压力不断升高,原因是堵剂膨胀倍数增大,对岩心孔喉、优势通道的封堵强度更大,堵剂不容易突破,堵塞了水流通道,使压力升高(图 2-62)。

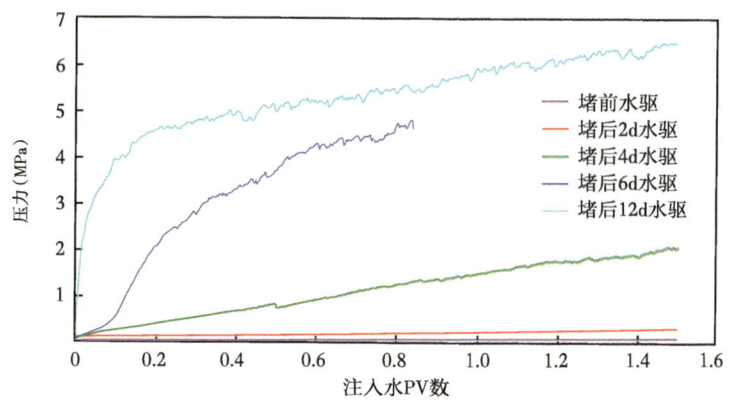

图 2-62　微米凝胶注入后压力变化曲线

从岩心渗透率数值和压力分布曲线变化情况可以看出,在注入堵剂后,渗透率数值下降幅度更大,2d 封堵率达到 76.08% 以上,渗透率降低到 73.58mD,6d 封堵率达到 98.91%,渗透率降低到 3.35mD,12d 后封堵率达到 99.19%,渗透率降低到 2.50mD,压力达 6.5MPa,封堵效果好。

4)产品技术指标

依据体系性能,制定了企业标准(Q/SY CQ 17012—2019《注水井调驱用微米聚合物凝胶颗粒技术规范》),规定了微米凝胶颗粒的主要性能指标、技术要求、仪器与试剂、检验方法、检验规则、健康安全环境控制要求，用于质量控制及产品检验。

表 2-18 微米凝胶技术指标（Q/SY CQ 17012—2019 规定）

序号	性能参数	技术指标
1	外观	白色或者淡黄色胶状体
2	初始粒径 D_{50}（μm）	$40 \leq D_{50} \leq 300$
3	分散性（0.5%浓度）	水中均匀分散，容许少量沉淀
4	pH 值	6.0~8.0
5	有效含量（%）	≥ 8.0

注：初始粒径（D_{50}）：凝胶颗粒中值粒径，用 D_{50} 表示，凝胶颗粒累计粒径分布百分数达到 50% 时所对应的粒径。

5）调驱工艺参数设计

（1）单井注入量。

考虑油藏开发动态、水淹厚度、水洗厚度、油水井距、注水见效时间及见效方向等因素，采用方向法进行用量设计。凝胶调驱剂前缘在 1/4~1/3 井距处，据此计算各方向调驱剂用量 Q：

$$Q = \pi A B h \phi (1-S) N \tag{2-79}$$

式中　Q——调驱剂用量，m^3；

　　　N——水井周围注采敏感油井数（方向数）；

　　　A，B——分别为椭圆的长半轴和短半轴长，m；

　　　h——调驱厚度，m；

　　　ϕ——油藏孔隙度；

　　　S——含水饱和度。

（2）注入浓度。

采用驱替实验评价不同浓度下凝胶的突破压力。注入浓度小于 0.4% 时，随浓度增大，压力升高；浓度大于 0.4% 时，压力变化不大（图 2-63）。考虑施工成本和封堵强度，选择最佳注入浓度为 0.4%。

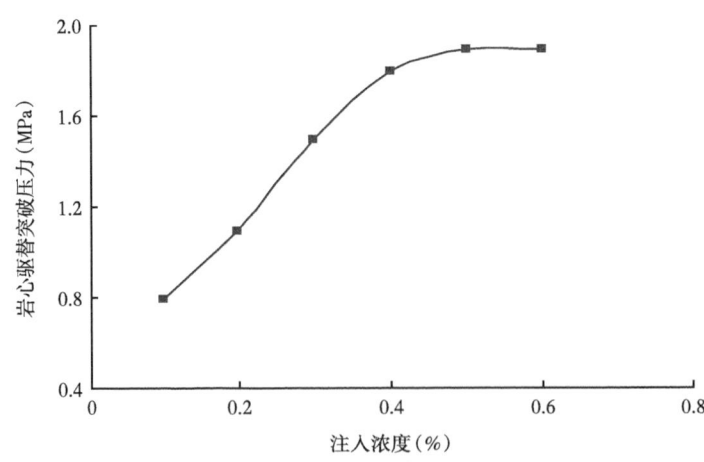

图 2-63　微米凝胶不同浓度突破压力

(3)施工排量。

通过散点图可知,注水强度在 3.5~5m³/(m·d) 之间增油降水效果最为理想,折算施工排量 1.5~2.0m³/h(图 2-64 和图 2-65)。

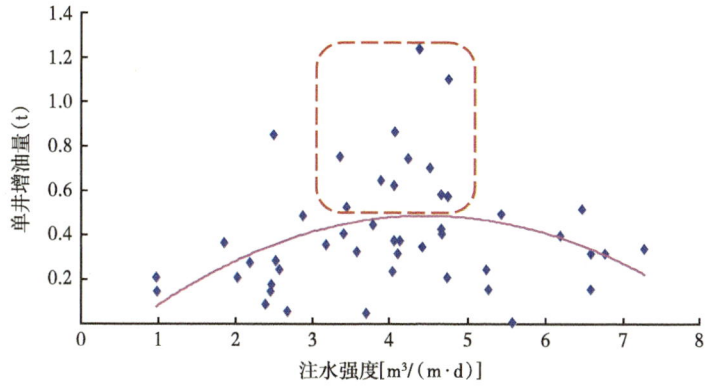

图 2-64　单井增油量与注水强度散点图

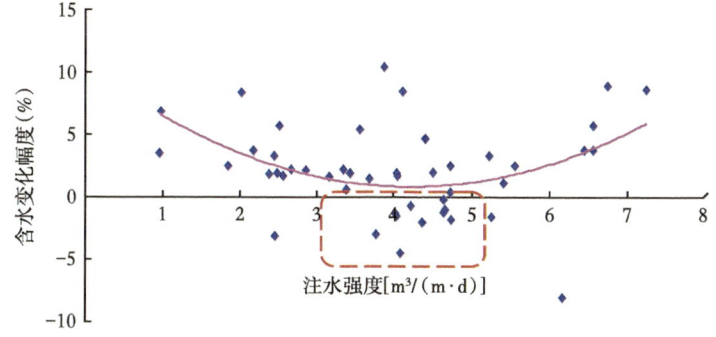

图 2-65　含水变化幅度与注水强度散点图

3. 微米凝胶调驱数值模拟

基于微米凝胶运移封堵机理,构建了数学模型。通过求解微米凝胶调控数学模型,并将其与实验结果进行比对和拟合后,开展了针对微米凝胶的调控数值模拟研究。

1)微米凝胶精细调控数学模型假设

模型假设:

(1)微米凝胶注入前经过充分的吸水膨胀,故模型中不考虑其在油藏中的吸水膨胀过程;

(2)微米凝胶及其破碎体的吸附量较少,故忽略其吸附的影响;

(3)假设微米凝胶变形通过、直接通过及破碎三种行为在同一时刻发生;

(4)不考虑微米凝胶在储层中的弥散及扩散作用;

(5)开发过程等温,故不考虑能量的交换。

2)微米凝胶渗滤动力学数学模型

(1)微米凝胶运移连续性方程。

如图 2-66 所示，地层中某一微元体的尺寸分别为 dx，dy，dz，于是微元体的体积为：

$$dV = dxdydz \tag{2-80}$$

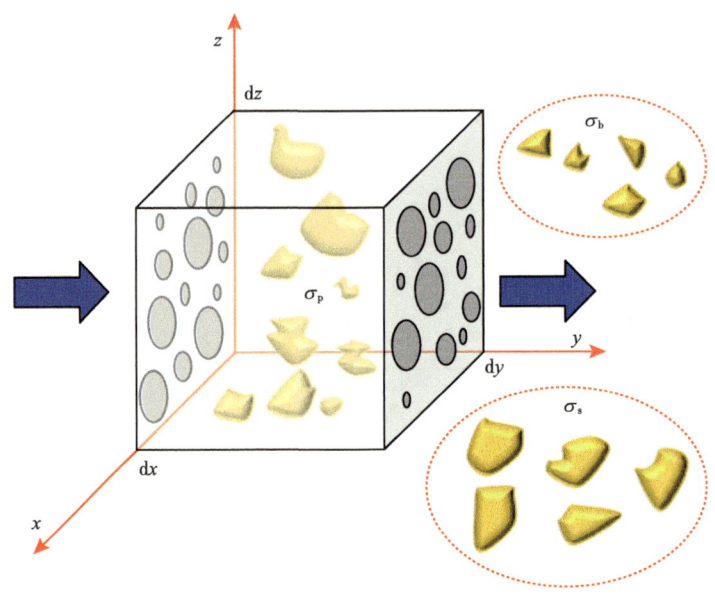

图 2-66　地层中的微元体

假设微米凝胶在地层中由左向右运移，微米凝胶的密度为 ρ_d，悬浮液渗流速度为 v_w，自左侧进入时的体积浓度为 c_d，经过 dt 时间后从右侧流出时体积浓度为 c_d+dc_d。则在 dt 时间内，x 方向流入微元体的悬浮液中微米凝胶的质量为 $\rho_d v_{wx} c_d dydzdt$。同理，y 方向、z 方向进入微元体中的微米凝胶质量分别为 $\rho_d v_{wy} c_d dxdzdt$、$\rho_d v_{wz} c_d dxdydt$。由于微米凝胶在孔喉中的堵塞等行为，导致微元体流出时体积发生变化，进而导致质量发生变化，因此最终流出微元体时三个方向的质量为 $\rho_d v_{wx} (c_d+dc_d) dydzdt$、$\rho_d v_{wy} (c_d+dc_d) dxdzdt$、$\rho_d v_{wz} (c_d+dc_d) dxdydt$。进而得到在 dt 时间内，流出与进入微元体的微米凝胶的质量之差为：

$$\begin{aligned}&\rho_d v_{wx}(c_d + dc_d)dydzdt + \rho_d v_{wy}(c_d + dc_d)dxdzdt + \rho_d v_{wz}(c_d + dc_d)dxdydt - \\&\rho_d v_{wx} c_d dydzdt - \rho_d v_{wy} c_d dxdzdt - \rho_d v_{wz} c_d dxdydt = \\&\rho_d v_{wx} dc_d dydzdt + \rho_d v_{wy} dc_d dxdzdt + \rho_d v_{wz} dc_d dxdydt\end{aligned} \tag{2-81}$$

由于堵塞行为导致微元体内微米凝胶在 dt 时间内发生的体积变化量为 $d\sigma dxdydz$。微元体内流体增加的体积为 $d(S_w \phi c_d)dxdydz$，微元体内微米凝胶变化的体积为 $d\sigma dxdydzdt$。因此，根据体积守恒定律可得，单位时间流出微元体的微米凝胶体积减去进入微元体颗粒体积等于单位时间内微元体内颗粒的滞留体积，表达式为：

$$\begin{aligned}&v_{wx} dc_d dydzdt + v_{wy} dc_d dxdzdt + v_{wz} dc_d dxdydt \\&= d(\phi S_w c_d)dxdydzdt + d\sigma dxdydzdt\end{aligned} \tag{2-82}$$

化简可得：

$$v_{wx}\frac{\partial c_d}{\partial x}+v_{wy}\frac{\partial c_d}{\partial y}+v_{wz}\frac{\partial c_d}{\partial z}=\frac{\partial(\phi S_w c_d)}{\partial t}+\frac{\partial \sigma}{\partial t} \tag{2-83}$$

假设注入水流量为 q_w，注入水中溶入微米凝胶后体积浓度为 c_{d0}，则考虑颗粒的汇源项后，式（2-83）可化为：

$$\nabla(v_w c_d)+q_w c_{d0}=\frac{\partial}{\partial t}(\phi S_w c_d)+\frac{\partial \sigma}{\partial t} \tag{2-84}$$

（2）微米凝胶孔喉封堵模型。

微米凝胶粒径大于孔喉尺寸时会封堵在喉道处，在一定的重启压力梯度下才会以破碎或变形的方式重启。因此，滞留在单位体积多孔介质中的微米凝胶的体积浓度 σ 为封堵在孔喉中颗粒的体积浓度（σ_p）与重启通过孔喉的颗粒体积浓度（σ_t）之差：

$$\sigma=\sigma_p-\sigma_t \tag{2-85}$$

其中重启的体积浓度（σ_t）又是变形重启的体积浓度（σ_s）及破碎重启的体积浓度（σ_b）之和：

$$\sigma_t=\sigma_s+\sigma_b \tag{2-86}$$

下面将对滞留体积浓度模型进行推导，常规油藏孔喉直径分布服从正态分布，因此某一直径 d_p 的孔喉出现的概率为：

$$\psi(d_p)=\frac{1}{\sqrt{2\pi}\xi_p}\exp\left[-\frac{(d_p-d_{p50})^2}{2\xi_p^2}\right] \tag{2-87}$$

式中 σ_p，σ_t，σ_s，σ_b——分别为单位体积多孔介质内堵塞、重启通过、变形重启通过、破碎重启通过的微米凝胶体积浓度，m^3/m^3；

$\psi(d_p)$——直径为 d_p 的孔喉出现的概率；

ξ_p——多储层孔喉尺寸分布标准方差；

d_{p50}——储层孔喉平均直径，μm。

由粒径分布测试实验可知，注入前的微米凝胶悬浮液粒径分布服从正态分布。因此，某一直径 d_d 的微米凝胶出现的概率为：

$$\varphi(d_d)=\frac{1}{\sqrt{2\pi}\xi_d}\exp\left[-\frac{(d_d-d_{d50})^2}{2\xi_d^2}\right] \tag{2-88}$$

通过重启实验可以得到随着压力梯度变化颗粒粒径分布的变化，并通过计算拟合得到各压力梯度条件下颗粒粒径的偏正态分布函数，进而得到标准差及偏度的变化，如图 2-67 所示。

拟合得到的标准差、偏态系数与压力梯度的关系见式（2-89）和式（2-90），两式拟合度都较高，将中值粒径变化赋值后，可以准确表征颗粒重启后粒径分布的变化。将重启后的粒径分布状况赋值给下一网格得到新的粒径分布场，在下一时间步使用该粒径分布函数进行计算。

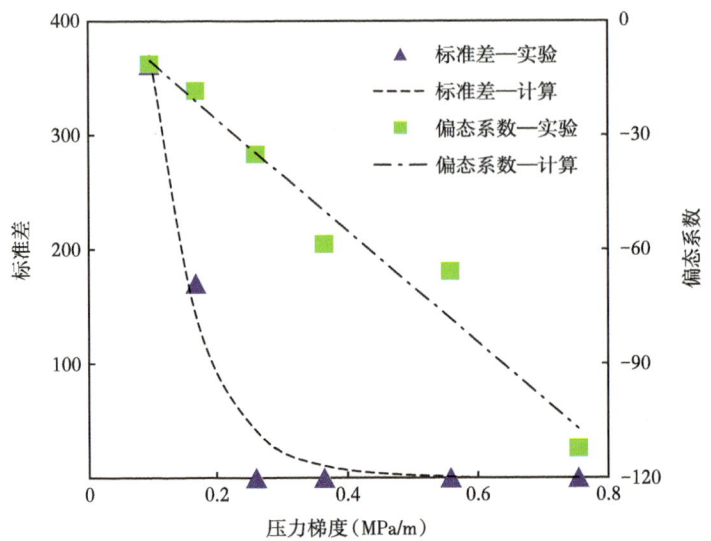

图 2-67　偏态系数随着压力梯度变化

$$\xi_d = -145.91\nabla p + 3.3909, \quad R^2 = 0.9617 \quad (2-89)$$

$$\alpha_d = 1236 e^{-13.15\nabla p}, \quad R^2 = 0.9756 \quad (2-90)$$

通过上述模型可以确定某一粒径（d_{dj}）的微米凝胶可变形通过的孔喉尺寸为 d_{ptj}，由此可得该粒径微米凝胶不能破碎、变形通过而封堵在孔喉中的概率为：

$$\Psi(d_p) = \int_0^{d_{pt}} \psi(d_p) \mathrm{d}d_p \quad (2-91)$$

在此基础上，对于所有注入的微米凝胶悬浮液不能变形通过，而封堵在孔喉中的概率为：

$$f_{p-all}(d_d) = \int_0^{d_{d-max}} \left[\int_0^{d_{pt}} \Psi(d_p) \mathrm{d}d_p \right] \varphi_s(d_d) \mathrm{d}d_d \quad (2-92)$$

式中　$\varphi(d_d)$——粒径为 d_d 的微米凝胶出现的概率；

ξ_d——标准方差；

$\Psi(d_p)$——能够封堵住的孔喉的累积概率；

d_d——微米凝胶体系中值粒径，μm；

d_{pt}——微米凝胶可以通过的孔喉的最小直径，μm；

d_{d-max}——注入悬浮液中微米凝胶最大粒径，μm；

φ_s——微米凝胶标准正态分布的累积分布函数；

α_d——偏态系数，控制分布的偏斜方向和程度。

将微元体内的颗粒分为 m 份，得到微米凝胶在储层微元体内封堵的概率为：

$$P_p = \sum_j^m f_{p-all} \tag{2-93}$$

将式（2-93）代入渗滤模型[19-20]，可以确定微元体内微米凝胶封堵的速率为：

$$\frac{\partial \sigma_p}{\partial t} = \lambda_p P_p \left(1 - \frac{\alpha_s \sigma}{\phi_0}\right) v_d c_d \tag{2-94}$$

式中 λ_p——封堵系数，m^{-1}；
ϕ_0——多孔介质初始孔隙度；
α_s——颗粒的影响系数，表征目前封堵状况对后续进入的微米凝胶封堵的影响程度；
v_d——流体的真实流速，m/s。

（3）微米凝胶重启数学模型。

由微米凝胶封堵后重启规律研究可知，微米凝胶在封堵后随着压力梯度的升高重新破碎或变形启动，其中重启模型参照 Wang 模型[21-23]，得到微米凝胶的重启速率与堵塞浓度、压力梯度和流速有关，重启速率方程为：

$$\frac{\partial \sigma_t}{\partial t} = \chi \sigma v_p \frac{\nabla p - \nabla p_t}{\nabla p} \cdot \Theta(\nabla p - \nabla p_t) \tag{2-95}$$

$$\Theta(\nabla p - \nabla p_t) = \begin{cases} 0, & \nabla p < \nabla p_r \\ 1, & \nabla p \geq \nabla p_r \end{cases} \tag{2-96}$$

式中 χ——解堵系数，表征微米凝胶重启概率，m^{-1}；
$\Theta(x)$——Heaviside 函数；
∇p——压力梯度，MPa/m；
∇p_t——微米凝胶破碎及变形重启压力梯度，由重启实验确定，MPa/m。

（4）微米凝胶导致水相黏度增加数学模型。

微米凝胶悬浮液中会有部分微米凝胶的聚合物溶于水中，导致水的黏度增大，能够描述黏弹性流体的幂律模型适用于微米凝胶悬浮液黏度刻画。

$$\mu_l = \mu_w \left[1 + \left(a_1 c_d + a_2 c_d^2 + a_3\right)\right] \tag{2-97}$$

式中 μ_l——悬浮液黏度，mPa·s；
μ_w——水相黏度，mPa·s；
a_1，a_2，a_3——实验确定的系数。

（5）微米凝胶导致孔隙度、渗透率变化模型。

微米凝胶在孔喉中滞留会直接造成储层的孔隙度减小，由于孔隙度减小量与微米凝胶封堵体积相同，因此可表达为：

$$\phi(x,y,z,t) = \phi_0(x,y,z,t) - \sigma(x,y,z,t) \tag{2-98}$$

由于微米凝胶的滞留不会导致孔喉迂曲度的变化，所以使用 Carman-Kozeny 公式计算渗透率随孔隙度的变化。

（6）组分物质守恒模型。

油、水两相的渗流控制方程如下：

$$\frac{\partial}{\partial x}\left(\frac{\rho_\text{o}K_\text{ro}}{\mu_\text{o}}K_x\frac{\partial p_\text{o}}{\partial x}\right)+\frac{\partial}{\partial y}\left(\frac{\rho_\text{o}K_\text{ro}}{\mu_\text{o}}K_y\frac{\partial p_\text{o}}{\partial y}\right)+q_\text{o}=\frac{\partial(\phi\rho_\text{o}S_\text{o})}{\partial tB_\text{o}} \tag{2-99}$$

$$\frac{\partial}{\partial x}\left(\frac{\rho_\text{w}K_\text{rw}}{\mu_\text{w}}K_x\frac{\partial p_\text{w}}{\partial x}\right)+\frac{\partial}{\partial y}\left(\frac{\rho_\text{w}K_\text{rw}}{\mu_\text{w}}K_y\frac{\partial p_\text{w}}{\partial y}\right)+q_\text{w}=\frac{\partial(\phi\rho_\text{w}S_\text{w})}{\partial tB_\text{w}} \tag{2-100}$$

式中　ρ_o，ρ_w——分别为油相、水相的密度，kg/m^3；

μ_o，μ_w——分别为油相、水相的黏度，$\text{mPa}\cdot\text{s}$；

B_o，B_w——分别为油相、水相的压缩系数，MPa^{-1}；

p_o，p_w——分别为油相、水相压力，MPa；

S_o，S_w——分别为含油饱和度、含水饱和度；

q_o，q_w——分别为油相、水相的汇源项，m^3/d；

ϕ——储层孔隙度；

K_ro，K_rw——分别为油相、水相的相对渗透率；

K_x，K_y——分别为各向异性渗透率的最大主值和最小主值，D。

（7）辅助方程及边界条件。

本文仅考虑油、水两相，故饱和度方程为：

$$S_\text{o}+S_\text{w}=1 \tag{2-101}$$

毛细管压力方程为：

$$p_\text{cow}=p_\text{o}-p_\text{w} \tag{2-102}$$

数值模型中压力初始场、饱和度初始场，以及微米凝胶的初始浓度分布为：

$$p(x,y,z,t)|_{t=0}=p_0(x,y,z) \tag{2-103}$$

$$S(x,y,z,t)|_{t=0}=S_0(x,y,z) \tag{2-104}$$

$$c_\text{d}(x,y,z,t)|_{t=0}=c_\text{d0}(x,y,z) \tag{2-105}$$

数值模型中外边界条件、内边界流量条件及微米凝胶定注入浓度分别为：

$$\left.\frac{\partial p}{\partial n}\right|_L=f_0(x,y,z,t) \tag{2-106}$$

$$q(x,y,z,t)|_{x=x_\text{w},y=y_\text{w},z=z_\text{w}}=q_0(t) \tag{2-107}$$

$$c_\text{d}(x,y,z,t)|_{x=x_\text{w},y=y_\text{w},z=z_\text{w}}=c_\text{d0}(t) \tag{2-108}$$

3）微米凝胶调控数学模型求解及验证

（1）数学模型求解。

微米凝胶调控数学模型复杂，需采用数值方法求解。首先将上文建立的数学模型在空间和时间上进行离散，并将偏微分方程组转换为有限差分方程组，从而得到近似的线性代数方程组，求解这些线性方程组进而得到目标未知量的数值解。本文采用 IMPES 方法，即隐式求压力、显式求饱和度的方法进行有限差分，最终求解得到油、水的压力及饱和度场，数学模型求解路线如图 2-68 所示。

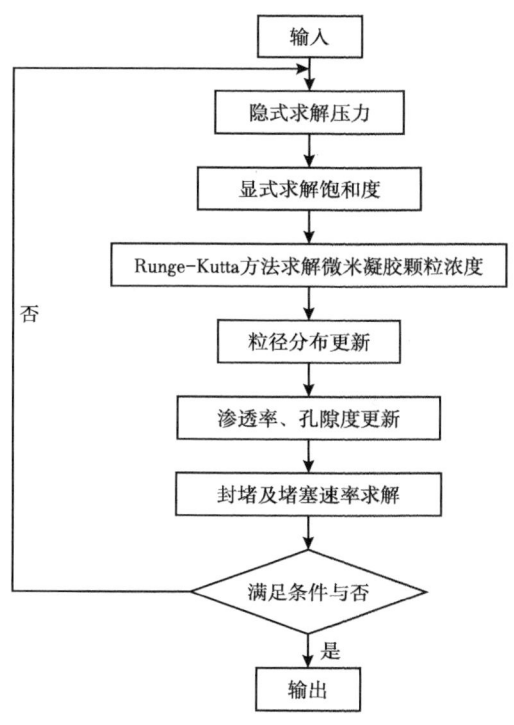

图 2-68　数学模型求解路线

（2）渗流方程的差分离散。

将上文油、水的饱和度方程处理后如下：

$$\frac{\partial(\phi\rho_o S_o)}{\partial t} = \beta_o \frac{\partial p_o}{\partial t} + \phi\rho_o \frac{\partial S_o}{\partial t} \qquad (2\text{-}109)$$

$$\frac{\partial(\phi\rho_w S_w)}{\partial t} = \beta_w \frac{\partial p_w}{\partial t} + \phi\rho_w \frac{\partial S_w}{\partial t} \qquad (2\text{-}110)$$

其中：

$$\beta_o = \rho_o \phi S_o (C_f + C_o), \beta_w = \rho_w \phi S_w (C_f + C_w) \qquad (2\text{-}111)$$

对式（2-109）和式（2-110）在任意时空网格点（$i, j, n+1$）进行差分离散可得：

$$\left.\frac{\partial(\phi\rho_{o}S_{o})}{\partial t}\right|_{i,j}^{n+1} = \beta_{oi,j}\frac{p_{oi,j}^{n+1}-p_{oi,j}^{n}}{\Delta t^{n}} + (\phi\rho_{o})_{i,j}\frac{S_{oi,j}^{n+1}-S_{oi,j}^{n}}{\Delta t^{n}} \quad (2-112)$$

$$\left.\frac{\partial(\phi\rho_{w}S_{w})}{\partial t}\right|_{i,j}^{n+1} = \beta_{wi,j}\frac{p_{wi,j}^{n+1}-p_{wi,j}^{n}}{\Delta t^{n}} + (\phi\rho_{w})_{i,j}\frac{S_{wi,j}^{n+1}-S_{wi,j}^{n}}{\Delta t^{n}} \quad (2-113)$$

将油水两相渗流方程进行处理得到油水两相的压力微分方程：

$$\frac{\partial}{\partial x}\left(\lambda_{ox}\frac{\partial p_{o}}{\partial x}\right) + \frac{\partial}{\partial y}\left(\lambda_{oy}\frac{\partial p_{o}}{\partial y}\right) + q_{o} = \frac{\partial(\phi\rho_{o}S_{o})}{\partial t} \quad (2-114)$$

$$\frac{\partial}{\partial x}\left(\lambda_{wx}\frac{\partial p_{w}}{\partial x}\right) + \frac{\partial}{\partial y}\left(\lambda_{wy}\frac{\partial p_{w}}{\partial y}\right) + q_{w} = \frac{\partial(\phi\rho_{w}S_{w})}{\partial t} \quad (2-115)$$

以油相为例，处理后渗流微分方程可化为：

$$\begin{aligned}&T_{oy,j-1/2}^{n+1}p_{oi,j-1}^{n+1} + T_{ox,i-1/2}^{n+1}p_{oi-1,j}^{n+1} - \left(T_{oy,j-1/2}^{n+1} + T_{ox,i-1/2}^{n+1} + T_{ox,i+1/2}^{n+1} + T_{oy,j+1/2}^{n+1} + \frac{V_{ij}\beta_{oi,j}^{n+1}}{\Delta t^{n}}\right)p_{oi,j}^{n+1} \\ &+ T_{ox,i+1/2}^{n+1}p_{oi+1,j}^{n+1} + T_{oy,j+1/2}^{n+1}p_{oi,j+1}^{n+1} = V_{ij}(\phi\rho_{o})_{i,j}^{n+1}\frac{S_{oi,j}^{n+1}-S_{oi,j}^{n}}{\Delta t^{n}} + Q_{oi,j}^{n+1} - \frac{V_{ij}\beta_{oi,j}^{n+1}}{\Delta t^{n}}p_{oi,j}^{n}\end{aligned} \quad (2-116)$$

其中 T 为传导系数，定义系数如下：

$$\begin{aligned}&a_{wi,j}^{n+1} = T_{wx,i-1/2}^{n+1}, b_{oi,j}^{n+1} = T_{ox,i+1/2}^{n+1}, c_{wi,j}^{n+1} = T_{wy,j-1/2}^{n+1}, d_{oi,j}^{n+1} = T_{oy,j+1/2}^{n+1}, \\ &e_{wi,j}^{n+1} = -\left(T_{wy,j-1/2}^{n+1} + T_{wx,i-1/2}^{n+1} + T_{wx,i+1/2}^{n+1} + T_{wy,j+1/2}^{n+1} + \frac{V_{ij}\beta_{wi,j}^{n+1}}{\Delta t^{n}}\right), \\ &f_{oi,j}^{n+1} = Q_{oi,j}^{n+1} - \frac{V_{ij}\beta_{oi,j}^{n+1}}{\Delta t^{n}}p_{oi,j}^{n}\end{aligned} \quad (2-117)$$

最终得到渗流控制差分方程如下：

$$\begin{aligned}&a_{oi,j}^{n+1}p_{oi-1,j}^{n+1} + b_{oi,j}^{n+1}p_{oi+1,j}^{n+1} + c_{oi,j}^{n+1}p_{oi,j-1}^{n+1} + d_{oi,j}^{n+1}p_{oi,j+1}^{n+1} + e_{oi,j}^{n+1}p_{oi,j}^{n+1} \\ &= f_{oi,j}^{n+1} + V_{ij}(\phi\rho_{o})_{i,j}^{n+1}\frac{S_{oi,j}^{n+1}-S_{oi,j}^{n}}{\Delta t^{n}}\end{aligned} \quad (2-118)$$

（3）微米凝胶浓度求解。

四阶 Runge-Kutta 方法是一种在数值分析中广泛使用的技术，多用于求解常微分方程。这种方法特别适用于解决动态系统中的时间依赖问题，如化学反应中物质的浓度变化。该方法在精度和计算效率之间取得了良好的平衡，因此在工程和科学计算中得到了广泛应用。它具有以下优点：

① 高精度：四阶 Runge-Kutta 方法在每一步提供了四阶精度，这意味着误差与步长的

四次方成比例，使得在相同步长下比低阶方法更精确。

② 无须导数信息：与某些其他数值方法相比，Runge-Kutta 方法不需要方程的高阶导数。

③ 适用性广泛：适用于多种类型的常微分方程，包括非线性方程。

④ 稳定性好：相对于其他方法，四阶 Runge-Kutta 方法在许多情况下提供更好的稳定性。

⑤ 无须迭代：每一步都是直接计算，不需要迭代求解，这使得计算效率较高。

要使用四阶 Runge-Kutta 方法求解浓度问题，需要首先将微米凝胶连续性方程进行差分：

$$-\nabla \cdot (v_w c_d) + q_w c_d = \frac{\phi S_w}{B_w} \frac{\partial c_d}{\partial t} + \frac{\partial}{\partial t}\left(\frac{\phi S_w}{B_w}\right) c_d + \frac{\partial \sigma}{\partial t} \quad (2\text{-}119)$$

将式（2-119）差分并转换为以下格式：

$$\frac{\mathrm{d}c_d}{\mathrm{d}t} = f(t, c_d) \quad (2\text{-}120)$$

转换后的微米凝胶浓度差分格式为：

$$\frac{c_d^{n+1} - c_d^n}{\Delta t} = \frac{-\nabla \cdot (c_d v_w)^n + \dfrac{\sigma_t^{n+1} - \sigma_t^n}{\Delta t} - \left[\dfrac{\partial}{\partial t}\left(\dfrac{\phi S_w}{B_w}\right) - \dfrac{Q_w}{V_b}\right] c_d}{\dfrac{\phi S_w}{B_w}} \quad (2\text{-}121)$$

四阶 Runge-Kutta 方法可以通过以下步骤求解该方程：

① 初始化：设定初值 $c_d(t_0) = c_0$ 和时间步长 Δt。

② 迭代计算：

$$k_1 = \Delta t \cdot f(t^n, c_d^n) \quad (2\text{-}122)$$

$$k_2 = \Delta t \cdot f\left(t^n + \frac{\Delta t}{2}, c_d^n + \frac{k_1}{2}\right) \quad (2\text{-}123)$$

$$k_3 = \Delta t \cdot f\left(t^n + \frac{\Delta t}{2}, c_d^n + \frac{k_2}{2}\right) \quad (2\text{-}124)$$

$$k_4 = \Delta t \cdot f(t^n + \Delta t, c_d^n + k_3) \quad (2\text{-}125)$$

则微米凝胶四阶 Runge-Kutta 差分格式为：

$$c_d^{n+1} = c_d^n + \frac{1}{6}(k_1 + 2k_2 + 2k_3 + k_4) \quad (2\text{-}126)$$

③ 更新：更新时间 $t^{n+1}=t^n+\Delta t$ 和浓度 c_d^{n+1}。

④ 重复：重复步骤②和③直到达到所需的时间点。

4）微米凝胶数学模型验证

基于上述微米凝胶数学模型进行编程求解，并将计算结果与单填砂管流动实验结果及双填砂管调控实验结果进行对比拟合。拟合对比实验及计算结果如图2-69所示，可以发现本文建立的数学模型与物理模拟实验结果拟合效果较好，说明该数学模型能够真实反映微米凝胶在多孔介质中的封堵及运移规律。

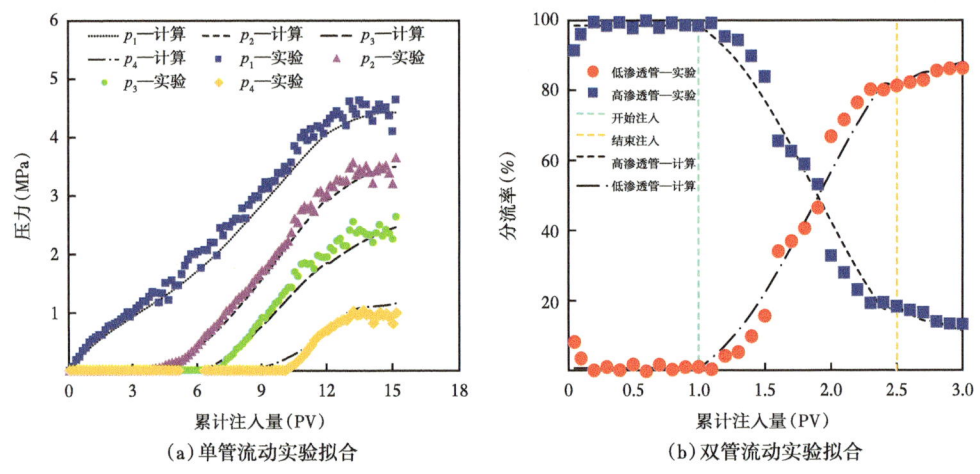

图 2-69　实验与数值模拟拟合

5）微米凝胶调控规律研究

（1）数值模型参数。

首先建立了微米凝胶数值模拟网格系统，如图2-70所示，为了体现微米凝胶的调控特点，采用二维平面非均质模型进行模拟。该模型注采井间设置有一高渗透条带。

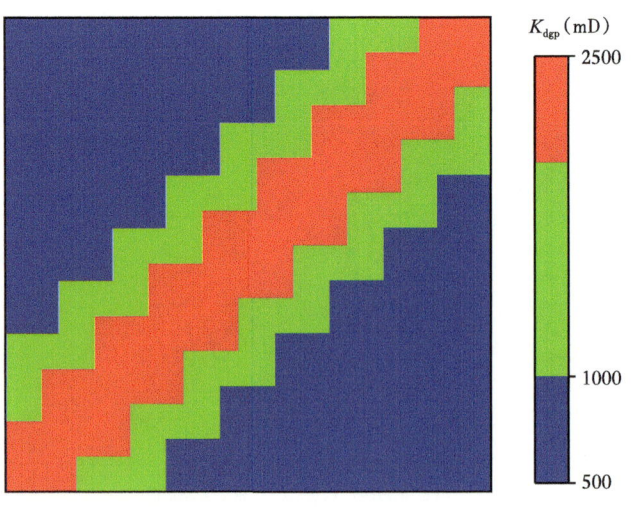

图 2-70　数值模拟网格系统

该模型的储层参数见表 2-19，其中油水相对渗透率曲线采用国家标准测试并根据实验及现场提供数据获得，相渗曲线如图 2-71 所示。

表 2-19 微米凝胶数值模拟参数

孔隙度	初始含油饱和度	原油黏度（mPa·s）	注入速度（m³/d）	颗粒中值粒径（μm）
0.3	0.7	25	40	100

（2）微米凝胶调控规律。

基于上述二维平面非均质模型，首先注水开发 200d，然后注入微米凝胶至 1000d 后转注水。分别计算得到微米凝胶浓度及残余渗透率系数变化，如图 2-72 和图 2-73 所示。分析可得，如图 2-72（a）所示，微米凝胶在注入时推进前缘较为均匀。如图 2-72（b）所示，随着颗粒的持续注入，颗粒主要沿高渗透区域推进。如图 2-72（c）和图 2-72（d）所示，在后续水注入阶段，颗粒在注入水的推动下持续向储层深部运移，但是在高渗透区域的推进距离要大于低渗透区域。

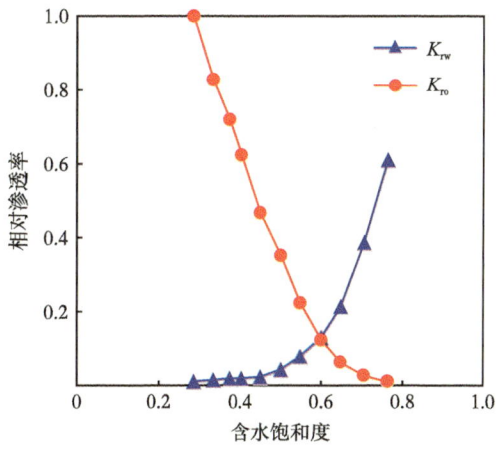

图 2-71 相对渗透率曲线

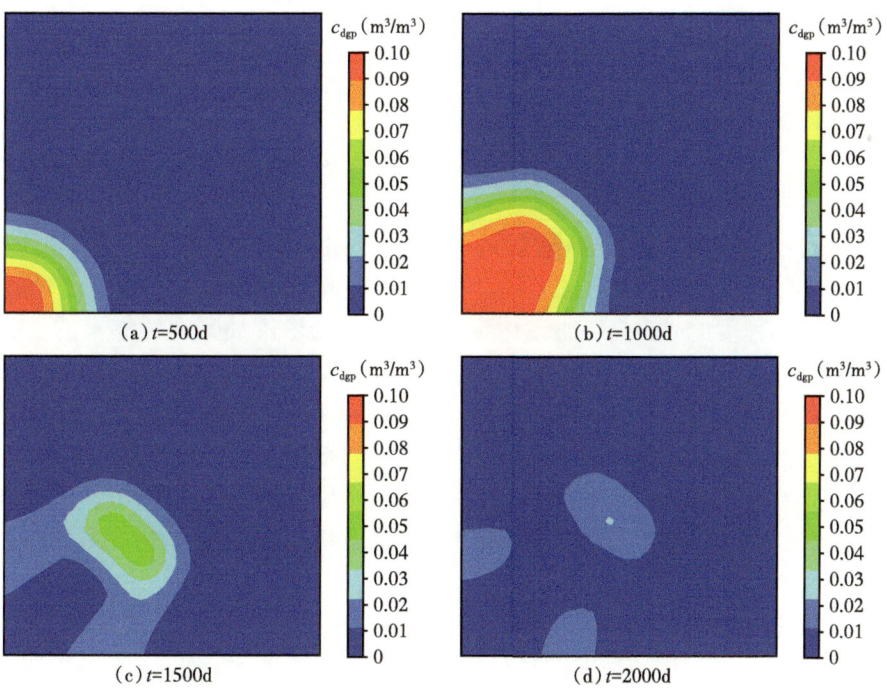

图 2-72 微米凝胶浓度变化

如图 2-73（a）和图 2-73（b）所示，微米凝胶不仅在注入初期在近注入井区域发生封堵，从图 2-73（c）和图 2-73（d）还可以看出，颗粒还能运移至储层深部，主要在高渗透区域造成封堵。

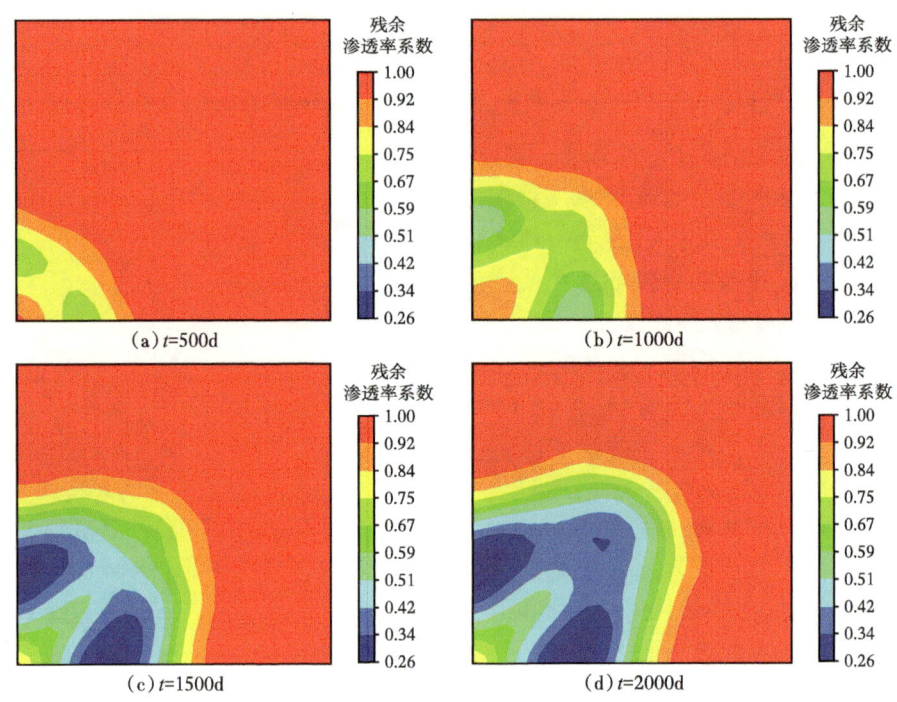

图 2-73　残余渗透率系数变化

三、黏弹自调控剂深部调驱技术

1. 适用条件

长庆油田目前已开发低渗透油藏以延 6—延 10 组侏罗系油藏为主，动用地质储量占全油田的 16.1%，产量占全油田的 27.4%。目前低渗透油藏整体处于高含水开发阶段，其中高含水、高采出程度的"双高"油藏达到 49 个，占低渗透油藏地质储量的 32.7%，但产量仅占 9.6%，与三叠系油藏对比，侏罗系油藏具有以孔隙渗流为主、边底水发育、地层能量不足等特点，近井水洗效果较好，剩余油主要为深部非均质剩余油。需通过深部调驱实现控水稳油，目前能进入储层深部的分散相调驱剂是聚合物微球，通过增大比表面积降低渗透率从而降低流速，但其有很强的速度敏感性，目前的注采技术政策下，侏罗系油水井间渗流速度快，微球封堵作用弱。因此转变控水思路，利用连续相体系增大黏度降低流速实现有效控水。

黏弹自调控剂是一种线性高分子聚合物。连续相的聚合物溶液是最早得到应用的强化采油化学驱手段之一，其高黏度的特征能够有效调节流度比，扩大波及范围，提高采收率[24-25]。除了高黏度特征之外，典型的聚合物溶液还具有非牛顿的剪切变稀特性，这是由于随着剪切速率的变化，体系中聚合物分子重新排布，相互作用发生改变。而当分子量较高时，黏弹性特征的出现会极大影响聚合物溶液的特性，即同时表现出类固体的特性。这种具有良好线性结构的连续相体系，既增大驱替相黏度，又提升进入小孔隙能力，满足了侏罗系油藏深部运移、高效滞留、能量补充的技术需求，实现对侏罗系油藏水驱开发矛盾的高效治理。

2. 合成及表征

1）分子设计

黏弹自调控剂以长链大分子为主链，通过侧基结合，将长碳链的功能单体引入聚合物分子中，采用后水解工艺制备分子量相近并具有不同碳链长度的系列聚合物。

2）结构表征

图 2-74 为系列黏弹自调控剂红外光谱。酰胺基中 N—H 键、羟基中 O—H 键在 3471cm^{-1} 处存在伸缩振动吸收峰。—CH$_2$—中 C—H 键在 2910cm^{-1} 处出现伸缩振动吸收峰。1672cm^{-1} 处是—C=O 的伸缩振动吸收峰。同时，1350cm^{-1} 和 1105cm^{-1} 处峰是由—C—N—和—C—C—的伸缩振动引起的。产物红外光谱结构接近，证明单体成功接枝到主分子链上。

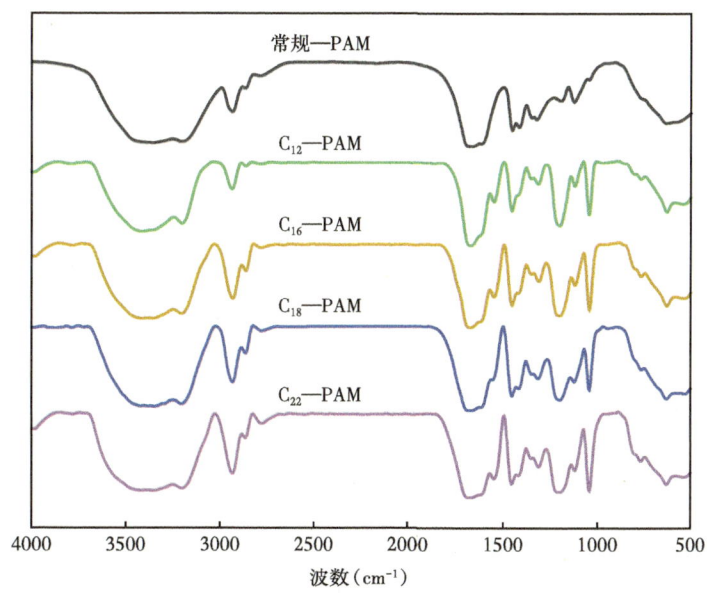

图 2-74 产物的红外光谱图

图 2-75 所示为系列黏弹自调控剂的氢谱。其中 δ4.70 是 D$_2$O 的溶剂峰，δ1.57~1.68 和 δ2.02~2.25 为—CH$_2$—CH$_2$—的峰，δ3.25 为疏水单体中的—CH$_2$—的峰，δ1.21 是疏水单体中的（—CH$_2$—）$_n$ 的峰，δ0.85 为疏水单体中的—CH$_3$ 的峰。产物结构相似，说明单体成功接入分子主链。

3）黏弹自调控剂的 XRD 分析

图 2-76 为系列黏弹自调控剂的 X 射线衍射图谱。系列长链烷基缔合聚合物是一种非晶结构，谱图中没有尖锐的峰出现，而是呈现出馒头状弥散峰。分子链存在缔合结构，并且分子相互缠绕，在溶液中无法形成规律的晶态结构。同时，随着疏水碳链长度 R 值增

大，产物结晶度变小，分子结构不规整程度增加，分子结构中的疏水碳链由分子间缔合作用向分子内缔合作用转变。当疏水基团长度 R 大于 18 后，结晶度下降更加明显，分子链之间有序度逐渐下降，氢键作用降低，结晶度下降。

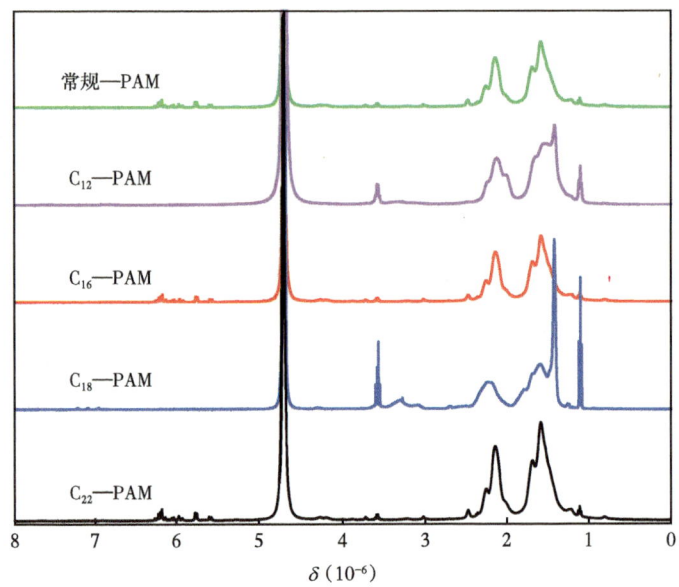

图 2-75 产物的氢谱图

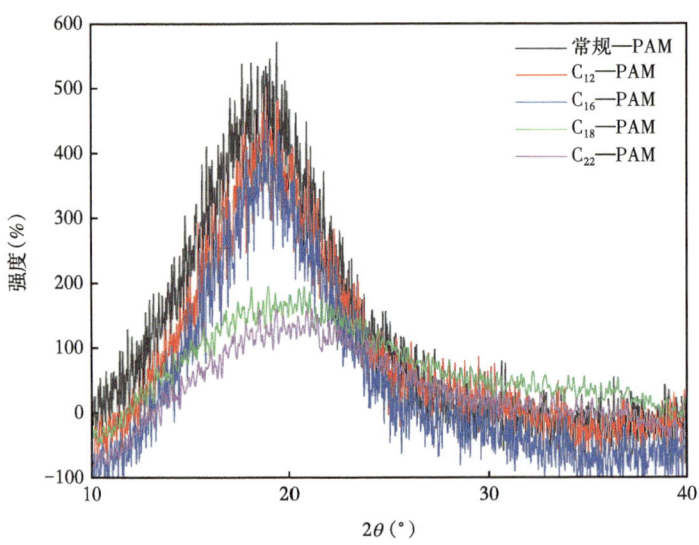

图 2-76 产物的 XRD 谱图

4）黏弹自调控剂的 TG 分析

图 2-77 代表热重曲线。升温前期，失重主要是粉体中的自由水及溶剂挥发导致，失重较慢。在 220℃ 失重主要是失去结合水引起的。常规—PAM 失重速率在 270~300℃ 趋

于平缓，350℃的失重速率增加，大分子链断裂；C_{12}—PAM、C_{16}—PAM、C_{18}—PAM、C_{22}—PAM 四种聚合物，失重速率在 300~350℃ 时最快，相较于常规失重温度增加，400℃ 分子链断裂速度最快，分子链断裂温度升高。产物中的疏水碳链 R 值较小，分子内缔合作用很弱，为"弱交联"结构，聚合物大分子相互缠绕，热力学分解温度高。疏水碳链 R 值较大，主分子链缔合作用增强，呈现出"交联"结构特点，疏水链长度 R 值越高，分子链内部结构越稳定。

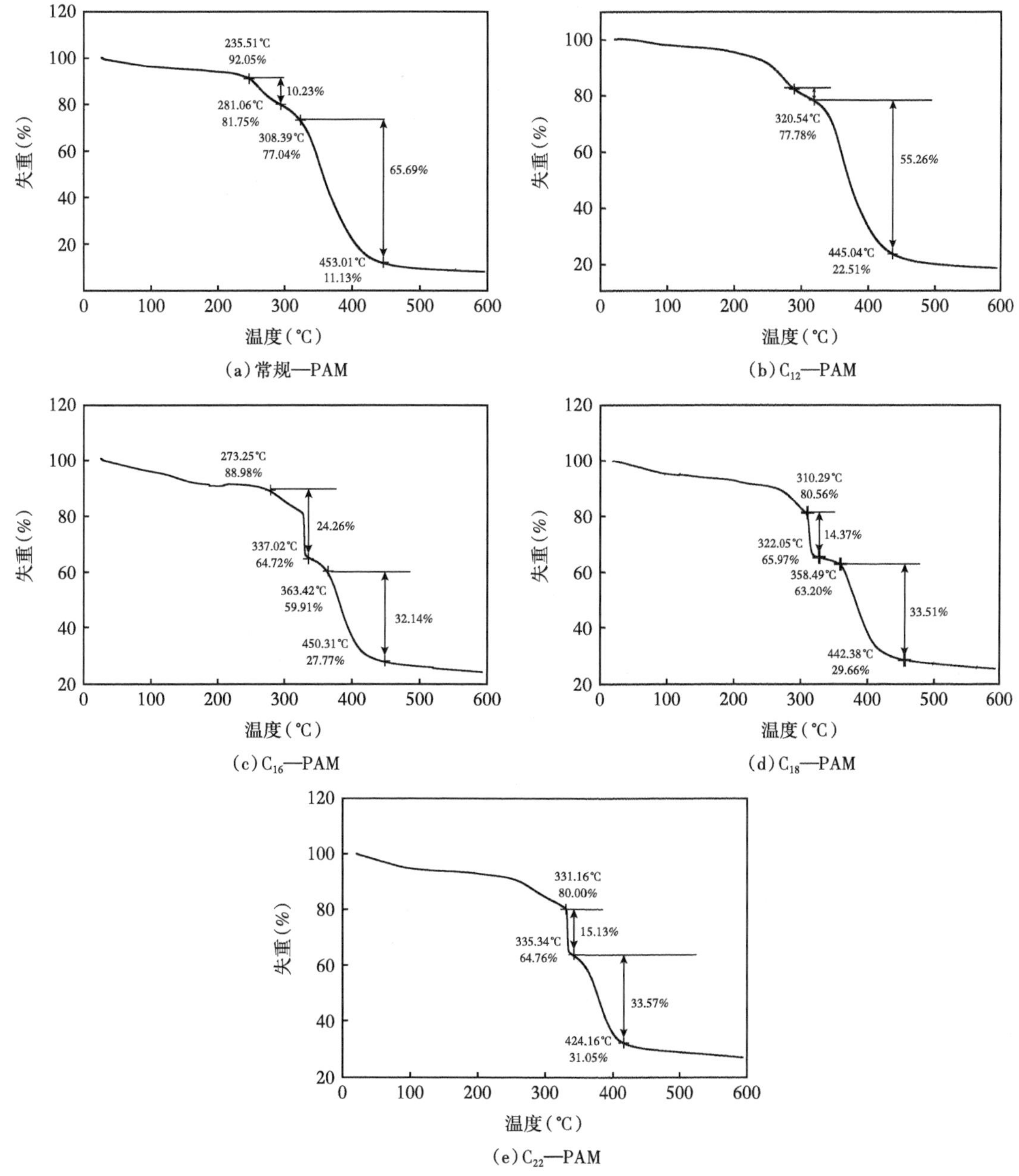

图 2-77 热重曲线

由表 2-20 可知，加入疏水碳链之后，随着疏水链长度的增加，疏水单体中所含元素的含量也随之增加，初步判断，符合分子设计。

表 2-20　元素分析测试表　　　　　　　单位：%

元素名称	C	H	O	N	Cl
常规—PAM 样品元素含量	47.3	7.1	20.8	16.3	—
C_{12}—PAM 样品元素含量	58.8	7.8	5.7	8.1	4.8
C_{16}—PAM 样品元素含量	63.2	8.9	3.4	6.9	3.5
C_{18}—PAM 样品元素含量	68.1	10.4	2.7	5.3	2.7
C_{22}—PAM 样品元素含量	71.6	11.6	1.5	3.7	1.1

5) 扫描电镜测试

图 2-78 所示为系列黏弹自调控剂的 SEM 图。图 2-79 所示为单个分子链间的缔合作用方式结构示意图。常规—PAM 结构中无疏水链，无缔合作用。C_{12}—PAM 和 C_{16}—PAM 疏水链长度增加，缔合动能增大，分子链缠绕程度增加，分子骨架变宽，缔合作用增强。C_{18}—PAM 出现明显分子链之间的缔合作用，大分子链缠绕程度降低，形成复杂的空间网络结构。C_{22}—PAM 单分子链内缔合增强，空间网络结构更加复杂致密。C_{18}—PAM、C_{22}—PAM 两种产物，单分子链内缔合作用较强，单分子链内部的"疏水微区"结构互相作用，空间网络结构密度增加。随着疏水链长度 R 值不断增大，疏水链缔合动能逐渐增大，分子之间缔合作用形式由分子间向分子内转变。

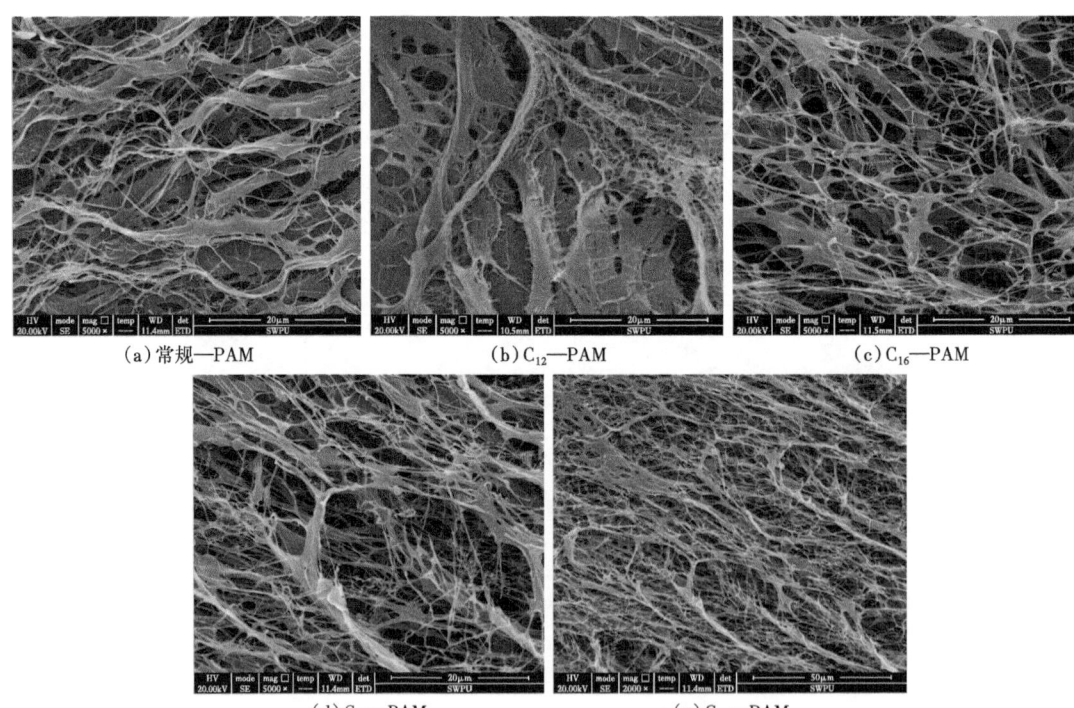

(a) 常规—PAM　　(b) C_{12}—PAM　　(c) C_{16}—PAM

(d) C_{18}—PAM　　(e) C_{22}—PAM

图 2-78　产物的 SEM 图

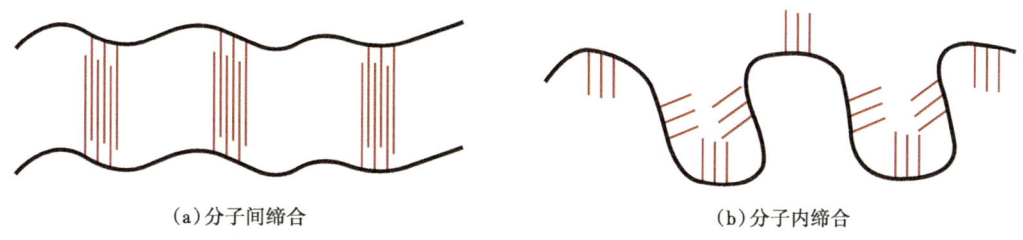

(a)分子间缔合　　　　　　　　　　　(b)分子内缔合

图 2-79　分子缔合形式模型

6）黏弹自调控剂临界缔合浓度

图 2-80 为产物芘探针曲线。分子结构中存在疏水基团，芘探针根据疏水链长度 R 值的变化，可以测试聚合物临界缔合浓度（CAC）。分析结果可知，随着聚合物浓度增加，产物变化趋势相似，黏度发生突变，该突变点即为产物 CAC。常规—PAM 分子中无疏水链，没有疏水缔合作用，要观察到缔合现象，需要增加疏水链 R 的数量。C_{12}—PAM 的 CAC 值为 0.12%，相比于常规—PAM 突变点斜率增大，形成疏水缔合作用。C_{16}—PAM 拐点为 0.1% 左右，分子链间的缔合作用明显，CAC 值降低。C_{18}—PAM、C_{22}—PAM 的 CAC 值分别为 0.08%、0.08%。当疏水链长度 R 值大于 16，疏水链缔合动能增大，缔合阻力降低，分子链内缔合作用强，形成"疏水微区"数目多，流体力学体积相较于 C_{12}—PAM、C_{16}—PAM 增加。

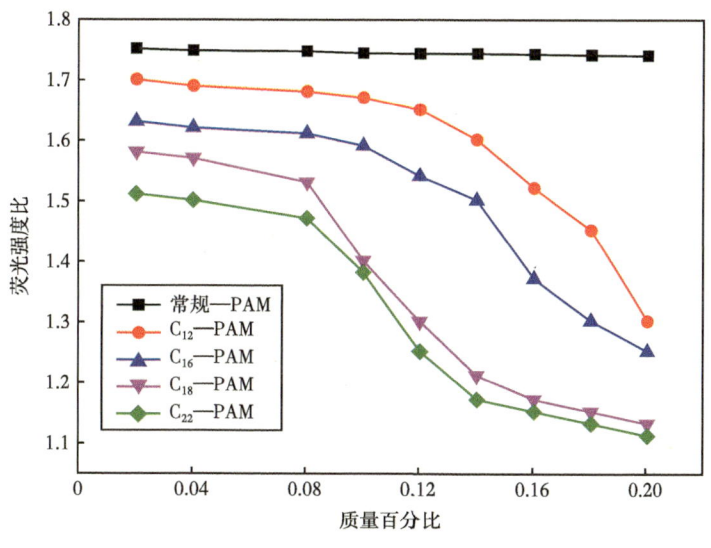

图 2-80　产物的芘探针曲线

7）黏弹自调控水调驱剂分子量测试

表 2-21 所示为产物的分子量测试结果。从数据中可以看出，系列聚合物分子量基本处于 $17.3×10^6$~$21.5×10^6$，证明引发体系与聚合物合成生产工艺的成熟性，可以作为聚合物合成工艺。产物分子量适中，产品溶解性好。产物含水率基本上在 10% 左右，符合预期

设计要求，合适的含水率能保证聚合物短时间内快速溶解，含水率低。

表 2-21 产物的相对分子量　　　　　　　　　　　　　　单位：10^6

样品				
常规—PAM	C_{12}—PAM	C_{16}—PAM	C_{18}—PAM	C_{22}—PAM
18.0	18.4	19.2	21.5	20.1
17.3	18.0	18.5	21.0	19.6

3. 流变性能

黏弹自调控剂的流变学行为是其核心特征。图 2-81 为黏弹自调控剂不同浓度下黏度随剪切应变率的变化。实验仪器为 Hakke Ⅲ 旋转流变仪，工作模式为剪切速率阶梯变化，剪切速率范围为 $0.01 \sim 10000 s^{-1}$，所用夹具为 C60 1° TiL，工作温度为 20℃。由测量结果可以看出，黏弹自调控剂在极低浓度下也表现出显著的增黏和非牛顿特性，且黏度随剪切速率的变化存在明显分区：低剪切速率下的平衡区（高分子链均匀分布），中等剪切速率下的剪切变稀（高分子链存在定向排布）、高剪切速率下的剪切变稠（高分子链之间发生聚集和缠绕）。上述分区与非牛顿流体的典型特性相符。其中，高剪切速率下的剪切变稠特性随着浓度的降低而减弱。在地层条件下，中等剪切速率下的剪切变稀是其主要特征。

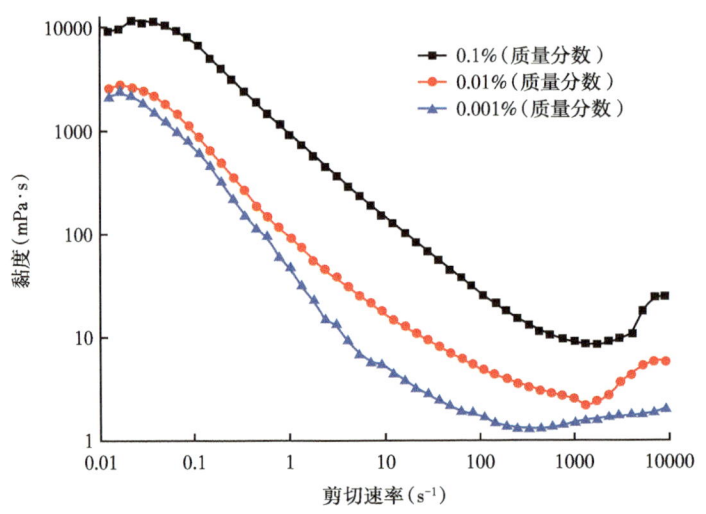

图 2-81 黏弹自调控剂黏度随剪切速率的变化

图 2-82 和图 2-83 为 0.1%（质量分数）黏弹自调控剂下的蠕变—恢复测试结果。对于理想弹性体，其对应力的响应遵循 Hook 定律，即施加应力后立刻产生应变响应，撤除后应变立即松弛；对于理想黏性体，其对施加应力的响应是线性的，撤除后应变不会恢复。大多数流体都是理想黏性体，而黏弹性流体则会同时表现出上述特征，即在施加应力后，既有一部分瞬时响应，又有一部分线性响应；在撤除应力后，既有一部分恢复，又有一部分保持应变状态。蠕变—恢复测试的原理是在施加恒定应力后突然撤去应力，通过应变响

应曲线判断流体黏弹性特征的强弱。实验仪器为 Hakke Ⅲ 旋转流变仪，工作模式为蠕变—恢复，蠕变时间为 60s，恢复时间为 120s，施加应力分别为 0.5Pa 和 10.0Pa，所用夹具为 C60 1°TiL，工作温度为 20℃。

图 2-82 和图 2-83 中横坐标为时间，左侧黑色部分纵坐标为应变，右侧红色部分纵坐标为应力。红色曲线为施加应力的情况，即先施加恒定应力后撤去应力；黑色曲线为应变的响应情况。可以看出，在图 2-82 所示的低应力条件下，在施加应力的初始阶段存在一个瞬时响应，之后接近线性；在撤去应力后的初始阶段存在一个松弛过程，之后趋于恒定。在图 2-83 所示的高应力条件下，施加应力阶段的响应趋于线性，撤去应力后松弛过程不明显。

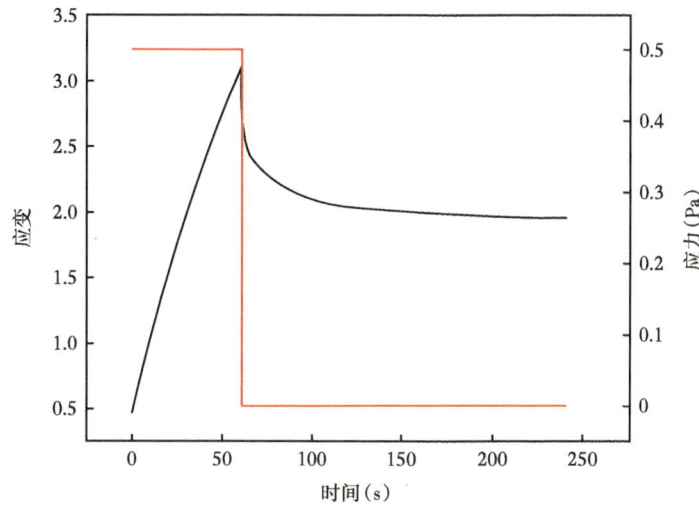

图 2-82　蠕变—恢复测试（τ=0.5Pa）

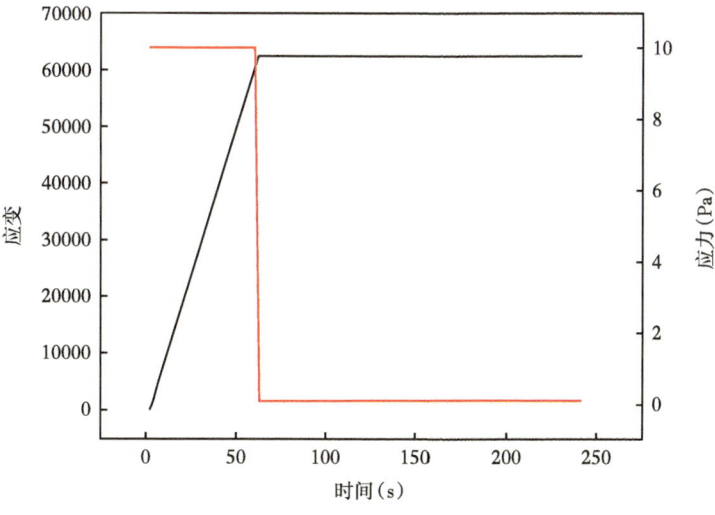

图 2-83　蠕变—恢复测试（τ=10.0Pa）

图 2-84 和图 2-85 为 0.1%（质量分数）黏弹自调控剂下的振荡频率扫描测试结果。对于理想弹性体，其应力与应变成正比，即 $\sigma = G'\varepsilon$，比例系数 G' 即为弹性模量；对于理想黏性体，其应力与应变率成正比，即 $\sigma = G''\dot{\varepsilon}$，比例系数 G'' 即为剪切模量。黏弹性流体会同时表现出弹性和黏性，G' 和 G'' 的相对大小能够反映黏弹性特征的强弱。振荡频率扫描的原理是在频率变化的条件下，正弦信号（应力或应变）的幅值保持恒定，得到对应的 G' 和 G'' 随频率的变化。基于线弹性体模型，可以推导得出 $G' = G''$ 时的频率 f_0 对应黏弹性弛豫时间 λ。f_0 越小，λ 越大，则弹性特征越显著。实验仪器为 Hakke Ⅲ 旋转流变仪，工作模式为振荡频率扫描（恒定应力幅值），频率范围为 0.1~14Hz，施加应力分别为 0.5Pa 和 10.0Pa，所用夹具为 C60 1° TiL，工作温度为 20℃。

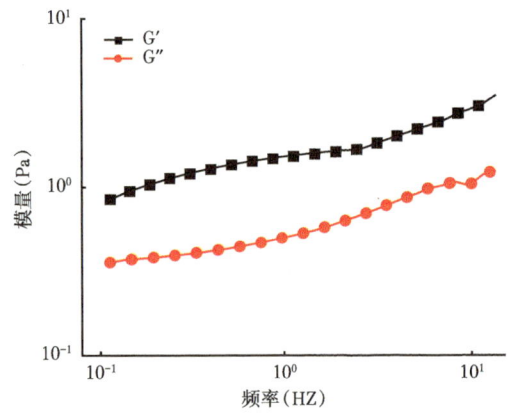

图 2-84　振荡频率扫描测试（τ=0.5Pa）

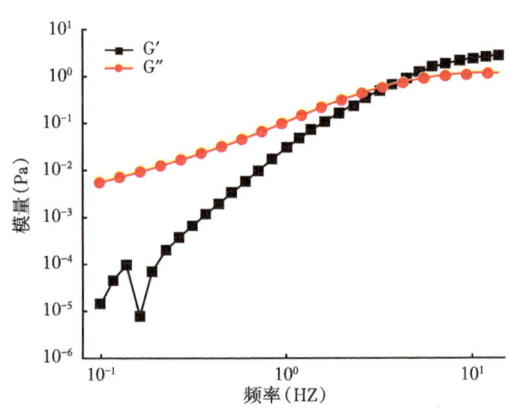

图 2-85　振荡频率扫描测试（τ=10.0Pa）

图 2-84 和图 2-85 中横坐标为应力的振荡频率，纵坐标为模量，黑色曲线对应 G'，即弹性模量；红色曲线对应 G''，即剪切模量。可以看出，在低应力条件下，测试区间内 $G' > G''$ 始终成立，即二者交点对应更小的频率值和更大的黏弹性弛豫时间，这体现了较强的弹性特征；在高应力条件下，两条曲线在 $f = 3.5$Hz 左右存在交点，弹性特征减弱。

测试结果表明，黏弹自调控剂具有显著的增黏和剪切变稀特性，以及黏弹性特征，且黏弹性特征在不同应力条件下存在一定差异，这与弹性部分的启动效应有关。对应到驱替过程中，基质型结构中整体剪切较小，更接近低应力条件下的情况；优势通道型结构中主通道流量集中，剪切较大，更接近高应力条件下的情况。

4. 机理研究

1）微流控实验

微流控芯片设计与加工传统的岩心和填砂管实验尽管为现场应用提供了重要参考，但其"黑匣子"的特点使得孔隙尺度的微观渗流机理研究较为困难，难以基于流动表征和分析为调驱体系的设计提供进一步的指导。近年来，微加工技术的发展使得微流控日益成为研究孔隙尺度流动现象和机理的有力工具[26]。相较于岩心尺度研究，微流控实验具有可视化、可定制、可重复、成本低的特点。在可视化方面，借助先进的显微设备与高速成像系统，微流控实验过程中能够实现流场细节的精确、实时成像与记录。

根据长庆油田典型区块储层岩心 CT 扫描的结构特征，结合微观多层级形貌的特点，基于 QSGS 重构算法生成了若干组类似的微观模型结构。进一步地，为了反映地层中更大尺度上的强非均质特征和优势通道效应，通过改变注入方式设计了带有优势通道的芯片油藏结构。芯片油藏的加工过程包括版图设计、标准光刻、电感耦合等离子体—深反应离子刻蚀、阳极键合等[27]。为了反映低渗透小孔隙结构中的流动特征，通过优化加工工艺能够实现 400nm 精度的复杂多孔结构刻蚀。如图 2-86 所示，微米级微观模型的尺寸分别为 8mm×6mm 和 8mm×7mm，刻蚀深度为 40μm，孔隙率为 44.4%；纳米级微观模型的尺寸等比减小 5 倍，孔隙率保持不变。

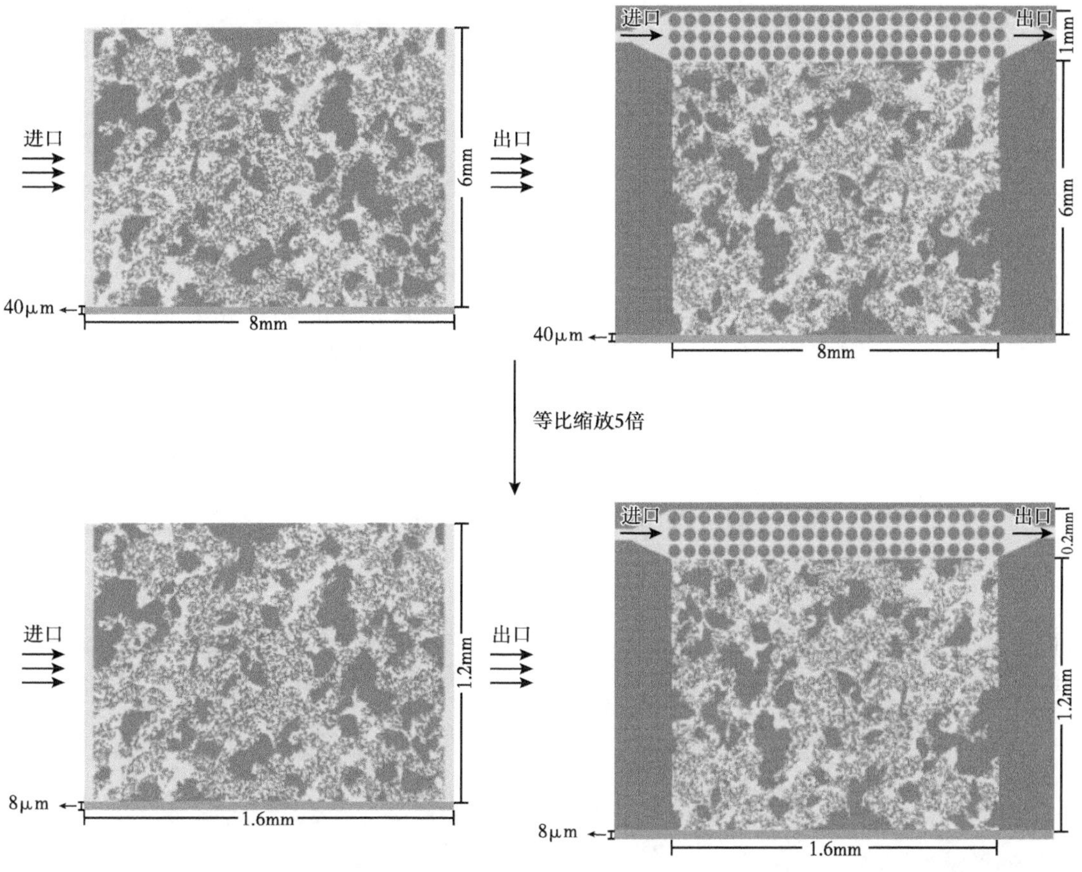

图 2-86 微纳米级基质型和优势通道型芯片油藏结构示意图

图 2-87 为不同尺度芯片油藏多孔结构的二维孔径分布，二维孔径分布范围分别为 2~200μm 和 0.4~40μm。不同尺寸和结构特征的应用使得能够更加全面地开展微流控物理模拟实验，充分分析在用调驱体系的微观渗流规律。

结合流变特性表征结果，在基质型和优势通道型结构中分别开展了黏弹自调控剂连续注入、先水后黏弹自调控剂交替注入、先黏弹自调控剂后水交替注入三种注入方式的实验。实验所用黏弹自调控剂浓度为 0.1%（质量分数），驱替过程总注入时间相同，通过图像处理能够得到交替注入不同阶段的相分布情况。

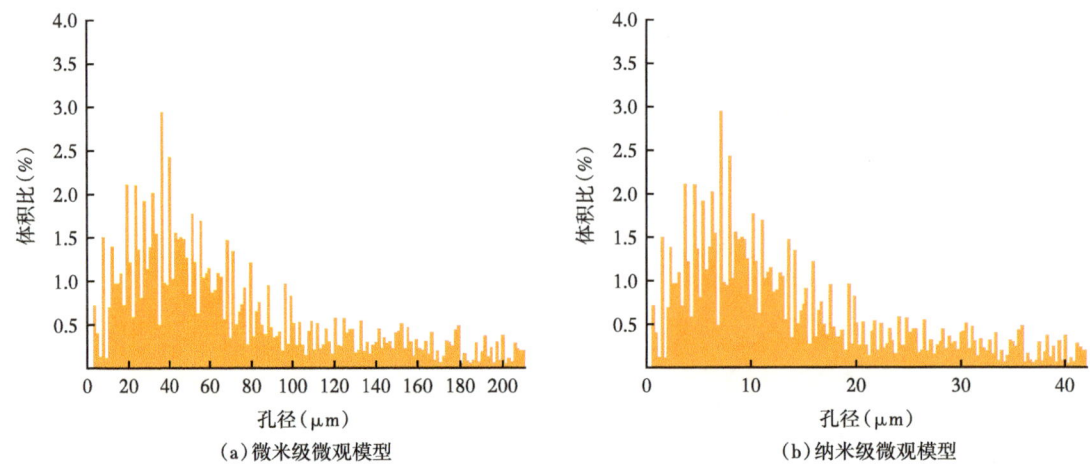

(a) 微米级微观模型　　　　　　　　　　　(b) 纳米级微观模型

图 2-87　微纳米级多孔介质结构的孔径分布

图 2-88 至图 2-91 为基质型结构中的实验结果，最终时刻采收率分别为 57.75%，61.31%，56.61%。四幅图中灰色为固体，白色为油相，黑色为聚合物溶液，蓝色为水。由结果可以看出，相较于水驱过程，黏弹自调控剂的高黏度能够有效增加压力和补充能量，而黏弹性特征则能够产生一定的振荡效果，从而导致波及范围的显著扩大。值得注意的是，从最终采收效果来看，先水驱后聚合物驱的采收效果反而略好于连续注入。结合图 2-91 所示的局部残余油特征，可以看出多孔介质区域内形成了很多指状残余油未被采出，这与前人在理想结构中得到的黏弹性效应导致油滴被困的效果类似，即存在临界长度，对应于弹性力、黏性力与毛细管力之间的平衡。因此，水驱过程形成的优先流动通道可能一定程度上抑制了黏弹性振荡形成的指状残余油。

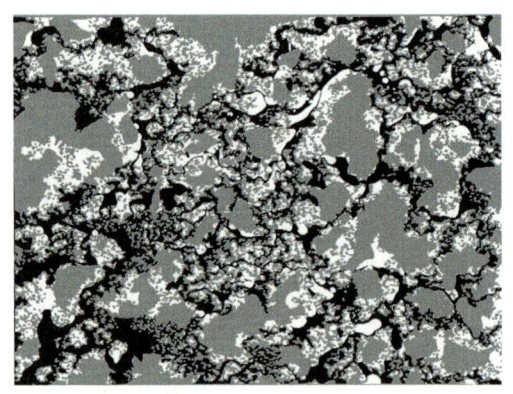　　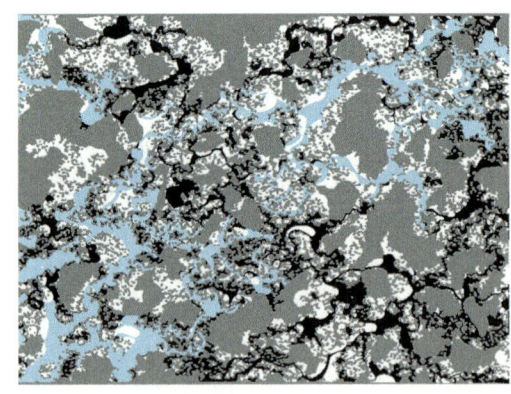

图 2-88　聚合物连续注入（基质型结构）　　　图 2-89　水—聚合物交替注入（基质型结构）

图 2-92 至图 2-94 为优势通道型结构中的实验结果，最终时刻采收率分别为 58.17%，55.55%，53.65%。三幅图中灰色为固体，白色为油相，黑色为聚合物溶液，蓝色为水。由结果可以看出，在优势通道的流量集中条件下，黏弹自调控剂仍然能够有效发挥增黏效应。从驱替路径上看，其相分布的变化主要以路径延伸为主，残余油特征与基质型结构中

有所不同。此外，尽管段塞式注入效果略低于连续注入，但差异很小。

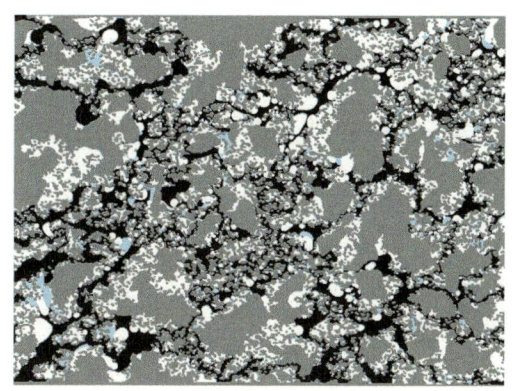

图 2-90　聚合物—水交替注入（基质型结构）

图 2-91　聚合物驱形成的局部残余油特征

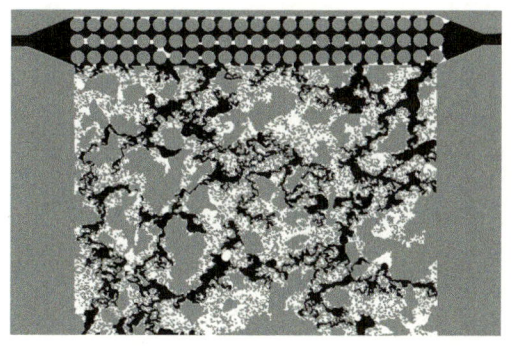

图 2-92　聚合物连续注入（优势通道型结构）

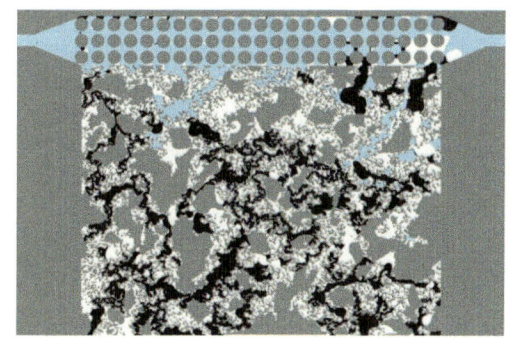

图 2-93　水—聚合物交替注入（优势通道型结构）

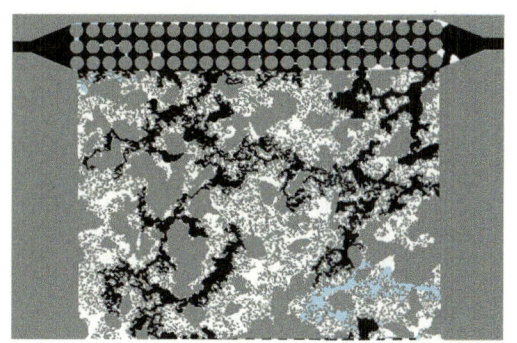

图 2-94　聚合物—水交替注入（优势通道型结构）

进一步通过统计学手段对比了残余油相的拓扑学特征。图 2-95 和图 2-96 分别为基质型结构和优势通道型结构的结果。柱状图为体系中油柱数量占比（$\chi=1$，$c \leqslant 0.5$，χ 为欧拉数，即孤立体数量 - 内部空洞数量；c 为形状因子，$c=4\pi A/p^2$，A 为孤立体面积，p 为孤立体周长），点线图为最终采收效果。这里的油柱数量对应于前文所分析的指状残余油特征。由结果可以看出，基质型结构中更接近低应力条件，弹性特征较强，导致油柱占比较高，先水驱后聚合物驱相较于连续注入反而能够减少油柱数量；优势通道结构中流量分配集中，弹性特征较弱，整体呈现均匀推进模式，连续注入效果略好。需要说明的是，这里的应力条件是针对结构整体而言。对于理想圆管泊肃叶流动，剪切速率与速度成正比，与通道宽度成反比。对于局部串联孔隙结构，在给定流量的情况下小孔剪切大，大孔剪切小；但对于并联孔隙结构，渗透率的差异会导致流量向高渗透区域集中，即从流量分配的角度，优势通道型结构中的流量集中在并联的高渗透区域，速度远大于基质区域平均速度，而基质型结构中流量分配相对均匀。

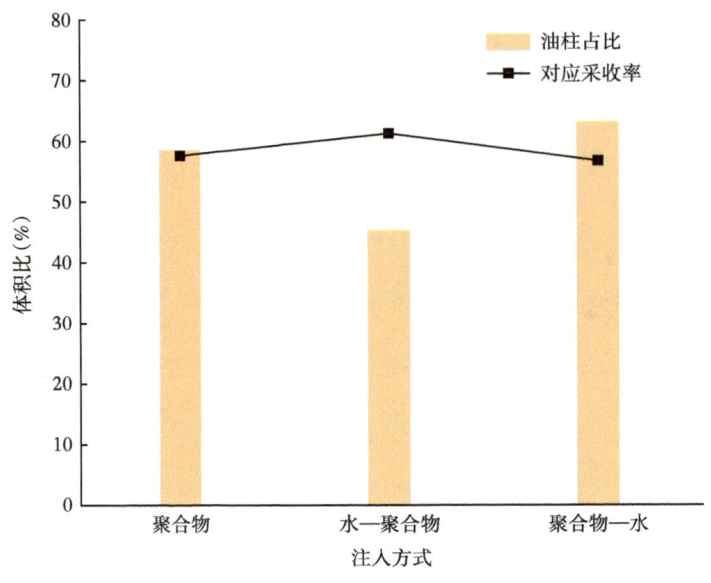

图 2-95　基质型结构统计结果

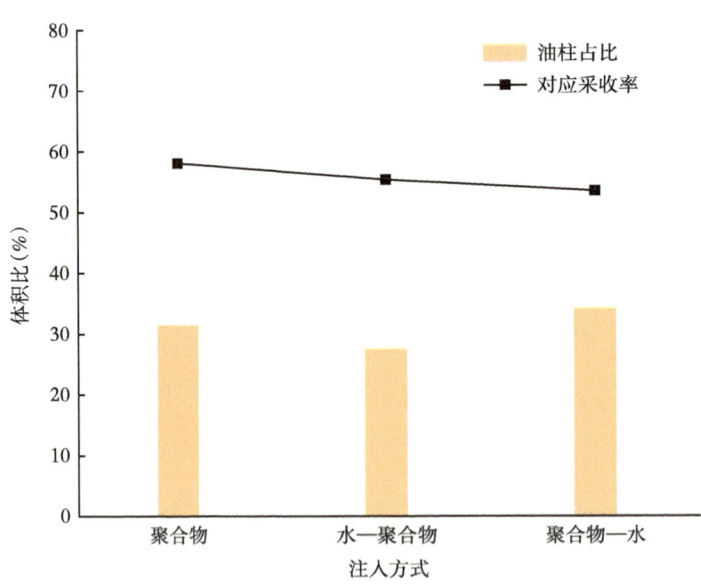

图 2-96　优势通道型结构统计结果

总体上,黏弹自调控剂在基质型和优势通道型结构中均能有效提高采收率(连续注入提高采收率效果约为25%),但流动特征存在差异,基质型结构中整体更接近低应力条件,弹性特征较强,呈现振荡采收模式;优势通道型结构中流量分配集中,弹性特征较弱,但增黏效果仍然显著,呈现均匀推进模式。

相同条件下,段塞式注入效果整体上不弱于连续注入,从成本的角度先水驱后聚合物驱性价比更高。在基质型结构中,由于黏弹性振荡导致油柱占比较高,先水驱后聚合物驱反而能够减少油柱数量,采收效果略高于聚合物连续注入;在优势通道型结构中,连续注入采收效果略高于先水驱后聚合物驱。两种条件下的采收率差异均小于5%。

2)人造岩心驱替实验

选用渗透率分别为50mD和108mD的人造岩心,模拟延安组高渗透裂缝和低渗透基质,先对岩心饱和油水模拟原始地层条件,后开展水驱模拟生产井大量见水,最后开展黏弹自调控剂不同流速下驱替实验,结合核磁共振技术,定量评价黏弹自调控剂在延安组油藏的微观封堵特征。

(1)人造岩心物性特征及实验参数。

依据上述实验步骤,通过饱和水对人造岩心孔隙度进行测定,结果见表2-22,4-2号人造岩心渗透率为50mD,5-2号人造岩心渗透率为108mD,渗透率级差2.16,孔隙度分别为17.57%和12.92%;使用5-2号人造岩心模拟延安组高渗透裂缝,4-2号岩心模拟延安组低渗透储层,开展水驱及流速为0.2mL/min下的黏弹自调控剂驱替实验(表2-23)。

表2-22 人造岩心基本物性参数

人造岩心编号	渗透率(mD)	孔隙体积(cm³)	孔隙度(%)
4-2	50	4.32	17.57
5-2	108	3.20	12.92

表2-23 人造岩心实验参数

人造岩心编号	饱和水流速(mL/min)	饱和油流速(mL/min)	水驱流速(mL/min)	调驱流速(mL/min)
4-2	0.1	0.1	0.1	0.2
5-2	0.1	0.1		

(2)构建原始油水分布。

本次实验步骤主要是模拟原始储层条件建立油水分布,由两部分组成,分别为饱和原始地层水和饱和原油,在饱和过程中都是以0.1mL/min的流速进行。

①饱和地层水。

对人造岩心4-2号、5-2号分别以0.1mL/min的注入速度饱和地层水,当夹持器进口压力保持稳定后停止饱和,取出岩心分别测量湿重,计算人造岩心4-2号、5-2号的孔隙体积。计算可得人造岩心4-2号孔隙度17.57%,孔隙体积4.32cm³;人造岩心5-2号孔隙度12.92%,孔隙体积3.20cm³。

②饱和油。

清洗擦干岩心夹持器后,将饱和好地层水的人造岩心4-2号、5-2号分别以0.1mL/

min 的注入速度饱和氟油,待岩心夹持器出口端产出液含油率达 100% 时停止饱和,分别记录饱和油过程中出水量,计算人造岩心 4-2 号、5-2 号的饱和油进油量。

(3)水驱油过程。

水驱油实验过程是将人造岩心 4-2 号和人造岩心 5-2 号放在两个并联岩心夹持器中,两个岩心夹持器共用同一入口端,将配制好的模拟注入水以 0.1mL/min 的注入速度注入并联岩心夹持器中,模拟现场施工过程中水驱过程中注入水在非均质储层间的流动。

图 2-97 为人造岩心并联水驱采收率、含水率随注入量变化曲线。对 4-2 号岩心而言,水驱刚开始时采收率上升缓慢,注入 0.15PV 时,采收率仅为 8.2%,注入量超过 0.6PV 后,低渗透岩心采收率迅速上升,当注入量达 1.15PV 后采收率上升速率减缓,此时 4-2 号岩心采收率为 54.83%;当注入量超过 1.08PV 后,4-2 号岩心含水率迅速上升,当水驱停止时含水率还未趋于平稳。随着注入水的注入,高渗透岩心 5-2 号的采收率迅速增加,在注入量为 0.35PV 时采收率增加速率逐渐变缓,此时采收率为 51.52%;当注入量为 0.15PV 时,5-2 号岩心产出液开始见水,随后含水率迅速上升,当注入量达 0.45PV 时含水率上升速率减缓,此时 5-2 号岩心含水率为 85.35%。水驱停止时,4-2 号岩心采收率为 55.48%,含水率为 95%,5-2 号岩心采收率为 56.8%,含水率为 99.09%。

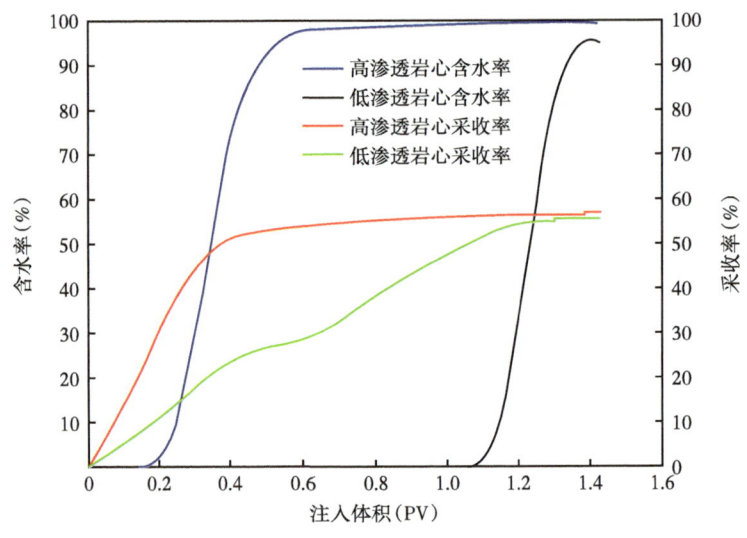

图 2-97 水驱含水率、采收率曲线

(4)黏弹自调控剂驱替过程。

本组实验是以流速为 0.2mL/min 的注入速度开展调驱实验,分别对两根岩心的含水率、采收率,以及调驱前后的核磁曲线进行定量分析。

①含水率、采收率随注入体积变化。

图 2-98 为人造岩心并联调驱采收率、含水率随注入体积变化曲线。对 4-2 号岩心而言,调驱刚开始时采收率上升缓慢,注入 0.5PV 时,采收率仅增加 1.61%,注入量超过 0.5PV 后,低渗透岩心采收率迅速上升,当注入量达 2.5PV 后采收率上升速率减缓,此时 4-2 号岩心采收率为 69.55%;调驱过程中,4-2 号岩心含水率先迅速下降后逐渐上

升,当注入量为 0.75PV 时低渗透岩心 4-2 号的含水率最低,为 80.1%。随着调驱剂的注入,高渗透岩心 5-2 号的采收率呈现先不变后上升再保持不变的变化趋势,在注入量为 0~1.25PV 时采收率保持不变,此时采收率为 56.81%;当注入量超过 1.25PV 时,5-2 号岩心的采收率开始上升,直到注入量达 1.75PV 后采收率保持不变,此时采收率为 62.58%;调驱过程中 5-2 号岩心含水率呈现先保持不变后下降,再上升,最后保持不变的变化趋势,当注入量为 0.77PV 时 5-2 号岩心的含水率最低,为 84.9%。调驱停止时,4-2 号岩心采收率为 73.87%,含水率为 100%,5-2 号岩心采收率为 69.2%,含水率为 100%。

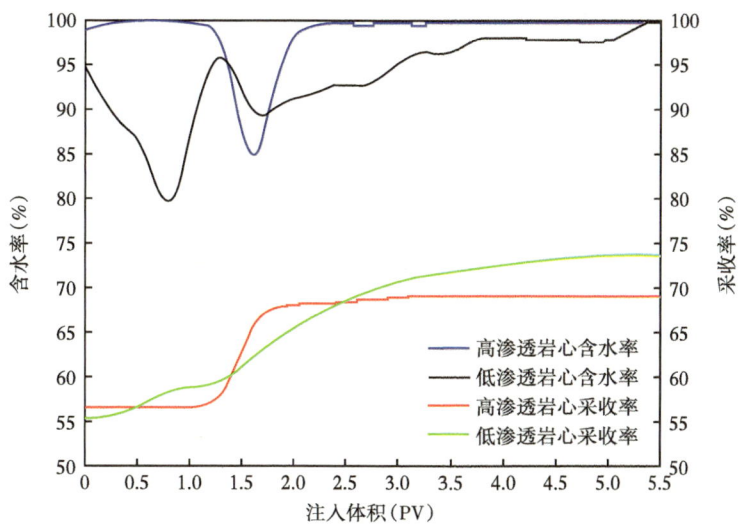

图 2-98　0.2mL/min 流速下调驱含水率、采收率曲线

②水驱与黏弹自调控驱采收率对比。

人造岩心 4-2 号和 5-2 号的渗透率级差为 2.16,在水驱后的驱油效率分别为 56.80% 和 55.48%,相差 1.32%,随着黏弹自调控剂的注入,低渗透岩心 4-2 号的采收率提升效果显著,提升了 12.4%,高渗透岩心 5-2 号的采收率提升 18.39%,并联模型整体采收率提升 15.08%。可见注入黏弹自调控剂后有助于提升采收率,尤其是对于高渗透岩心采收率的提升效果非常显著(表 2-24)。

表 2-24　黏弹自调控剂调驱参数

人造岩心编号	黏弹剂浓度（mg/L）	注入速度（mL/min）	渗透率（mD）	水驱油效率（%）	调驱驱油效率（%）	总驱油效率（%）
4-2			50	56.80	12.40	69.20
5-2	1000	0.2	108	55.48	18.39	73.87
模型整体			—	56.71	15.08	71.79

③水驱与黏弹自调控剂驱核磁曲线。

图 2-99 中的核磁共振 T_2 谱曲线,红线为岩心样品水驱后的测试结果,黑线为岩心

样品在注入黏弹自调控剂后的核磁测定结果。可以看出人造岩心 4-2 号和 5-2 号的核磁曲线均呈双峰态分布。图 2-99（a）为 4-2 号岩心核磁曲线，呈左低右高型，大小孔喉发育，孔隙尺度分布介于 0.001~116.23ms，于 27.04ms 处达到峰值。图 2-99（b）为 5-2 号岩心核磁曲线，呈左低右高型，大小孔喉发育，孔隙尺度分布介于 0.001~240.94ms，于 56.07ms 处达到峰值。通过对比水驱和调驱后的两条核磁共振 T_2 曲线的变化，在注入黏弹剂后曲线整体下降趋势明显，尤其是大孔信号幅度下降最大，发现在黏弹自调控剂注入后主要分布在高渗透岩心的大孔中，优先封堵大孔道。

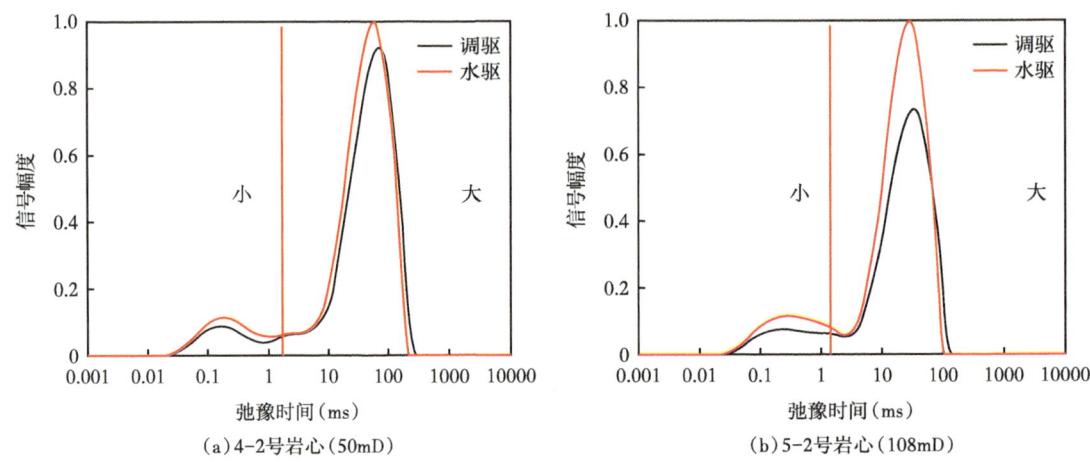

图 2-99　水驱、调驱核磁曲线

表 2-25 中展示了调驱剂注入后两块岩心的黏弹剂封堵情况，可以看出 4-2 号岩心在调驱后信号幅度整体下降 8.54%，即黏弹剂封堵 8.54% 岩心体积，其中大孔贡献 62.28%，小孔贡献 37.72%；5-2 号岩心在调驱后信号幅度整体下降 22.34%，即黏弹剂封堵 22.34% 岩心体积，其中大孔贡献 80.47%，小孔贡献 19.53%。

表 2-25　调驱后黏弹剂封堵情况

人造岩心编号	渗透率（mD）	岩心封堵程度（%）	小孔（0.001~0.23ms）封堵贡献率（%）	大孔（0.23~188.97ms）封堵贡献率（%）
4-2	50	8.54	37.72	62.28
5-2	108	22.34	19.53	80.47

3）并联双管驱替实验

（1）填砂管物性特征。

依据上述实验步骤，通过饱和水对两组填砂管孔隙度和渗透率进行测定，结果见表 2-26，1-3 号填砂管渗透率为 101mD，1-4 号填砂管渗透率为 47.9mD，渗透率级差为 2.11，孔隙度分别为 34.5% 和 26.53%；通过人工装填填砂管模拟延安组高渗透和低渗透储层，开展后续实验（表 2-27）。

表 2-26 填砂管基本物性参数

填砂管编号	渗透率（mD）	孔隙体积（cm³）	孔隙度（%）
1-3	101.0	613.21	34.50
1-4	47.9	473.69	26.53

表 2-27 填砂管实验参数

填砂管编号	饱和水流速（mL/min）	饱和油流速（mL/min）	水驱流速（mL/min）	黏弹自调控剂驱（mL/min）
1-3	0.5	0.5	0.5	0.8
1-4	0.5	0.5	0.5	0.8

（2）水驱油过程。

对填砂管模型饱和油还原原始油水分布后开展水驱油实验，模拟现场出口端大量见水，为后续调驱做准备，在水驱油过程中，当两根填砂管的出口端累计含水率达到90%以上后停止水驱。

①水驱油压力随注入体积变化。

水驱油实验过程中是将高渗透与低渗透填砂管并联，注入速度为0.5mL/min，模拟现场施工过程中水驱阶段压力在非均质性储层中的压力传导规律。

在水驱油过程中，高渗透填砂管和低渗透填砂管各个测压点压力先下降后有小幅度上升最终至逐渐平缓，在注入量达到1.4PV时高渗透填砂管各测压点压力达到最低，随后逐渐趋于稳定。高渗透填砂管在水驱油压力下降阶段，各个压力监测点下降幅度变化不大，当注入量达到1.5PV后高渗透和低渗透填砂管各个测压点压力趋于平稳。低渗透填砂管在水驱油初期距离出口端较近的70cm处和90cm处压力下降幅度较大，当注入量达到0.5PV时压力已经趋于稳定。从压力曲线图（图2-100）发现，在水驱过程中压力值总体较小，高渗透填砂管最高压力为0.1MPa，而低渗透填砂管最低压力为0.095MPa。

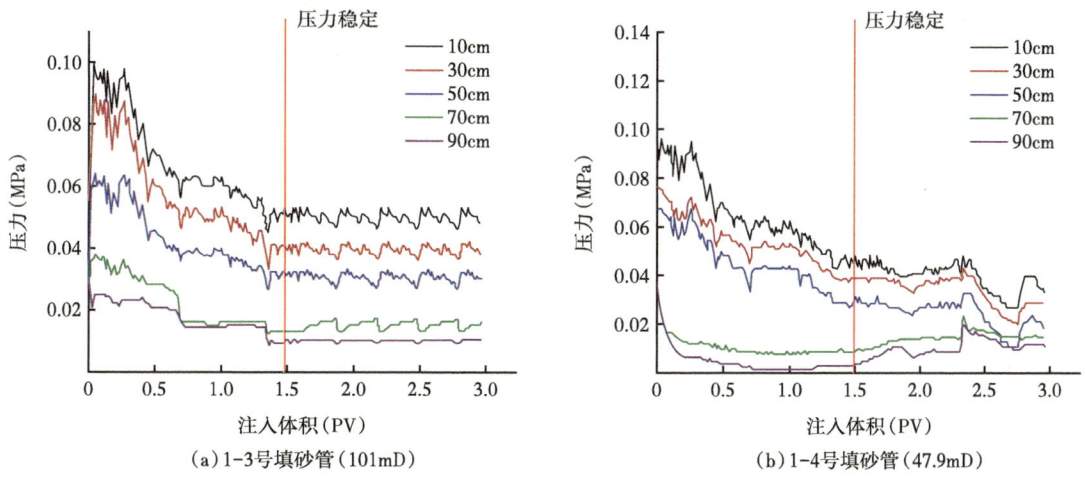

图 2-100 水驱油压力随注入体积变化曲线图

②水驱油采收率、含水率变化。

由图2-101可知，随着注水量的增加，高渗透管采收率在0~0.5PV时采收率快速上升，到0.5PV时高渗透填砂管的采收率为72.15%，在注入0.5PV后，短时间内采收率上升幅度急速下降，逐渐趋于平稳，最终采收率为76.82%；低渗透填砂管采收率随着注水量的增加采收率在缓慢增加，增速逐渐减小，低渗透管采收率在注水量达到2.5PV后增加缓慢，最终采收率为68.52%。通过观察图2-101中的含水率曲线可知，当注水量达到0.34PV后，高渗透管含水率开始急速增加，含水率由0.34PV时的0增加到0.50PV的93%，在注入量达到0.5PV时含水率和采收率进入平稳阶段；而低渗透管在注水量达到1.72PV后含水率开始增加。在注水量达到2.5PV时后含水率逐渐平稳；高渗透填砂管最终含水率达到98.07%，接近于100%，低渗透填砂管最终含水率达到92.41%后不再上升。

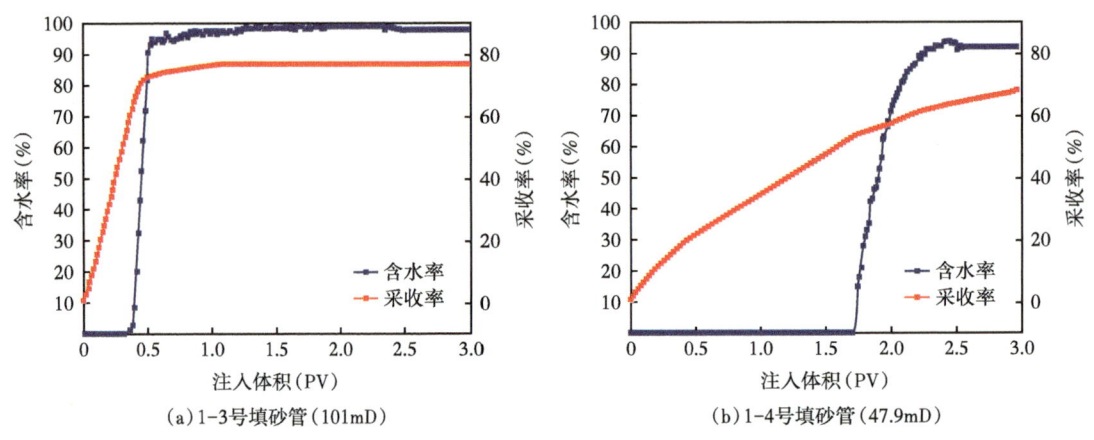

图2-101　水驱油采收率、含水率变化曲线图

③水驱油分流率。

由图2-102分流率曲线可知，当注入体积小于0.5PV时高渗透填砂管分流率明显上升，低渗透填砂管明显下降，呈两极分化趋势，这是因为水驱过程中两根填砂管并联，为合注分采模式，注入流速一定，单位时间内观察高渗透管和低渗透管的出液量从而绘制分流率曲线图。当注入量大于0.5PV时，高渗透填砂管和低渗透填砂管分流率趋于稳定，高渗透管分流率稳定在88%左右，低渗透管分流率稳定在12%附近；说明在水驱过程中，随着注水量的增加，最终88%的注入水从高渗透填砂管模型流出，只有12%的注入水从低渗透填砂管流出。

（3）黏弹自调控剂驱替过程。

分析黏弹自调控剂驱替时压力分布可知：当水驱油驱替实验过程中出口端累计含水率达到90%以上后停止水驱，开始黏弹自调控剂驱替，填砂管黏弹自调控剂驱替的设定速度为0.8mL/min，通过监测距离入口端不同位置处的压力变化，从而反映在黏弹自调控剂驱替时压力的传递规律，在驱替过程中实时监测出口端的含水率及驱油效率的变化。

由图2-103可知，随着黏弹自调控剂注入量的增加，黏弹自调控剂的注入量在0.5PV时，高渗透填砂管10cm处开始起压，而低渗透管在0.9PV处开始起压，说明在开始注入黏弹自调控剂时，高渗透管起压时间早于低渗透管，这是由于低渗透管渗透率较小阻力较大，黏弹自调控剂优先进入渗透率较大阻力较小的高渗透管内，这才导致低渗透管10cm处起压时间晚于高渗透管。

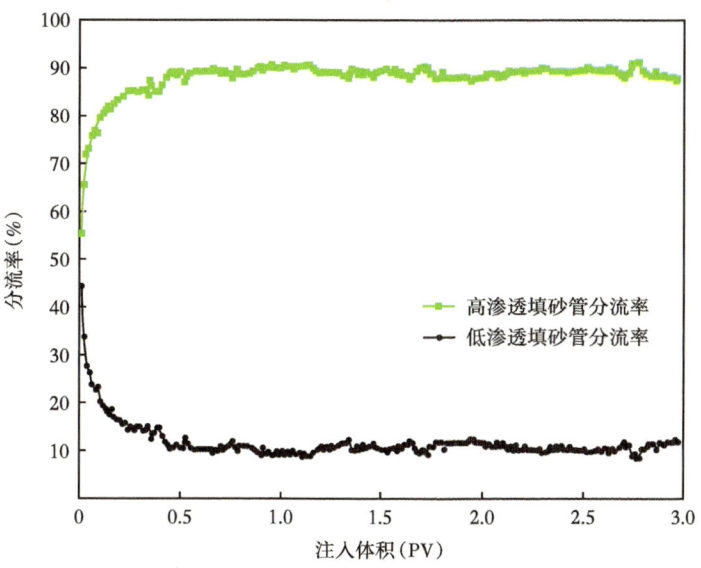

图 2-102　水驱油分流率变化曲线图

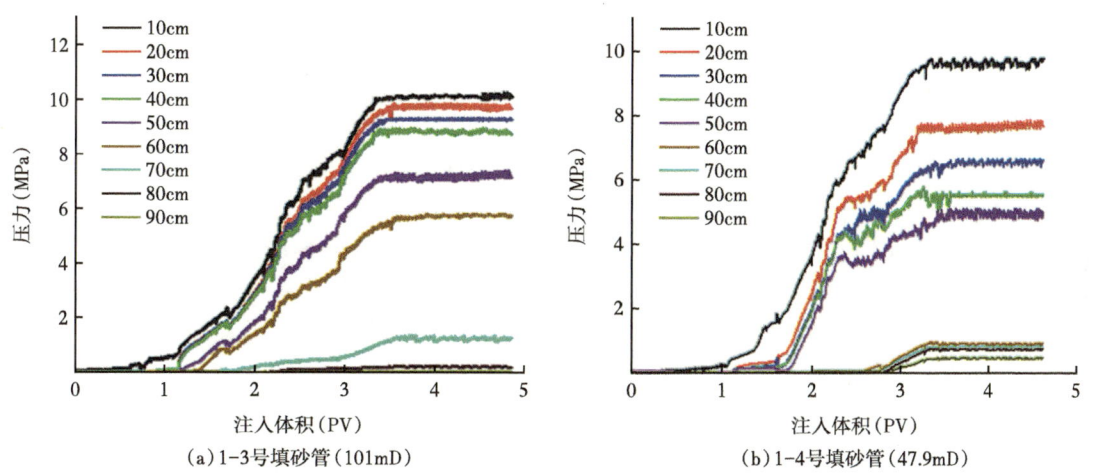

图 2-103　黏弹自调控剂驱时压力随注入体积变化曲线图

从图2-103可以观察到，1-3号高渗透填砂管90cm处的起压PV数为1.53PV，而1-4号低渗透填砂管90cm处的起压PV数为2.8PV，说明注入黏弹自调控剂后在高渗透填砂管内传递快于低渗透填砂管，且两根填砂管最高压力相等，说明当注入一定量黏弹自调控剂达到稳定后，10cm处的最高压力值相等。从压力曲线可以发现稳定后高渗透填砂管10~60cm处的压力都较高，而70~90cm处压力相对较低，说明在60~70cm处有大量黏弹自调控剂聚集导致此处压差较大，低渗透管主要发生在50~60cm处。该组填砂管压力在一定范围内波动，初步判断为黏弹自调控剂本身黏弹自恢复性导致。

分析不同压力测点压力梯度分布可得：从图2-104中可以较为明显地观测到黏弹自调控剂在填砂管聚集的具体位置，从图2-104（a）可以观察到在50~60cm处的压力梯度最大，为39.92MPa/m，说明随着注入量的增加，大量黏弹自调控剂在50~60cm处聚集，使得此处的压力梯度明显增大，邻近出口处压力梯度逐渐越小，说明黏弹自调控剂在其他位置处较少聚集。从图2-104（b）可以观察到60~70cm处的压力梯度最高，为42.65MPa/m，其次为40~50cm处的压力梯度（最高17.58MPa/m），说明黏弹自调控剂主要在40~50cm处和60~70cm处聚集。从两幅压力梯度图可以看到，在距离出口处压力梯度较小，说明此处黏弹自调控剂聚集较少，大量黏弹自调控剂从出口处排出。

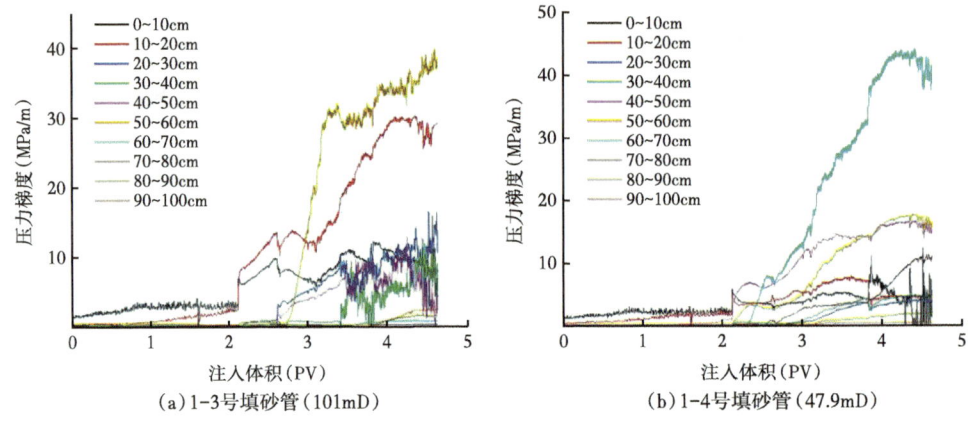

图2-104　压力梯度随注入体积变化曲线图

图2-105（a）和图2-105（b）分别为1-3号、1-4号填砂管调驱时不同位置处压力梯度柱状图，从图2-105（a）中可明显看出压力梯度最高段在60~70cm处为41.75MPa/m，此时压力梯度从60~70cm段向两边延伸逐渐减小，呈现单峰形态，但是整体波峰形态更高，波峰有向后移动趋势。图2-105（b）中压力梯度最高值在50~60cm段为36.19MPa/m，其次为10~20cm段的28.77MPa/m，两者相距40cm，分别为主波峰与次波峰，1-4号填砂管压力梯度柱状图整体为双峰状。

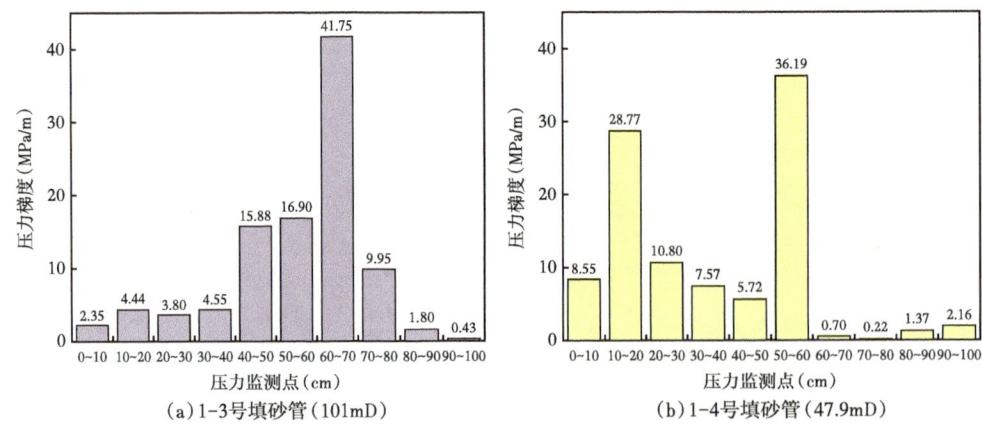

图2-105　调驱时不同位置处压力梯度柱状图

分析采收率与含水率随注入体积的变化（图 2-106）可得：随着黏弹自调控剂的持续注入，两根填砂管的采收率逐渐上升，但高渗透填砂管初期采收率增长缓慢，初期采收率仅增长 1%，低渗透填砂管采收率增速较高且采收率明显增大，初期采收率增长 7.8%，初期阶段主要为黏弹自调控剂沿着高渗透水通道流动，使得含水率变化不大。在注入量达到 1PV 后（中期阶段），高渗透填砂管的含水率快速下降，此时伴随着的是采收率的快速上升，中期后半部分，含水率又呈上升趋势，采收率增长速率也一并放缓，在注入 3.7PV 后，采收率与含水率逐渐呈平缓趋势。对于低渗透填砂管 1-4 来说，初期含水率基本保持稳定，但相比高渗透填砂管，低渗透填砂管含水率为 88%，相比高渗透填砂管 98% 的含水率低 10 个百分点，所以低渗透填砂管采收率上升较为明显，采收率增长 7.8%。中期随着含水率的不断上升，采收率曲线增加趋势逐渐放缓，当注入 3.9PV 时，采收率逐渐达到稳定阶段。最终高渗透管采收率较水驱后增长了 15.27%，达到了 92.10%，低渗透填砂管较水驱后增长了 22.96%，达到 91.48%。

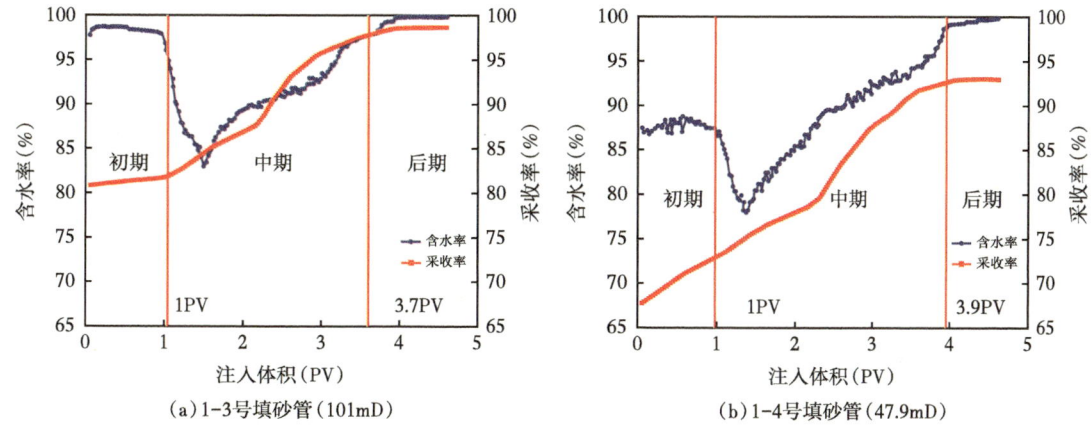

图 2-106　采收率和含水率随注入体积变化曲线图

根据分流率与含水率随注入体积变化（图 2-107）可知：在注黏弹自调控剂初期，高渗透和低渗透填砂管的分流率变化较大，其中高渗透填砂管分流率快速降低，低渗透填砂管分流率快速上升。开始注黏弹自调控剂时高渗透填砂管分流率为 88.09%，低渗透填砂管的分流率为 11.90%，随着黏弹自调控剂的不断注入，高渗透填砂管通道有效封堵，导致高渗透与低渗透填砂管分流率发生变化。在中期阶段，高渗透与低渗透填砂管表现出了相同的含水率变化特征，都伴随着含水率的快速下降，随后变化为快速上升阶段，且高渗透和低渗透填砂管的分流率变化幅度逐渐变缓。在注入量达到 2.5PV 时两根管的分流率逐渐趋于平稳，高渗透填砂管分流率为 52.32%，低渗透填砂管分流率为 47.68%。

（4）水驱与黏弹自调控剂驱采收率对比。

1-3 号和 1-4 号两根填砂管的渗透率级差为 2.11，在水驱后的驱油效率分别为 76.83% 和 68.52%，相差 8.31%，随着黏弹自调控剂的不断注入，黏弹自调控剂低渗透填砂管的提升效果更为显著，采收率提升达 22.96%，高渗透填砂管采收率提升了 15.27%，最终整体提升了 19.08%。可见注入黏弹自调控剂后对填砂管采收率提升较为明显，尤其是对于低渗透填砂管采收率提升效果非常显著，水驱后采收率提升更加明显（表 2-28）。

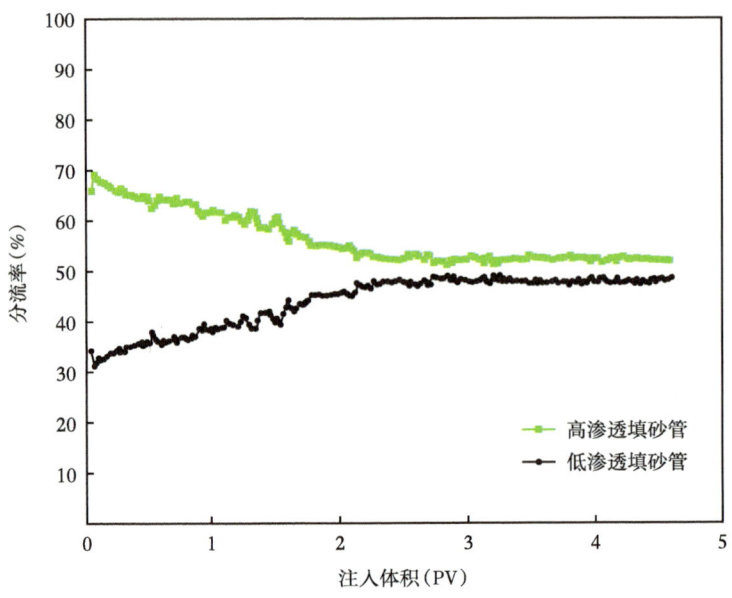

图 2-107　分流率和含水率随注入体积变化曲线图

表 2-28　黏弹自调控剂驱参数

填砂管编号	黏弹剂浓度（mg/L）	注入速度（mL/min）	渗透率（mD）	水驱油效率（%）	调驱驱油效率（%）	总驱油效率（%）
1-3	1000	0.8	101.0	76.83	15.27	92.10
1-4			47.9	68.52	22.96	91.48
模型整体			—	72.97	19.08	92.05

5. 黏弹自调控剂深部调驱数值模拟

黏弹型调驱剂具有较为成熟的模拟方法，故本书不对其进行建模，而是在常规水驱动态预测方法的基础上，考虑黏弹自调控剂及微球作用机理，建立了一套可用于低渗透油藏调驱的动态预测方法，以解决其提高采收率、含水率变化、产油量变化等指标预测的问题。

1）常规水驱采出程度与含水率关系式

一般水驱条件下采出程度与含水的关系式为：

$$R = \left\{ \frac{1}{b(1-S_{wi})} \left[\ln\left(\frac{\gamma_o}{B_o} a \frac{\mu_w}{\mu_o}\right) - \ln\left(\frac{1}{f_w} - 1\right) \right] - \frac{S_{wi}}{1-S_{wi}} \right\} \cdot \exp\left[-\frac{1.125}{n}\left(\frac{K_e}{\mu_o}\right)^{-0.148} \right] \quad (2\text{-}127)$$

式中　γ_o——地面原油相对密度；

B_o——原油体积系数；

R——原油采出程度；

f_w——地面条件下水的质量分流量；

n——井网密度，口$/km^2$；

K_e——有效渗透率，D；

μ_o——地层原油黏度，mPa·s；

μ_w——水的黏度，mPa·s；

S_{wi}——地层原始平均含水饱和度；

a，b——待定系数，取决于相对渗透率曲线。

由于式（2-127）仅考虑了井网密度和水油流度比条件下的波及系数，没有考虑非均质性对波及系数的影响，因此采用渗透率变异系数校正式（2-127）得：

$$R = \left\{ \frac{1}{b(1-S_{wi})} \left[\ln\left(\frac{\gamma_o}{B_o} a \frac{\mu_w}{\mu_o}\right) - \ln\left(\frac{1}{f_w} - 1\right) \right] - \frac{S_{wi}}{1-S_{wi}} \right\} \exp\left[-\frac{1.125}{n}\left(\frac{K_e}{\mu_o}\right)^{-0.148} \right] (1-V_k^2) \qquad (2\text{-}128)$$

式中 V_k——渗透率变异系数。

式（2-128）中各参数是油田实际测定的常数，但是参数 a 和 b 主要由相对渗透率曲线得来。一般来说，对不同的岩样测得的相对渗透率曲线不一样，所以 a 和 b 参数的取值也不一样。为了消除这方面的影响，通常是根据油田已开发阶段的实际含水率与采出程度的关系反求 a 和 b。前人研究大多是采用两点法，在采出程度和含水率关系曲线上选取两个点，求解二维线性方程组计算得到参数值。根据统计发现，一个井组的含水率变化幅度比较大且不满足线性关系，只用两个点来计算参数 a、b，取不同的点，结果差距很大，甚至超出一两个数量级，而模型对这两个参数又比较敏感，因此，本文考虑非线性最小二乘拟合方法，建立拟合函数：

$$E(a,b) = \sum \left(\left\{ \frac{1}{b(1-S_{wi})} \left[\ln\left(a \frac{\gamma_o \mu_w}{B_o \mu_o}\right) - \ln\left(\frac{1}{f_{wi}} - 1\right) \right] - \frac{S_{wi}}{1-S_{wi}} \right\} m_1 - R_j \right)^2 \qquad (2\text{-}129)$$

其中：

$$m_1 = \exp\left[-\frac{1.125}{n}\left(\frac{K_e}{\mu_o}\right)^{-0.148} \right] (1-V_k^2) \qquad (2\text{-}130)$$

这实际是一类无约束非线性规划问题，可以用最优化的方法求解：

$$\min\{E(x)\}, x \in R_n \qquad (2\text{-}131)$$

模拟采用带预处理的 FR 共轭梯度法来进行最优化求解。首先在采出程度和含水率关系曲线上尽可能反应生产趋势的段选取两个点，用两点法计算出 a_0, b_0 作为初值 $x_0=[a_0, b_0]$，然后进行迭代搜索：

$$x_{k+1}=x_k+a_k d_k, \quad k=0,1,2,\cdots \tag{2-132}$$

其中，a_k 由某种线性搜索得到，搜索方向 d_k 由式（2-133）定义：

$$d_k = \begin{cases} -g_k, k=0 \\ -g_k+\beta_k d_k, k=0,1,2,\cdots \end{cases} \tag{2-133}$$

式中　β_k——参数，参数 β_k 的不同取法对应于不同的非线性共轭梯度法。

采用 Fletcher 和 Reeves 方法求 $\beta_k^{FR}=\dfrac{\|g_k\|^2}{\|g_{k-1}\|^2}$，该方法表达形式简单，所需存储量小，具有收敛性，稳定性高，而且不需要任何外来参数，易于编程。迭代达到收敛条件时的结果即为参数 a 和 b 的优化值。

将得到的 a，b 代入式（2-128）后，可预测不同含水率下的采出程度。当含水率为 98% 时，对应的采出程度即为水驱采收率，记为 R_{wmax}。对式（2-128）作适当变形后，可得出含水率随采出程度变化的关系式，进而可预测不同采出程度下的含水率。

$$f_w = \left(1+\exp\left\{\ln\left(\frac{a\gamma_o\mu_w}{B_o\mu_o}\right)-\left[R\cdot e^{\frac{1.125}{n}\left(\frac{K_e}{\mu_o}\right)^{-0.148}}\left(1-V_k^2\right)^{-1}+\frac{S_{wi}}{1-S_{wi}}\right]b(1-S_{wi})\right\}\right)^{-1} \tag{2-134}$$

根据区块或井区的产液水平就可将含水率与采出程度的关系转化为含水率与时间及采出程度与时间的关系，这样就可以预测出不同时间的含水率和采出程度等指标。

2）调驱后采出程度与含水率关系式

在井网不变的条件下，注入调驱剂后注入介质的黏度增加，从式（2-134）中可以看出相应的含水率下降。同时，注入调驱剂后，存在阻力系数和残余阻力系数（注入体系等效浓度的函数，统一用调驱剂的阻力因子来表示），一般来讲，高渗透层（部位）进入的调驱剂多，阻力因子大，渗透率下降幅度大，对地层的非均质性有改善作用，使得 V_k 下降，从而降低含水率。因此，可以对式（2-134）进行校正并用来预测注入调驱剂后不同采出程度下的含水率。

式（2-134）中的 μ_w 和 V_k 是两个随注入孔隙体积倍数发生变化的参数，因此无法直接求解，只能利用迭代的方法求解。假设：每个时间单元的注入孔隙体积倍数为 $\Delta \overline{V}$，注入调驱剂开始时的采出程度为 R_1，含水率为 f_{w1}，并分别记为 $R(0)$ 和 $f_w(0)$。令 $\mu_w(0)=\mu_w$，按下列步骤可以计算不同采出程度下的含水率。

（1）令 $i=1$，注采比为 B_i。

（2）根据物质平衡原理及有关理论可得第 i 时间步的采出程度为：

$$R(i)=R(i-1)+\Delta \overline{V}[1-f_w(i-1)]/B_i S_{wi} \tag{2-135}$$

（3）第 i 时间步长驱替流体在地层的平均表观黏度可按体积加权的方法计算，即：

$$\mu_w(i)=\left[S_w(i-1)\mu_w(i-1)+\mu_{wg}(i)\Delta \overline{V}\right]/\left[S_w(i-1)+\Delta \overline{V}\right] \tag{2-136}$$

式中 $\mu_{wg}(i)$——第 i 时间步长注入体系的黏度，如果是后续转水驱，则为水的黏度。

（4）根据注入体系的孔隙体积倍数，按体积加权计算调驱剂的浓度，进而计算第 i 时间步长的阻力因子 F_r，即：

$$F_r(i) = \left[S_w(i-1)F_r(i-1) + F_{max}\Delta\overline{V} \right] / \left[S_w(i-1) + \Delta\overline{V} \right] \quad (2-137)$$

式中 F_{max}——纯注入体系的阻力因子，定义为最大阻力因子，由实验数据求得。

根据渗透率分布，按照渗透率从大到小的顺序校正等效渗透率，校正方法为：

$$K' = K_{min} + (K - K_{min})/F_r \quad (2-138)$$

式中 K_{min}——渗透率最小值，mD；

K'——校正后的等效渗透率，mD。

校正后渗透率的变化范围为 K_{min}~K'_{max}。其中：

$$K'_{max} = K_{min} + (K_{max} - K_{min})/F_r \quad (2-139)$$

较原来的变化范围 K_{min}~K_{max} 明显变小，非均质性明显减弱。根据校正后的动态等效渗透率，重新计算渗透率变异系数 V_k。

（5）由式（2-134）计算 $f_w(i)$。

（6）令 $i=i+1$。重复步骤（2）至步骤（5），直到所有步长数计算完毕或含水率达到98%为止，这样就可以得到不同采出程度对应的含水率。根据预测区块或井区的产液水平，采用迭代的方法，就可转化为不同时间下的含水率和采出程度。

含水率为98%时的采出程度即为调驱后的采收率，记为 R_{gmax}，则调驱提高的采收率为 R_{gmax}~R_{wmax}。

3）目标油藏水驱模型建立与拟合

（1）延安组油藏水驱模型建立与拟合。

目标区块延安组油藏主要地质参数及油藏流体物性参数如下：地面原油相对密度0.86，原油体积系数1.06，区块井网密度15口/km²，储层有效渗透率15mD，地层原油黏度2.5mPa·s，地层水黏度1mPa·s，储层原始平均含水饱和度51.1%，根据式（2-128）至式（2-132），以及区块实际含水率与采出程度关系曲线经线性回归得参数 a 及参数 b 的取值分别为：$a=174.79$，$b=6.8634$。

将所得参数代入上述方法可建立延安组油藏水驱模型，模型计算含水率和实际油藏含水率与采出程度曲线拟合如图2-108所示。

（2）延长组油藏水驱模型建立与拟合。

目标区块延长组油藏主要地质参数及油藏流体物性参数如下：地面原油相对密度0.85，原油体积系数1.22，区块井网密度15口/km²，储层有效渗透率1.8mD，地层原油黏度1.95mPa·s，地层水黏度1mPa·s，储层原始平均含水饱和度52%，根据式（2-128）至式（2-132），以及区块实际含水率与采出程度关系曲线经线性回归得参数 a 及参数 b 的取值分别为：$a=744200$，$b=17.1574$。

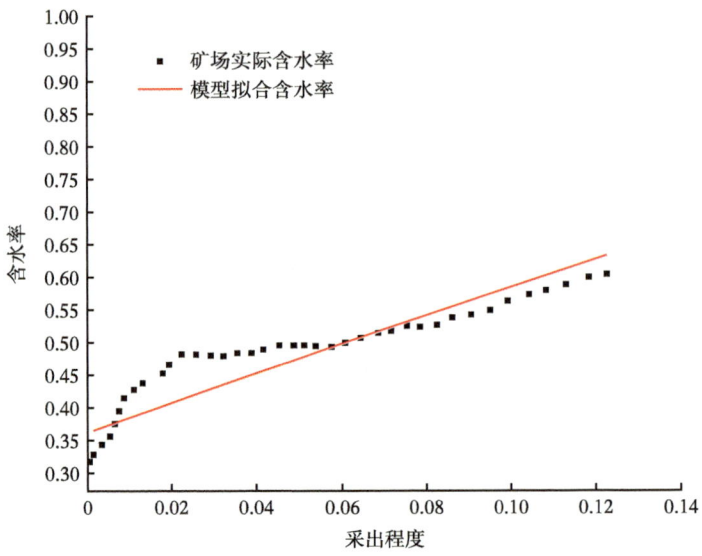

图 2-108 目标区块延安组油藏采出程度和含水率关系及拟合曲线

将所得参数代入上述方法可建立延长组油藏水驱模型，模型计算含水率和实际油藏含水率与采出程度曲线拟合如图 2-109 所示。

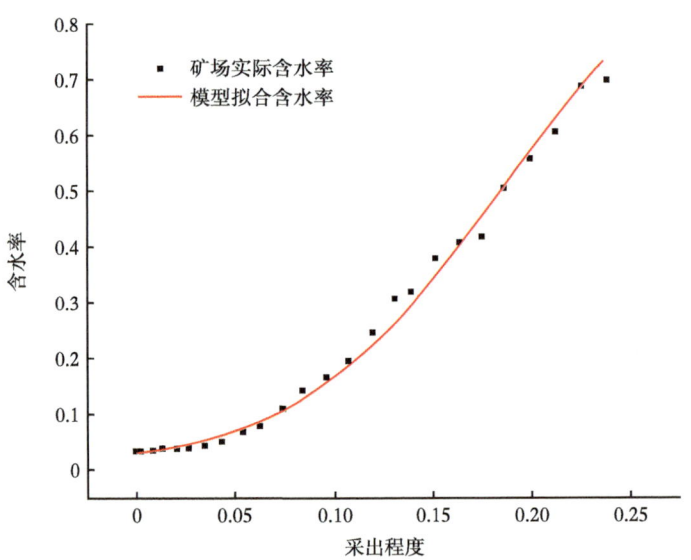

图 2-109 目标区块延长组油藏采出程度和含水率关系及拟合曲线

4）目标油藏调驱模型建立与预测

（1）延安组油藏调驱模型建立与拟合。

在水驱拟合基础上，进行黏弹自调控剂驱油预测，根据实验结果及油藏数值模拟结果，构建黏弹自调控剂驱油下渗透率变异系数计算公式。

首先根据实验结果拟合分流率差值与注入体积关系式，结果如图 2-110 所示。

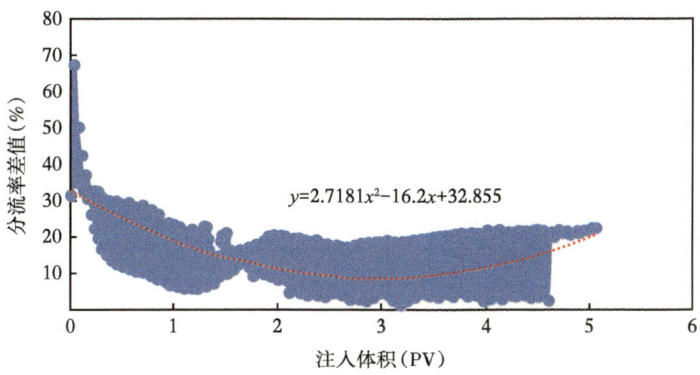

图 2-110　驱替实验分流率差值与注入体积关系曲线

构建分流率差值与注入体积关系式为：

$$F_c = 2.7181V_2 - 16.2V + 32.855 \quad (2-140)$$

又根据 V_k 与分流率差值公式：

$$V_k = 0.0133F_c^2 - 0.8543F_c + 14.184 \quad (2-141)$$

最后可得 V_k 与注入体积关系式：

$$V_k = 0.098V^4 - 1.171V^3 + 3.544V^2 + 0.318V + 0.473 \quad (2-142)$$

再根据：

$$R(i) = R(i-1) + \Delta \overline{V}[1 - f_w(i-1)] / B_i S_{wi} \quad (2-143)$$

由此可得注黏弹自调控剂调驱后，含水率与采收率预测关系曲线如图 2-111 所示。

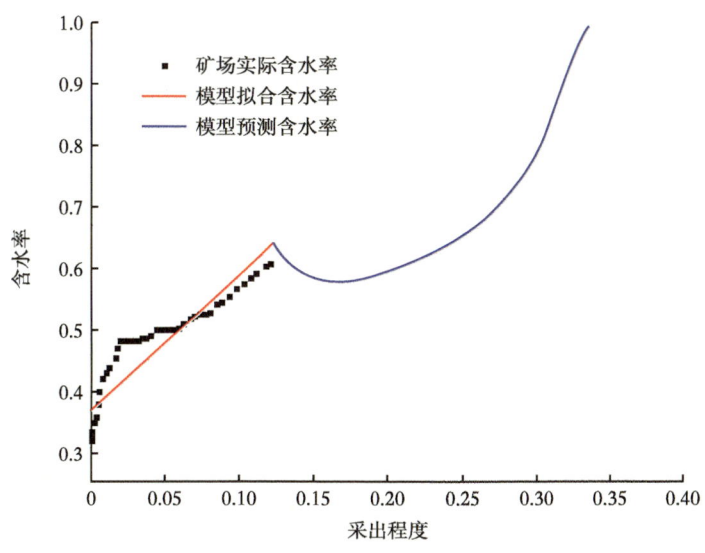

图 2-111　目标区块延安组油藏黏弹自调控体系驱采出程度和含水率关系预测曲线

由预测模型可知,黏弹自调控体系调驱后,最终原油采收率为33.7%。

为研究注入速度对黏弹剂自调控系统驱油效果的影响,分别研究注入速度为15m³/d、30m³/d、45m³/d,由预测模型最终结果可知三个不同注入速度下的采出程度分别为33.5%、33.7%、33.6%(图2-112),当注入速度为30m³/d时,最终的采收率最高,因此建议矿场最佳注入速度为30m³/d。

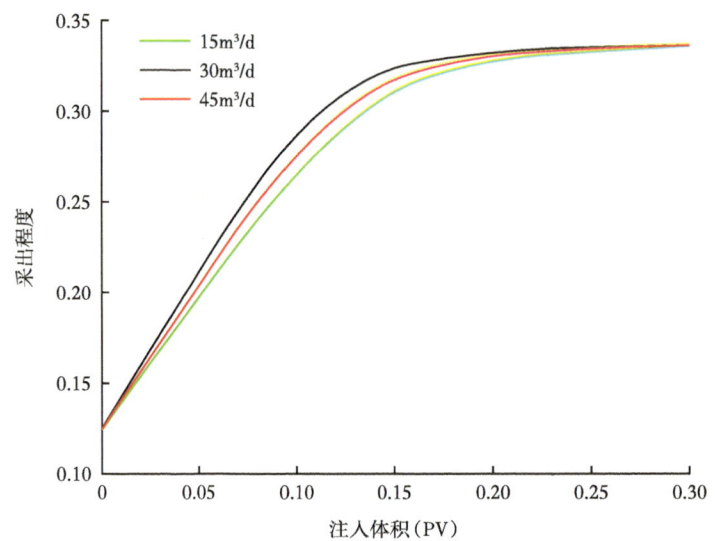

图2-112 目标区块延安组油藏黏弹自调控体系不同注入速度下注入量与采出程度关系

(2)延长组油藏调驱模型建立与拟合。

在水驱拟合基础上,进行微球驱油预测,根据实验结果及油藏数值模拟结果,构建微球驱油下渗透率变异系数计算公式。

首先根据实验结果拟合分流率差值与注入体积关系式,结果见式(2-140)。

又根据V_k与分流率差值公式:

$$V_k=0.1707F_c^2-10.859F_c+173.19 \qquad (2-144)$$

最后可得V_k与注入体积关系式:

$$V_k=1.261V^4-15.033V^3+45.771V^2+5.795V+0.680 \qquad (2-145)$$

再根据:

$$R(i)=R(i-1)+\Delta\overline{V}[1-f_w(i-1)]/B_iS_{wi} \qquad (2-146)$$

由此可得注微球调驱后,含水率与采收率预测关系曲线如图2-113所示。

由预测模型可知,注微球调驱后,最终原油采收率为44.6%。

为研究注入速度对微球驱油效果的影响,分别研究注入速度为10m³/d、20m³/d、30m³/d,由预测模型最终结果可知三个不同注入速度下的采出程度分别为44.0%、44.6%、44.3%(图2-114),当注入速度为20m³/d时,最终的采收率最高,因此建议矿场最佳注入速度为20m³/d。

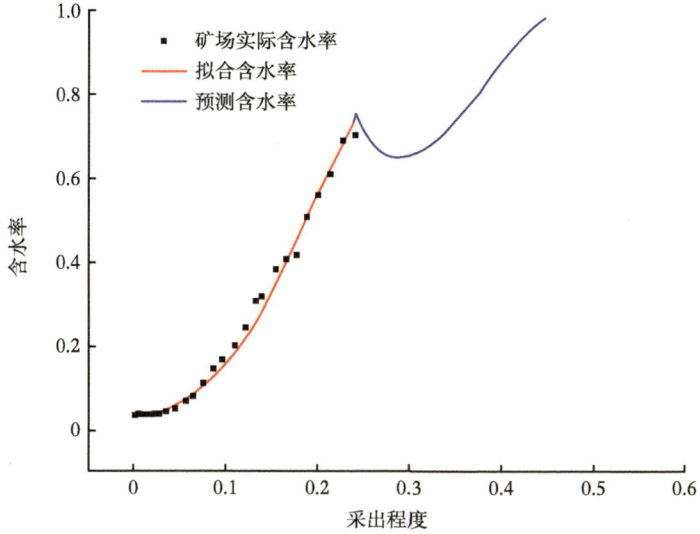

图 2-113 目标区块延长组油藏微球驱采出程度和含水率关系预测曲线

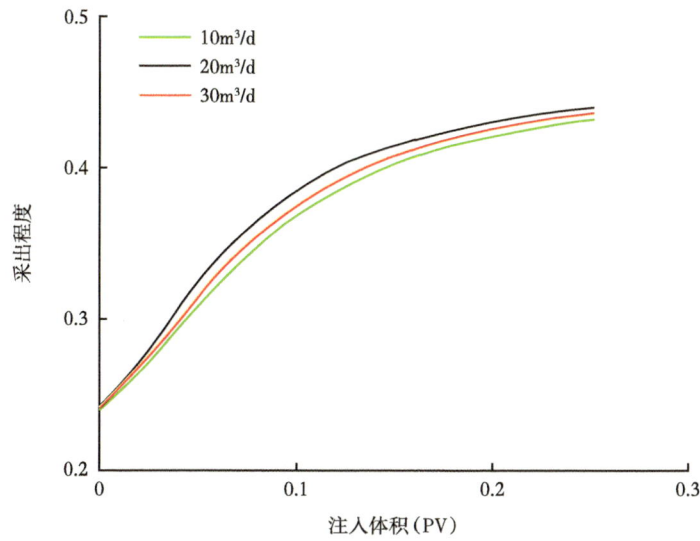

图 2-114 目标区块延长组微球不同注入速度下注入量与采出程度关系

最终确定调驱预测模型如下：

$$f_w = \left[1 + \exp\left(\ln\left(a\gamma_o \mu_w / B_o \mu_o \right) - \left\{ R \cdot \exp\left[\frac{1.125}{n} \left(\frac{K_e}{\mu_o} \right)^{-0.148} \right] \left(1 - V_k^2 \right)^{-1} + \frac{S_{wi}}{1 - S_{wi}} \right\} b(1 - S_{wi}) \right) \right]^{-1} \quad (2\text{-}147)$$

$$R(i) = R(i-1) + \Delta \overline{V} \left[1 - f_w(i-1) \right] / B_i S_{wi}$$

$$B_i = \frac{v_j}{v_p}$$

$V_k=0.098V^4-1.171V^3+3.544V^2+0.318V+0.473$　　　（延安组油藏）

$V_k=1.261V^4-15.033V^3+45.771V^2+5.795V+0.680$　　　（延长组油藏）

式中　γ_o——地面原油相对密度；

B_o——原油体积系数；

R——原油采出程度；

f_w——地面条件下水的质量分流量；

n——井网密度，口/km^2；

K_e——有效渗透率，D；

μ_o——地层原油黏度，mPa·s；

μ_w——水的黏度，mPa·s；

S_{wi}——地层原始平均含水饱和度；

a，b——待定系数；

V——注入孔隙体积倍数；

V_k——渗透率变异系数；

B_i——注采比；

v_j——注入速度，m^3/d；

v_p——采出速度，m^3/d。

四、微乳液深部调驱技术

1. 技术背景

目前长庆油田三叠系特低渗透油藏（平均有效孔隙度11.5%，平均渗透率1.5mD）已进入中含水开发阶段。随着开发时间的延长，储层强水敏，欠注井多，年自然递减下降。随着开发阶段的变化，水驱矛盾凸显，一方面受储层非均质性及长期高压注水影响，形成动态微裂缝、高渗透段[28]；另一方面受反复酸化、压裂等增注措施影响，水驱矛盾加剧[29]。前期开展聚合物微球调驱取得了较好的降递减增油效果[30]，但实施后压力上升明显，欠注情况加剧，聚合物微球调驱规模难以扩大，现有调驱技术无法满足生产需求。亟须探究适合特低渗透油藏，粒径小、驱油效率高的驱油体系。

微乳液是在1943年被Hoar和Schulman发现的一种新型乳液体系，1959年被称为"微乳液"。DaMelsson和Lindman等在1981年将其定义为由水、油和表面活性剂组成的透明、光学各向同性、热力学稳定的液体体系，具有独特的亲水亲油性质、界面张力低、增溶能力强、稳定性高、耐温耐盐性好等优点，可自发形成，不需要外界输入能量，能够克服乳液应用的局限性[31-33]。微乳液在油田领域最早应用于三次采油，近年来，其稀释体系在压裂助排、防垢、储层伤害修复、渗吸置换等领域的应用受到广泛关注，这使其在化学驱油、油气压裂、洗油解堵、返排助剂等油田领域迅速拓展，已成为当今油气开采的研究热点之一[34-37]。国外CESI/Flotek、Nissan、哈里伯顿、斯伦贝谢、贝克休斯等公司均研制出相关微乳液体系,国内也出现大量相关研究,应用于不同地区取得了较好的效果[38]。随着非常规油气的勘探和开发,微乳液作为重要的增产助剂,具有广泛的应用前景。

长庆油田在结合油藏储层特征及室内实验基础上,通过研发微乳液调驱技术,并应用其良好的注入性、改善润湿性、降低表界面张力、提高驱油效率的能力,丰富了高压注水油藏提高采收率稳产技术体系,为特低渗透油藏提高采收率奠定了基础。

2. 微乳液的制备

依次在100mL烧杯中加入11mL去离子水、15g脂肪醇醚接枝梳形聚合物溶液,恒温30℃,搅拌1h;再依次将12g季铵盐型阳离子表面活性剂、22g α-烯基磺酸钠表面活性剂加入上述烧杯中,恒温30℃,继续搅拌均匀3h,形成混合溶液。取另一100mL烧杯,向其加入15g柠檬烯、10g异丙醇,恒温30℃,搅拌均匀;将上述柠檬烯与异丙醇混合物缓慢加入配制好的混合溶液中,搅拌2h,直至清澈透明,得到高能乳液。将25g高能乳液加入250mL烧杯中,加入75g去离子水,升高温度到50℃;向稀释后的溶液加入5%KCl,待溶液降温到25℃后,液体清澈透明,得到微乳液产品。

3. 微乳液的表征

1)微乳液的表征方法

采用Malvern ZEN3690纳米粒度仪测试微乳液的粒径分布。采用冷冻透射电镜(Thermo Fisher Glacios 200kV)测试微乳液。

2)微乳液的表征结果

地层水配制微乳液粒径分布如图2-115(a)所示,其粒径中值约为20nm,说明微乳液粒径尺寸较小,更容易进入地下储层,发挥驱油作用,满足特低渗透油藏的孔喉注入要求。使用冷冻透射电镜对浓度为0.3%(质量分数)、以纯水稀释的微乳液进行了研究,结果如图2-115(b)所示。从图2-115(b)中可以看到0.3%微乳液纯水稀释体系中,微乳液的尺寸约为20nm(箭头)。冷冻透射电镜的结果与使用动态光散射的方法测定的微乳液粒径结果一致。

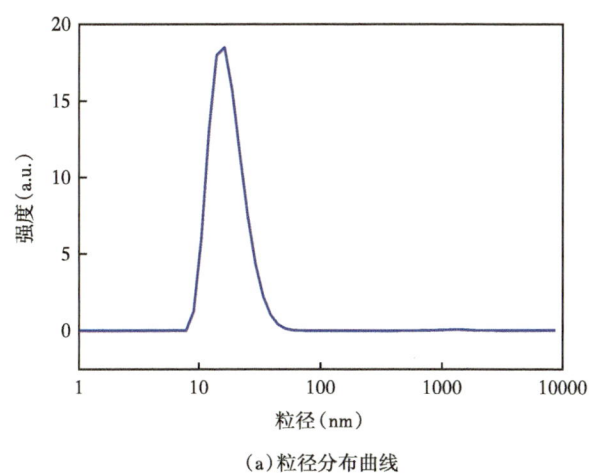

(a)粒径分布曲线

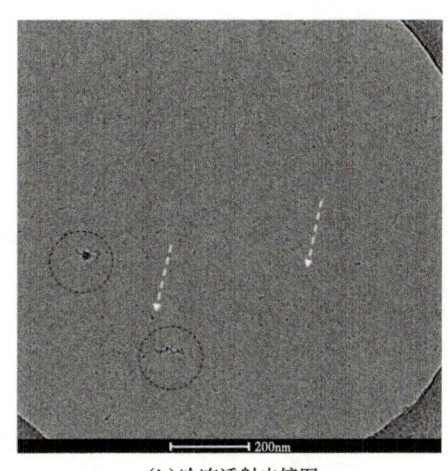

(b)冷冻透射电镜图

图2-115 微乳液粒径分布曲线及形貌

4. 微乳液的性能评价

1) 微乳液性能评价方法

（1）表界面张力测试。

采用表面张力仪（Krüss K100）和界面张力仪（Krüss SDT 25）分别测试微乳液水分散液的表面张力和界面张力。用模拟地层水配制不同浓度的微乳液水分散液，参照石油天然气行业标准 SY/T 5370—2018《表面及界面张力测定方法》，测定微乳液的表面张力及其与原油间的界面张力。模拟地层水离子组成及含量：Na^+ 8370mg/L，K^+ 8371mg/L，Ca^{2+} 1768mg/L，Mg^{2+} 387mg/L，Cl^- 29328mg/L，SO_4^{2-} 471mg/L，HCO_3^- 658mg/L，总矿化度为 49.35g/L。

（2）润湿性测试。

首先用蒸馏水测量未经原油处理前的致密砂岩岩心，随后用原油浸泡 48h，再次用蒸馏水测量润湿角，经过 0.1% 浓度微乳液岩心驱替实验后，用蒸馏水测量岩心端面润湿接触角。

（3）耐盐性测试。

用不同矿化度 50000mg/L、100000mg/L、150000mg/L 盐水分别配制 0.1% 微乳液分散液，并用表面张力仪测定其表面张力，评价其抗盐性。

（4）耐温性测试。

将微乳液用模拟地层水配制浓度为 0.1%、0.2%、0.3%、0.4% 和 0.5% 水分散液，测试其分别在 25℃、30℃、35℃、40℃、45℃、50℃、55℃、60℃ 老化 24h 后的表面张力。

（5）抗吸附性测试。

粉碎砂岩并筛选出 20~40 目颗粒；将微乳液与模拟地层水配制成 0.3%、0.4%、0.5% 浓度微乳液分散液，测量界面张力；取 6 个离心管，按照砂岩颗粒与微乳液质量比为 1:5 的比例，分别放入 20~40 目砂岩颗粒 5g，0.3%、0.4%、0.5% 浓度微乳液 25g，置于恒温水浴炉中，恒温 70℃ 吸附 24h；从水浴炉中取出 6 个离心管，放入离心机以 800r/min 转速离心 30min，取上层清液测量界面张力。

（6）驱油性能测试。

根据 SY/T 6424—2014《复合驱油体系性能测试方法》测试微乳液驱的驱油效率。所用岩心参数如下：岩心长度：4.43cm；岩心直径：2.45cm；含油饱和度：26.51%；孔隙体积：1.59cm³；渗透率：1.5mD。

（7）洗油效率。

将 20~40 目砂岩用水冲洗后烘干其中的水，并将油与砂按质量比为 1:5 的比例混合放到烘箱 60℃ 老化 24h 后取出作为实验备用。记录离心管空重 m_1，随后取油砂 m_0，实验中油砂约 10g，共含油 1.5g，放入离心管中，向其中加入一定量的微乳液水分散液，适当左右振动 4 次，盖好盖后放入烘箱中，设定 70℃，20h 后取出。取出后冲洗掉洗出的油，同时倒掉里边的溶液，并过滤 3 次，在过滤过程中用小水流进行过滤，避免将石英砂洗掉，影响实验结果。洗后放到烘箱里，在 70℃ 下烘干里边的水，记录油砂与离心管的总重 m_2。洗油效率通过公式（2-148）进行计算：

$$\eta = \frac{m_0 - (m_2 - m_1)}{km_0} \times 100\% \quad (2-148)$$

式中　　η——洗油效率，%；
　　　　m_0——实验加入油砂质量，g；
　　　　m_1——离心管质量，g；
　　　　m_2——烘干后离心管与油砂总质量，g；
　　　　k——油砂含油百分数，取 0.15。

2）微乳液性能评价结果

不同浓度微乳液水分散液在 25℃ 的表面张力和油水界面张力分别如图 2-116（a）和图 2-116（b）所示。随着微乳液分散液浓度的升高，其表面张力和油水界面张力均呈下降趋势。由图 2-116（a）可以看出，微乳液水分散液的平衡表面张力约为 25mN/m，临界胶束浓度为 2.5g/L。由图 2-116（b）可以看出，微乳液界面张力处于 2~6mN/m 范围。

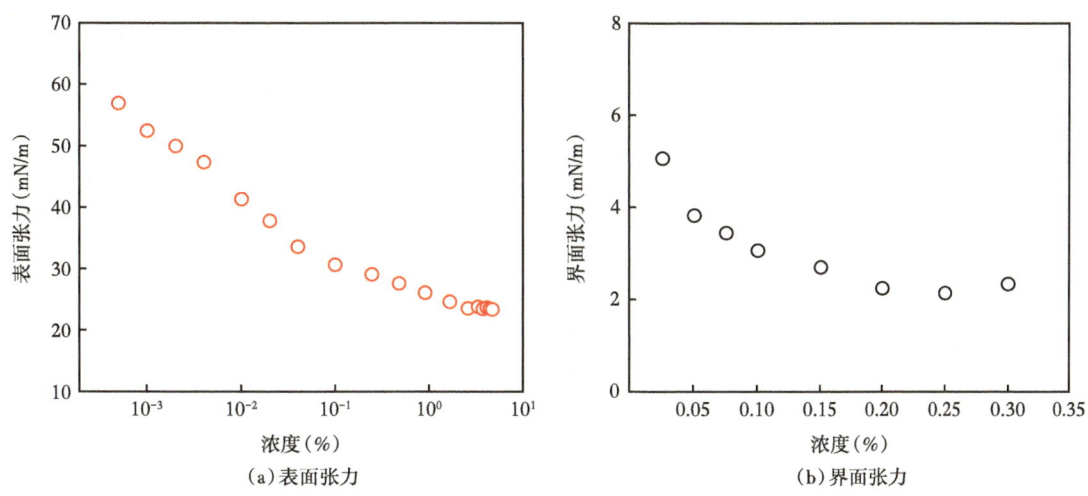

图 2-116　微乳液分散液的表界面张力

如图 2-117 所示，0.1% 微乳液水分散液与岩心经过一定时间的作用，岩心表面由中性—弱亲油润湿反转为弱水湿，实现了润湿反转。根据黏附功公式，油对地层表面接触角的增加，可减少黏附功，即提高了洗油效率。

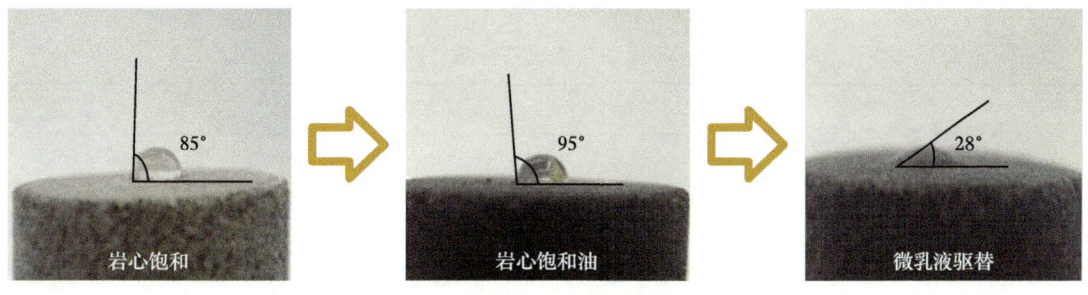

图 2-117　微乳液对岩心润湿性的改变

0.1% 微乳液分散液在 50000mg/L、100000mg/L 和 150000mg/L 矿化度下的表面张力见表 2-29，结果表明其表面张力几乎没有变化，观察其稳定性，无分层、沉淀、浑浊等现象，表明该微乳液具有良好的抗盐性能。

表 2-29 表 1 不同矿化度下微乳液分散液表面张力

矿化度（mg/L）	表面张力（mN/m）
50000	27.00
100000	27.98
150000	27.85

不同浓度的微乳液水分散液在 25℃、30℃、35℃、40℃、45℃、50℃、55℃、60℃ 老化 24h 后的表面张力如图 2-118 所示。由图 2-118 可以看出，随着温度的升高，不同浓度的微乳液水分散液的表面张力值变化不大。这表明在地层温度下，微乳液水分散液仍能保持较好的表面活性。

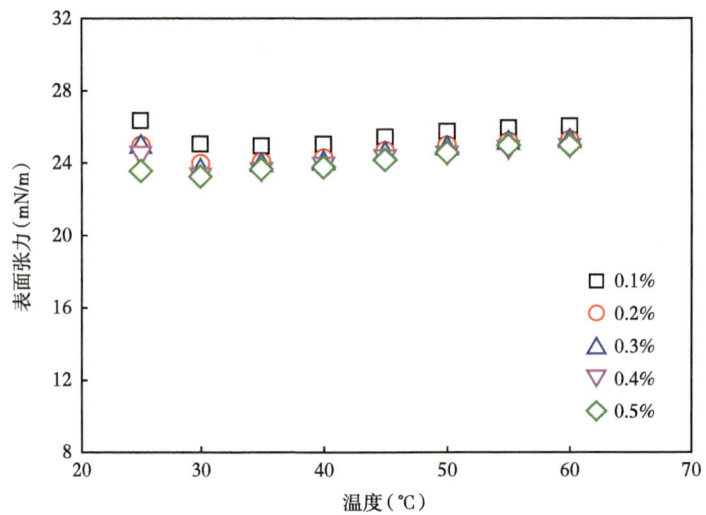

图 2-118 不同浓度微乳液水分散液在不同温度下的表面张力

如表 2-30 所示，在地层水矿化度和储层温度条件下，经 24h 吸附后，0.3%~0.5% 浓度微乳液的界面张力在吸附前后基本保持不变，表明微乳液具有良好的抗吸附能力。

表 2-30 不同浓度微乳液分散液的抗吸附性

微乳液水分散液浓度（%）	界面张力（mN/m）	
	吸附前	吸附后
0.3	2.23	2.28
0.4	2.21	2.25
0.5	2.20	2.23

0.1% 微乳液驱油过程中，注入 PV 数与驱油效率的关系如图 2-119 所示。由图 2-119 可以看出，相对于水驱，微乳液驱可明显提高采收率，微乳液可以在水驱的基础上提高采

收率达 15.4%，表明微乳液具有较好的驱油性能。

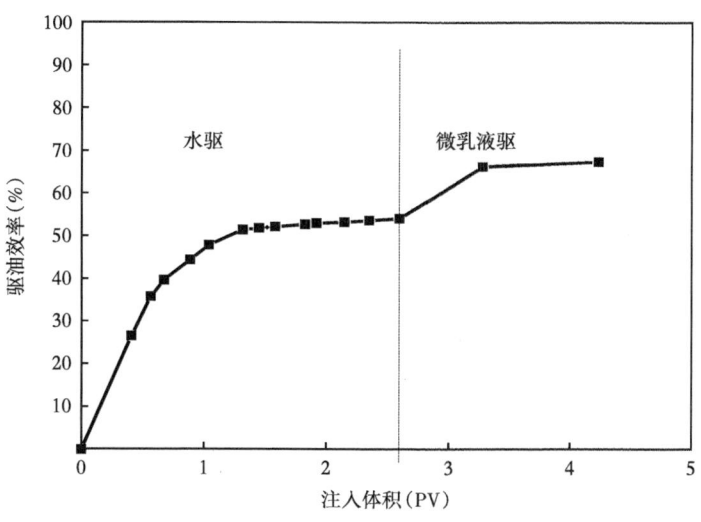

图 2-119　微乳液驱油效率

微乳液的洗油效率实验结果见表 2-31。地层水洗油效率 49.54%，不同浓度微乳液水分散液的洗油效率在 78.30%~89.94% 之间，在 0.3% 浓度下，微乳液水分散液的洗油效率大于 80%，表明微乳液具有良好的洗油性能。

表 2-31　不同浓度微乳液水分散液的洗油效率

微乳液水分散液的浓度（%）	洗油效率（%）
0.1	78.30
0.3	80.24
0.5	82.86
0.7	89.94
对照组（地层水）	49.54

5. 微乳液技术标准

调驱用微乳液技术指标应符合表 2-32 的技术要求。

表 2-32　技术指标

项目	单位	指标
外观	—	无色至淡黄色均一透明液体
分散性	—	快速、均匀分散
pH 值	—	6.0~8.0
密度	g/cm^3	0.97~1.02
原液黏度	mPa·s	≤ 20

续表

项目	单位	指标
表面张力[25℃,0.25%（质量分数）]	mN/m	≤28
界面张力[60℃,0.25%（质量分数）]	mN/m	≤1
接触角[0.25%（质量分数）]	(°)	≤60
粒径中值[0.25%（质量分数）]	nm	10~100
固含量	%	≥20
耐碱性（25℃,1%氢氧化钠溶液）	—	调节样品pH值不小于13时,2h无浑浊或分层
耐酸性（25℃,1%硫酸溶液）	—	调节样品pH值不大于1.5时,2h无浑浊或气泡
耐盐性[25℃,0.25%（质量分数）]	—	样品在矿化度80000mg/L溶液中,静置2h无沉淀或分层
煤油乳化性	—	静置10min内无水析出
凝点（11月1日至次年3月1日检测）	℃	≤-15

6. 微乳液注入参数优化

1）微乳液注入浓度优化

固定微乳液注入量 0.3PV，注入速度 0.3mL/min，分别用模拟地层水配制不同浓度微乳液体系。通过对比四种注入浓度下，调驱体系的采收率增加值，优选出最佳微乳液注入浓度，实验用岩心数据及测试结果分别见表 2-33 和表 2-34。

表 2-33 微乳液注入浓度参数优化实验岩心数据

岩心编号	渗透率（mD）	孔隙体积（mL）	孔隙度（%）	饱和油量（mL）	含油饱和度（%）
20-2	12.67	8.47	18.72	5.5	64.93
20-3	13.58	8.15	18.01	5.2	63.79
20-4	14.14	8.34	18.42	5.2	62.39
20-6	13.15	8.25	18.24	5.0	60.61

表 2-34 微乳液不同注入浓度下的采收率增值

微乳液注入浓度（%）	水驱采收率（%）	最终采收率（%）	采收率增值（%）
0.1	26.23	33.49	7.26
0.2	27.69	39.80	12.11
0.3	28.33	42.96	14.63
0.4	25.84	40.96	15.12

注入浓度越大，采收率增值越高，当浓度高于 0.3% 时，采收率增值增幅不大，故微乳液注入浓度优选为 0.3%。

2）微乳液注入速度优化

固定微乳液注入量 0.3PV，注入浓度 0.3%，分别用模拟地层水配制不同浓度微乳液体系。通过对比四种注入速度下，调驱体系的采收率增加值，优选出最佳微乳液注入速度，实验用岩心数据及测试结果见表 2-35。

表 2-35　微乳液不同注入速度下的采收率增值

微乳液注入速度（mL/min）	水驱采收率（%）	最终采收率（%）	采收率增值（%）
0.05	25.66	34.79	9.13
0.10	29.42	39.48	10.06
0.20	26.56	38.29	11.73
0.30	28.33	42.96	14.63
0.50	26.48	39.62	13.14

当相同浓度和注入量时，微乳液注入速度在 0.3mL/min 时，采收率增值达到最高，故微乳液注入速度优选为 0.3mL/min。

3）微乳液注入量优化

固定微乳液注入浓度 0.3%，注入速度 0.3mL/min，改变微乳液体系的注入量。通过对比四种不同注入量下，调驱体系的采收率增加值，优选出最佳微乳液注入量，实验用岩心数据及测试结果分别见表 2-36 和表 2-37。

表 2-36　微乳液注入量参数优化实验岩心数据

岩心编号	渗透率（mD）	孔隙体积（mL）	孔隙度（%）	饱和油量（mL）	含油饱和度（%）
20-7	12.547	7.920	0.18	5.30	66.92
20-8	14.590	8.200	0.18	5.43	66.22
20-9	13.165	7.656	16.92	5.10	66.61
20-10	12.114	7.950	17.57	5.10	64.15

表 2-37　微乳液不同注入量下的采收率增值

微乳液注入量（PV）	水驱采收率（%）	最终采收率（%）	采收率增值（%）
0.1	26.12	35.73	9.61
0.2	26.92	37.12	10.20
0.3	28.33	42.96	14.63
0.4	29.35	46.91	17.56
0.5	28.82	48.45	19.63

当以相同浓度、注入速度注入微乳液时，注入量越大，采收率提升越高。但在注入量为 0.3PV 时采收率增值提升速率最快，故结合矿场实际成本情况，优选微乳液注入量为 0.3PV。

4）微乳液注入时机影响

固定微乳液注入量 0.3PV，注入速度 0.3mL/min，在不同的时机注入微乳液。通过对比四种注入时机下，调驱体系的采收率增加值，优选出最佳微乳液注入时机，实验用岩心数据及测试结果分别见表 2-38 和表 2-39 所示。

表 2-38 微乳液注入时机参数优化实验岩心数据

岩心编号	渗透率（mD）	孔隙体积（mL）	孔隙度（%）	饱和油量（mL）	含油饱和度（%）
20-15	12.145	8.64	19.34	5.6	59.845
20-16	11.982	8.34	19.65	5.3	61.042
20-17	12.476	8.12	19.78	5.0	62.356
20-18	13.095	8.67	19.91	5.2	60.468

表 2-39 微乳液注入时机采收率

注入时含水率（%）	水驱采收率（%）	最终采收率（%）	采收率增值（%）
50	9.84	23.49	13.65
70	15.16	27.45	12.29
90	25.51	33.68	8.17

当各类注入参数相同时，微乳液注入时机对采收率增值的影响为：注入微乳液的时机越早，采收率增值越大，且最终采收率会随微乳液注入时机的提前而减小。

综上所述，注入微乳液的浓度越大，采收率增值越高，当浓度高于 0.3% 时，采收率增值增幅不大。当微乳液的浓度和注入量相同时，微乳液注入速度在 0.3mL/min 时，采收率增值达到最高。当微乳液的浓度、注入速度相同时，注入量越大，采收率提升越高。但在注入量为 0.3PV 时采收率增值提升速率最快，故结合矿场实际成本情况，优选微乳液浓度为 0.3%、注入速度为 0.3mL/min 和注入量 0.3PV。

第三章　低渗透油藏深部调驱配套工艺

鄂尔多斯盆地沟壑纵横，各采油单位站点分布广泛且分散，传统调剖单井施工周期平均长达一个月以上，现场配液频次较高，受人为因素影响大。同时调驱前需进行压降曲线测试、吸水指示曲线测试、示踪剂等多项测试，调驱时需实时跟踪注入体系浓度、压力、排量、累计注入量等参数。同时还需记录调驱前后注水井组内各油水井的生产资料，包括日产液量、含水率、动液面、井口注水压力、日配注量及实际注水量等资料。按平均每口井统计2年效果计算，仅仅1口调驱注水井对应8口采油井需要统计的数据量就达3万余条。近年来，长庆油田调驱工作量达3000井次以上，为确保方案有效执行、施工参数录取的准确可靠、效果及时跟踪分析，研发多功能自动加注橇装、搭建调驱施工数字化监控与效果分析平台，降低劳动强度的同时实现对数据的实时录取与分析，大幅提高工作效率。

第一节　地面工艺的基本要求

长庆油田地处鄂尔多斯黄土高原地貌，存在几点特殊性：
（1）工区跨越大，覆盖陕甘宁蒙 $37×10^4 km^2$；
（2）黄土塬沟壑纵横，山路崎岖，交通不便；
（3）管理难度大，井场分布零散，井多人少；
（4）自然环境恶劣，常年沙暴扬尘，冬夏温度差异大。

以上问题给施工和管理带来诸多不便。因此，为增强工艺适应性，降低作业及管理难度，就需要与之适应的工艺技术和配套设备。

（1）小型化：体积小，方便运输与节省占地，以适应不同大小和布局的场站结构。
（2）功率小：降低能耗，减小用电负荷，免去大功率设备需额外架设变压器等的烦琐工作。
（3）全候性：橇装化，适应各种风沙雨雪等室外环境，以及避免人畜误入造成的机械伤害。
（4）保温性：适应夏冬及昼夜温度变化造成的药品变质与冻结。
（5）自动化：全流程自动运行，异常情况自动停机，减少人员需求量，降低劳动强度。
（6）数字化：提高数据真实性、准确性，为后续分析调控提供可靠依据；实现数据实时性、随地性查看，降低管理难度，提升数据利用率；全过程闭环管理，全环节上线，快速溯源。

第二节 注入工艺流程及装置

一、多功能微球加注橇

该加注橇适用于液体类药剂的加注,可加注聚合物微球、表面活性剂、驱油剂等易混合、易分散的介质,工艺流程按照注入需求可大致分为单井注入、阀组注入和干线(站点)注入三类。

1. 工艺流程

1)单井注入工艺

注入方式:单设备+单井。

注入位置:管压接头。

优点:单井注入,注/停控制方便,浓度单独调节。

缺点:一口井需要1套设备,规模注入设备需求量大,成本高。

2)阀组注入工艺

注入方式:单设备+阀组。

注入位置:分水器前端。

优点:多井注入只需1套设备,成本低。

缺点:同注同停,同一浓度,不能选择性注入某井或调整某井浓度,加药混合时间短,混合不均匀。

3)干线(站点)注入工艺

注入方式:单设备/多设备+干线。

注入位置:注水干线/注水站汇管。

优点:区块整体注入方便,成本低,便于管理,设备需求少,药液在管线内输送距离长、时间长,混合均匀。

缺点:同注同停,同一浓度,不能选择性注入。

输送管线如图3-1所示。

图3-1 输送管线

2. 组成结构

主要由计量泵、储液罐、上料泵、控制器、数字化传输系统和自动化控制系统组成（图3-2和图3-3）。数字化传输系统主要有压力、流量、液位和视频数据的采集和传输，自动化控制系统主要有液位、流量、电流、变频、温度等检测和PLC控制系统。

图3-2　加药间

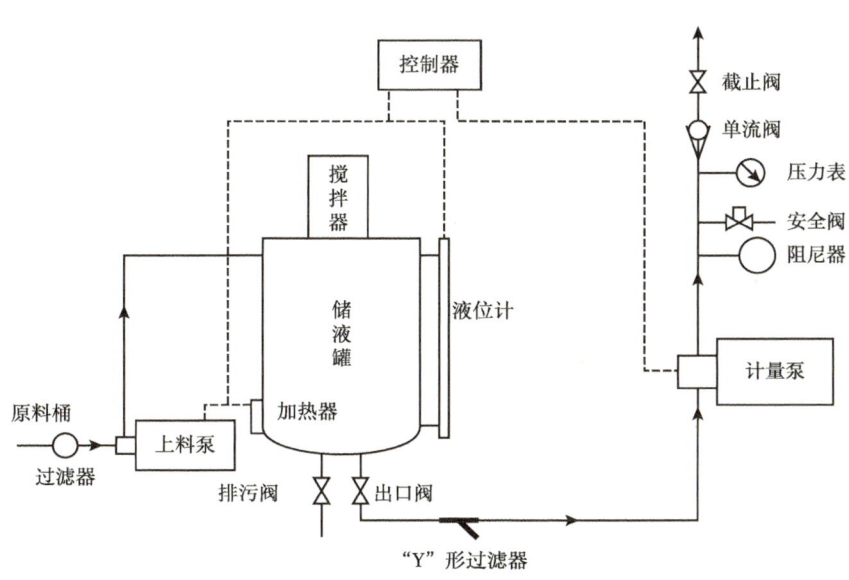

图3-3　多功能微球加注橇结构示意图

3. 工艺原理

当液位低于设定液位时控制器启动上料泵补药，原料通过上料泵加入储液罐内，当达到一定液位后搅拌器自动启动，达到设定液位后上料泵自动停止工作，通过计量泵将药液泵出进入生产流程，完成加药。控制器自动采集实时液位、压力、视频、转速、频率等数据通过网络传输给服务器，当接收到客户端指令后按照指令控制PLC完成上料、搅拌器、加热器、计量泵等的调节及启停。

二、一体式自动加注调驱橇

传统"交联聚合物冻胶+体膨颗粒"调剖设备主要有调剖泵、配液罐、变压器、变频柜,并配套药品库、野营房等。存在集成程度低,功耗高,人工参与度高,占地面积大等问题。鉴于此,以节能降耗、降本增效、方便拉运、标准作业为目标,研发了适用于液体、微凝胶体、微固悬浊体的调驱橇,通过设备集成、组装,将调驱泵、配液罐、变频柜、管汇等集成一体,形成小型化的橇装式调驱注入设备。

1. 组成结构

主要由储液罐、配液罐、混料器、上料泵、配料泵、调驱泵、数字化传输系统和自动化控制系统组成(图3-4)。数字化传输系统主要有压力、流量、液位和视频数据的采集和传输,自动化控制系统主要有液位、流量、电流、变频、温度等检测和PLC控制系统。

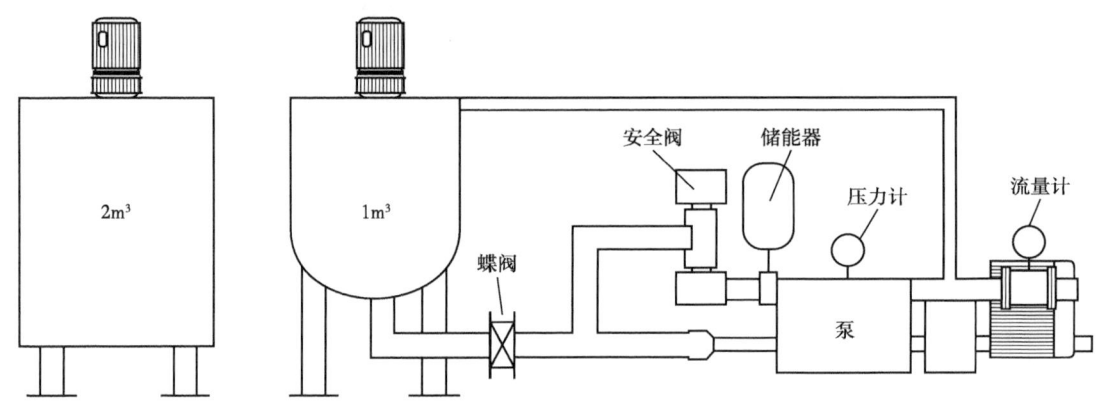

图3-4 一体式自动加注调驱橇结构示意图

2. 工作原理

PLC控制模块根据储液罐液位控制补药量,原料通过上料泵泵入储液罐内,当液位达到设定高液位时自动停止补料,当低于设定低液位时自动上料。配料泵根据预先设定配比浓度将调驱剂按照配比从储液罐泵入混料器。调驱水源由配水间按照设定值与调驱剂经过混料器预混合后进入配液罐再度混合分散,再经过搅拌器二次混合后,经过调驱泵按照预设排量将配制好的调驱液注入井中(图3-5和图3-6)。

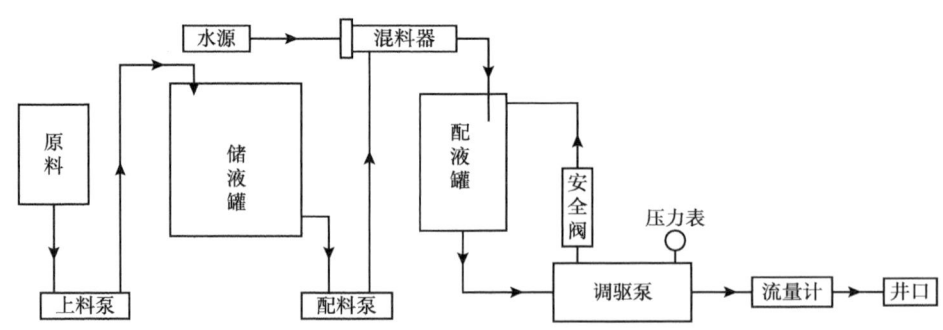

图3-5 一体式自动加注调驱橇流程示意图

第三章 低渗透油藏深部调驱配套工艺

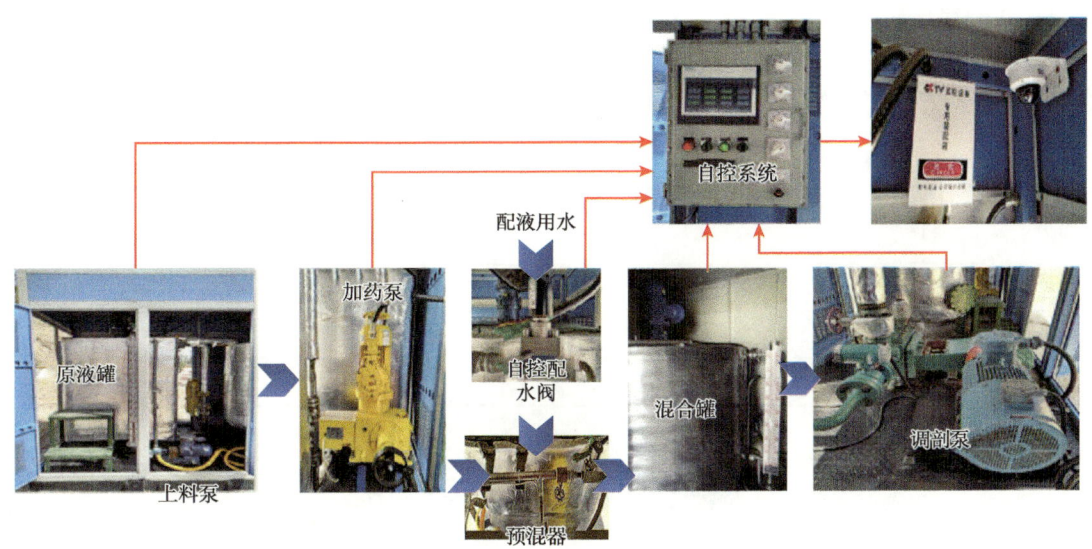

图 3-6 一体式自动加注调驱橇实物流程图

3. 与常规调驱设备对比

调剖过程自动化，无须人工干预。自动化＋数字化，运行时可无人值守。单次加药可自动运行 5~7d。橇装一体化，整机拉运仅需一辆车。整机功率低，无须外接变压器。参数数字化采集传输，可远程监控。

一体式自动加注调驱橇自动化调驱、无人值守，消减人员隐患，劳动强度低；7×24h 精确配液，保障方案严格执行；数据自动采集传输，调驱过程全程受控；橇装一体化、占地面积小，现场搬运、管理方便（表 3-1 和表 3-2）。

表 3-1 常规调剖与一体式自动加注调驱橇技术特点对比表

项目	操作方式		技术特点	
	常规调剖	自动调驱	常规调剖	自动调驱
加药	人工	自动	误差大、不加	±5%
加水	人工	自动	空罐、溢罐风险	连续混配 液位监控
数据录取	人工	自动	手工录取 隔天报送	自动记录 实时查看
配液强度	1 次 /2h×2 月 =720 次	1 次 /7d×2 月 ≈8 次	劳动强度大	劳动强度小
人员配备	2~3 人 /1 套机组	2 人 /5~7 套机组	无法离人	片区巡查

表 3-2 常规调剖设备与一体式自动加注调驱橇配套对比

类别	面积（m²）	功率（kW）	配液罐（m³）	变压器（kW）	野营房（套）	设备组成
常规设备	50	≥70	12	100	1	泵＋罐＋野营房＋药品房＋变压器
自动设备	12	≤35	3	无	无	1 个橇

4. 节约成本

橇装设备单井较常规设备节省 3.42 万元（考虑电费 6.42 万元），年节省 10.26 万元（考虑电费 19.26 万元），另设备成本节省 8 万元（表 3-3）。

表 3-3　两种设备费用构成对比表

类别	设备（万元）	人工成本（万元）	接电费用（万元）	搬家费（万元）	电费（万元）	单井运行费（不含电费）（万元）
常规设备	40	2 人/套，2 月，3 井 =7.2	3 井 2.4	3 车，3 井 =3.15	3 井 15.6	4.25
橇装设备	32	0.4 人/套，2 月，3 井 =1.44	0	1 车，3 井 =1.05	3 井 6.6	0.83
差额	8	5.76	2.4	2.1	9	3.42

第三节　远程监控技术

一、技术概况

1. 技术背景及意义

近年来，堵水调驱工作量逐年攀升，该措施的增油控水效果显著，有力支撑了油田的持续稳产。然而，随着堵水调驱工作量逐年快速增大，显露出该措施点多面广、管控环节多、链条长、监控基础薄弱等问题。而相应的各种管理风险点，如调驱剂运输过程中存在的监控盲区可能导致料品丢失盗卖、现场人工监督频次有限可能导致不按设计施工等风险，也严重制约了堵水调驱施工质量的进一步提升。

因此，为实现堵水调驱现场施工、调驱剂运输、现场使用等的全过程有效、统一监管，基于调驱剂出入库监管、运输过程跟踪、现场施工参数自动采集、自动上传等方面的远程监控及数据归一入库，实现堵水调驱施工过程可在线监控、施工数据可实时收集上传、调驱剂轨迹可实时溯源追踪的全过程监控。

2. 核心需求

1）批扫描技术

目前市场采用的溯源码为溯源二维码，但在运行过程中存在现场人工粘贴工作量大、溯源码信息无法批量扫描、二维码防伪性差等弊端。而电子标签既能实现批量快速扫描信息，又能生成不易伪造的质量溯源标签。同时主导跟进解决了实际应用场景下的信号强度、屏蔽及稳定性，弱网环境下的数据持久化问题。

批扫描技术原理：利用手持式批扫描系统终端现场绑定电子标签和货物，省去标签打印时间和人工将标签对应到货物的时间，极大提高货物标识效率。到货以后，将事先准备好的电子标签粘贴到货物上（不需要核对电子标签和货物是否对应）；当所有货物都粘贴好标签后，在手持式批扫描系统装置选定货物的品号、规格等信息，用手持式批扫描系统装置扫描已粘贴好标签的货物，系统自动批量将电子标签和货物关联，货物标识完成。

2）调驱剂质量监控

首先，采用批扫描技术，采用的溯源码为二维码，但在运行过程中存在现场人工粘贴工作量大、溯源码信息无法批量扫描、二维码防伪性差等弊端。因此，需要一种既能实现批量快速扫描信息，又不易伪造的溯源标签。

其次，使用调驱剂运输过程监控技术进行运输过程监控，主要依靠车辆管理系统对运输车辆的 GPS 定位信息进行实时监控。运输过程中，实时记录上传车辆定位、过程停车地点、停车时间等信息，如有行驶路线偏离或长时间停留等异常情况时，系统向有管理权限的人员发送报警信息，提醒其进行核查。

再次，采用调驱剂数据库技术，为每个单独包装的调驱剂粘贴溯源码（集成二维码、电子标签），建立在线数据库。收集各环节的调驱剂流转、使用信息，与从长庆油田车辆管理系统上调用的 GPS 轨迹信息匹配绑定，建立完整的调驱剂数据库。保障从调驱剂基本物料信息、运输车辆、注入井站、作业人、作业时间等多角度实现调驱剂全过程追踪溯源。

最后，采用调驱剂投加监控技术，每个使用环节均需扫描溯源码，并将调驱剂编码上传至数据库，通过调驱剂的唯一编码，调阅其基本信息，通过与其现场实际状态对比，可方便现场抽查人员快速核对调驱剂是否合规使用。同时，要求现场施工人员在投加调驱剂之前，必须扫描每个单独包装上的溯源码，上报使用时间、使用人、投加井站等信息。过程中，如存在调驱剂倒换情况，扫描二维码后，物料信息将无法在数据库中调阅，此时系统会向相关层级的管理人员发送报警信息，提醒其进行现场核查。并通过现场摄像头，对现场配液过程进行监控，降低调驱剂在现场投加环节被盗卖的风险。

3）数据录入与统计分析

首先，进行承包商信息录入。由各采油厂采油工艺所的堵水调驱管理岗负责，根据年度承包商招标情况，录入当年中标的设备租赁、施工服务承包商名称，以及下辖的设备编码、施工队伍编码信息。

其次，进行施工井信息录入。由各采油厂采油工艺所的堵水调驱管理岗负责，根据工程设计录入本厂待施工堵水调驱井的井站号、区块、层位、措施方式、措施前的油压、套压、配注、日注等基础信息。同时分阶段将柱塞设计参数录入系统。

最后，进行统计分析。针对物料添加物料年度出库总统计和物料出库明细统计，针对产耗统计添加出库与作业消耗量比对统计和产耗偏差详情列表，便于技术人员观看。

4）技术方案

平台采用分布式技术架构，以油田公司云平台为基础，以模块服务架构为核心，整合关系型数据库、MySQL 数据库、非结构化存储等数据存储方式，整合桌面、浏览器、移动端等多终端交互方式，基于共享、开放服务理念提供稳定、独立、高效、灵活可扩展的业务服务、运营、基础服务、集成服务等服务。

系统平台的分布式技术架构将传统的应用层重构为基础服务层、业务服务层和接入层。主要包括硬件层、存储层、基础服务层、业务服务层、接入层、用户层、智能运维与敏捷交付等。

二、低渗透油藏深部调驱远程监控关键技术

1. 调驱剂流通批扫描技术

基于 RFID（电子标签）的批扫描技术在油田调驱剂扫描场景中使用，遇到液体料屏蔽、信号衰减等问题，经过包装改造、批处理扫码系统装置发射/接收信号处理，以及底层系统深度开发优化后，解决了实际应用场景下的信号强度、屏蔽及稳定性，弱网环境下

的数据持久化问题，较好地满足了油田物料转运快速批量扫描的需求。

1)"三码合一"的调驱剂流通信息码

电子码：结合批处理扫码系统装置，主要用于大综调驱剂流通批扫描确认物料信息。二维码：结合手机 APP，用于单井、单点，调驱剂流动、使用的确认，方便携带。数字码：在电子码、二维码损坏的条件下，手动补录调驱剂信息（图 3-7）。

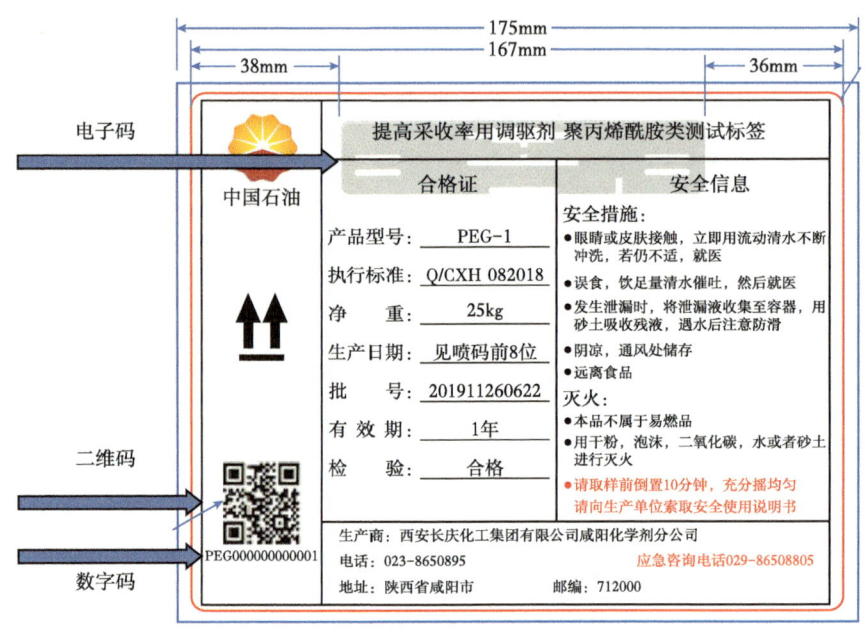

图 3-7　三码合一标签示意图

2)手持批扫描系统装置，实现调驱剂扫描批处理

利用手持式批扫描系统装置（图 3-8）现场绑定 RFID 和货物，读写器自动辨识调驱剂的品号、规格等信息，系统自动批量将 RFID 标签和货物关联，货物标识完成，完成信息采集及上报。

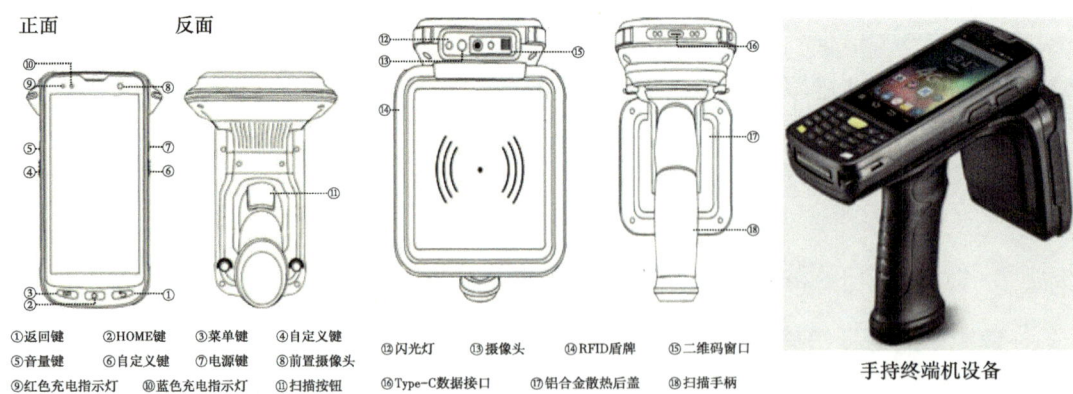

图 3-8　手持读写器结构示意图

3）自动扫码识别技术，解决调驱剂出入库准确性

在调驱剂入库环节，因库房内调驱剂种类繁多，相互干扰强，通过识别码自带信息（种类、粒径、质量等）结合大数据信息比对库房信息，建立入库，质检合格后，由相关领导确认入库成功。

在调驱剂出库环节，针对调驱剂出库会出现不同井场、不同厂区、不同类型同车辆运输的情况，制定了调驱剂绑定车辆不绑定具体井场、具体厂区的策略，避免了调驱剂因绑定注入井产生的无法加注的问题（图3-9）。

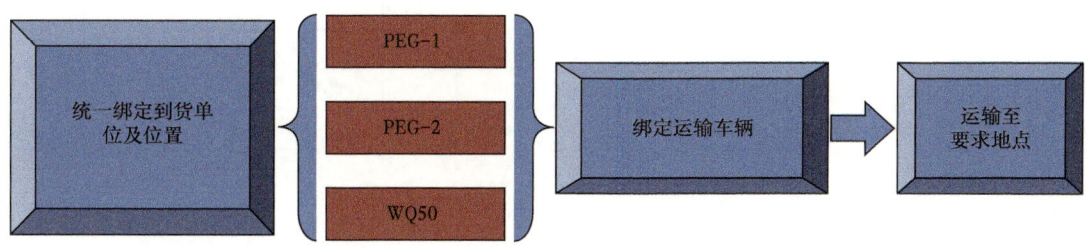

图3-9 出库自动扫码示意图

4）液体桶装料包装

部分油田"山大沟深"，道路崎岖，调驱剂运输途中相互摩擦严重，为了避免电子标签及二维码损坏，致使无法扫描的情况发生，液体桶装料需要满足一定的技术要求（图3-10）。

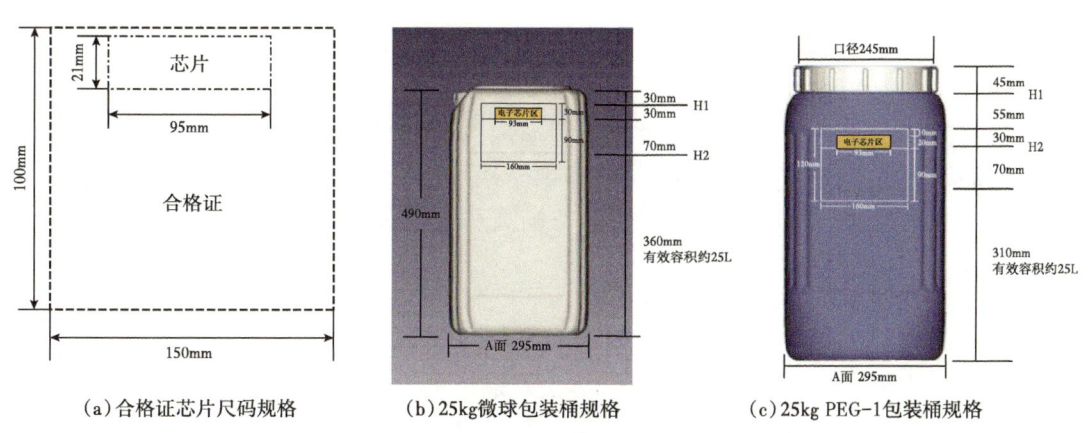

（a）合格证芯片尺码规格　（b）25kg微球包装桶规格　（c）25kg PEG-1包装桶规格

图3-10 新料桶包装设计示意图

设计外包装桶需设置标签粘贴位置保护区，减少运输途中摩擦；优化包装桶尺寸满足堆垛需求。

对三码合一标签进行了设计，为保证包装桶充满度，同时满足批扫描需求，优化了标签设计。

5）调驱剂唯一编码编制

为便于一码快速区分调驱剂，根据在用调驱剂种类，制定统一编码，达到快速区分生

产厂家、调驱剂名称、规格、型号的目的（图3-11）。

总编码体系

厂家	型号	规格	唯一码
XX	XXX	X	XXXX XXXX XX

厂家编码及分配表

序号	名称	编码
1	庆阳分公司	02
2	咸阳石化有限公司	03
3	咸阳化学剂分公司	05

规格编码表

序号	名称	编码	包装方式	单位
1	20	0	桶	千克
2	25	1		
3	50	2		
4	100	3		
5	180	4		
6	200	5		
7	1000	6		
8	25	7	袋	

部分物料编码表

序号	产品名称	俗名	型号	编码
1	调驱用纳米级聚合物微球 聚丙烯酰胺类	聚合物微球50nm	WQ50N	001
2	调驱用纳米级聚合物微球 聚丙烯酰胺类	聚合物微球100nm	WQ100	002
3	调驱用纳米级聚合物微球 聚丙烯酰胺类	聚合物微球300nm	WQ300	003
4	调驱用纳米级聚合物微球 聚丙烯酰胺类	聚合物微球800nm	WQ800	004

图3-11 调驱剂唯一编码设计规则示意图

2. 深部调驱施工数据采集技术

1）Modbus TCP 协议接入功能

目前油田堵水调驱设备除了大量位于井场内的可移动设备之外，还有相当数量的微球调驱设备部署在各级生产场站。此类设备由于地处油气生产区域，防爆要求等级高，不适应4G+APN方式进行传输，对于此类设备按照就近接入油田工控网络，并按照Modbus TCP协议转发的方式进行接入。

2）低渗透油藏深部调驱施工监控要求

（1）架构。

施工监控技术构架如图3-12所示，由仪表采集层、设备监控层、网络传输层、数据处理层、应用展示层组成。仪表采集层应由各类传感器、变送器构成；设备监控层应由RTU控制箱构成；网络传输层支持APN专网和场站已建光纤网络；数据处理层应实现设备监控层上传数据的接入、解析、存储、共享等功能，由数据库、数据驱动等各类软件构成；应用展示层为堵水调驱作业展示平台，可提供数据查看、系统维护、设备管理等功能。

（2）施工参数采集功能。

堵水调剖施工参数采集：堵水调剖设备根据作业要求，需完成对一口至多口井的施工参数采集，主要包括调剖井压力、瞬时流量、累计注入量、段塞注入量、调剖井日注入量采集，堵水调剖采集内容如图3-13所示。

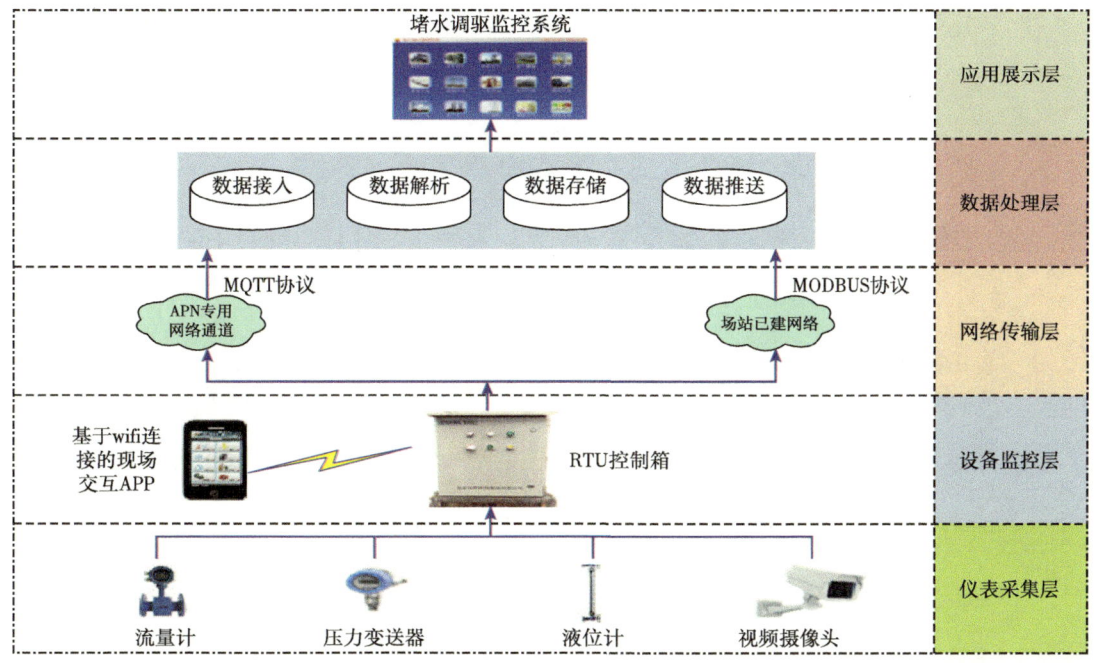

图 3-12　堵水调驱数字化架构示意图

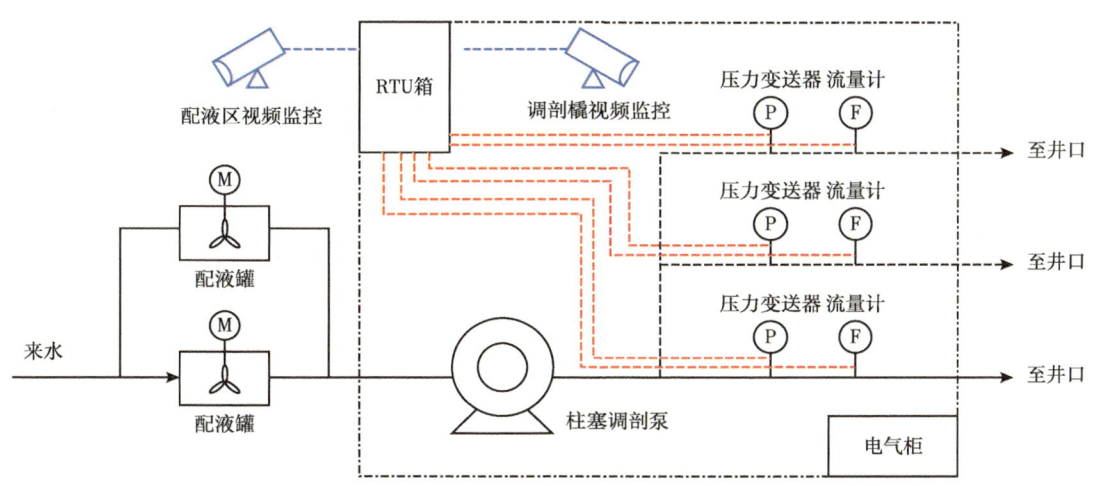

图 3-13　堵水调剖施工参数采集示意图

微球调驱施工参数采集内容如图 3-14 所示，主要包括储罐液位、注入瞬时流量、累计注入量、段塞注入量、日注入量、注入压力、计量泵运行状态等参数。

（3）数据采集仪表技术要求。

数据采集仪表应满足堵水调驱现场压力、流量、液位（调驱）等工艺参数的采集，仪表安装位置、安装条件及电气线缆敷设，在规范中未做规定的部分，应当遵循现行国家标准 GB 50093—2013《自动化仪表工程施工及质量验收规范》中的有关规定。

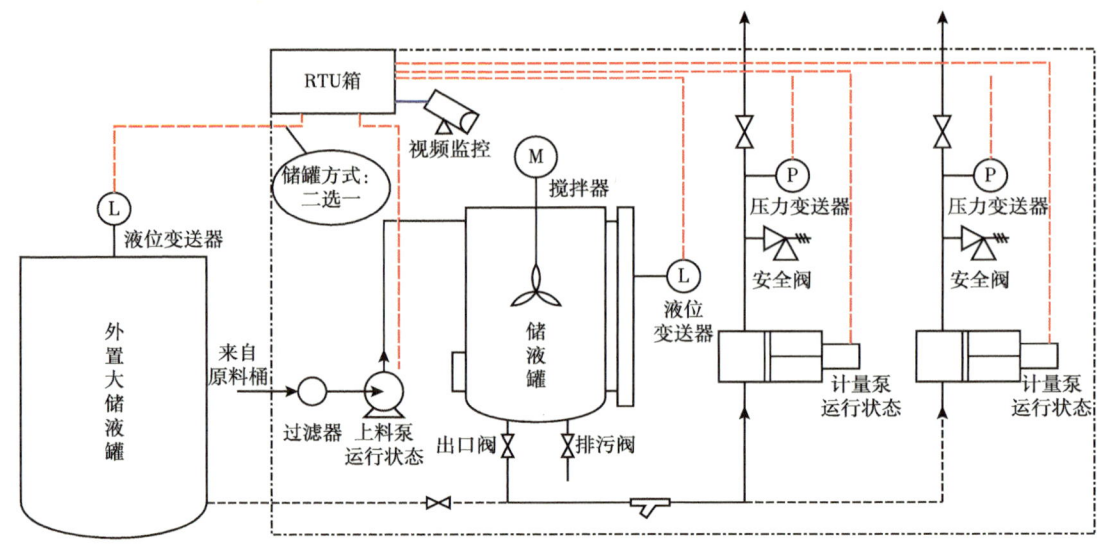

图 3-14　微球调驱施工参数采集示意图

（4）RTU 控制柜技术要求。

RTU 控制柜主要包括 RTU 采集模块、电源模块、浪涌保护模块、工业 4G 路由器、Wi-Fi 接入模块、箱体等，如图 3-15 所示。RTU 机柜功能要求、结构要求、系统配置、安装布线、抗干扰设计应当满足 GB/T 7251.8—2020《低压成套开关设备和控制设备 第 8 部分：智能型成套设备通用技术要求》中第 5 章相关规定的要求。

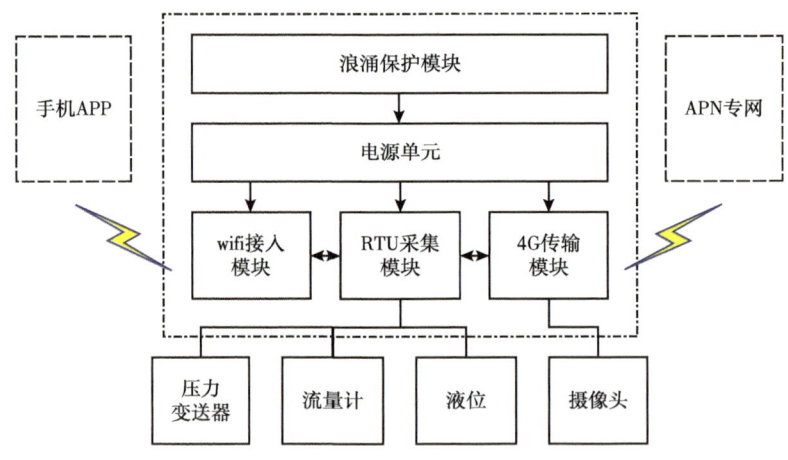

图 3-15　RTU 控制柜构成

第四章 低渗透油田深部调驱技术效果评价及矿场应用实例

针对长庆油田自然递减大、水驱不均和剩余油分布复杂等技术难题,运用纳米聚合物微球、微米凝胶、黏弹自调控剂及微乳液等调驱关键系列产品,在不同油藏、不同优势通道开展矿场试验,年规模应用 3000 井次以上,覆盖储量 20% 以上,试验区块实现控降自然递减率 2%~4%,含水率下降 0.5%~1.0%,有力支撑油田持续稳产。

第一节 深部调驱技术效果评价

参照石油天然气行业标准 SY/T 5588—2012《注水井调剖工艺及效果评价》、中国石油天然气股份有限公司企业标准 Q/SY CQ 03008—2018《长庆油田注水井深部调驱效果评价》,结合长庆油田特点和生产实际,建立了多层面的技术评价指标和计算方法。

一、见效的确定

满足以下两点中任意一条视为调驱有效。

1. 注水井有效

满足以下任意一条视为注水井调驱有效:
(1)视吸水指数下降 10 个百分点以上。
(2)调驱层段压降曲线上移或变缓,压降指数增加 10 个百分点及以上。
(3)吸水剖面得到改善,高、低渗透层段每米吸水量的变化在 10 个百分点及以上。

2. 采油井见效

满足以下任意一条视为采油井调驱见效:
(1)日产油量上升或不变,含水率下降 5 个百分点及以上。
(2)日产油量上升 10 个百分点及以上,含水率下降或不变。
(3)日产油量下降,日产油量仍高于未调驱自然递减折算的日产油量。

二、计算方法

1. 压力指数

压降曲线是在注水井关井后所测的压力,反映的是井口的压力和时间变化关系。根据压降曲线可以对区块选井选层进行调驱、估测调节调驱剂用量,以及对调驱效果进行评价。

PI 值是一个决策参量,几何意义是曲线与 X、Y 轴形成的闭合图形的面积,可以根据式(4-1)进行计算。在实际应用中,在关井后的相同时间内,PI值越大,地层渗透率越小,曲线越平缓。

$$\mathrm{PI}_t = \int_0^1 p(t)\mathrm{d}t / t \tag{4-1}$$

式中　PI——关井 t 时刻,注水井的压力指数,MPa;
$p(t)$ ——注水井关井 t 时刻的压力,MPa;
t ——注水井关井时间,min。

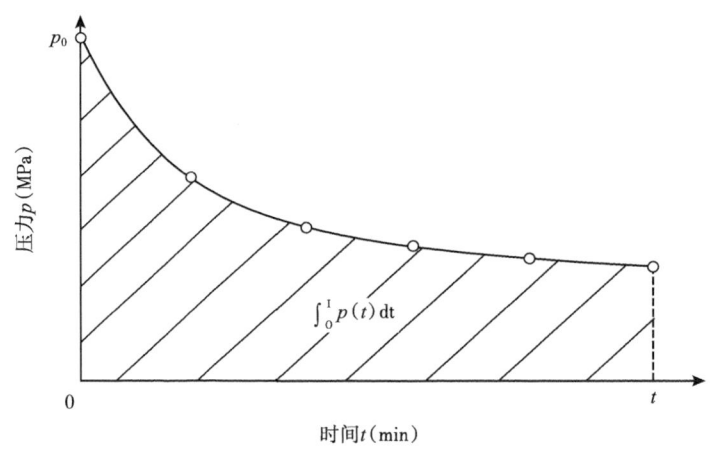

图 4-1　压力指数计算示意图

2. 吸水指数

一般情况下,注水井的指示曲线反映的是注入压力与注水量的关系,就是单位压差下的日注水量。以注水量为横坐标,井口压力为纵坐标,根据每天的记录纸绘制出的曲线即为指示曲线,吸水指数数值上等于曲线的斜率的倒数,计算公式如下:

$$K = \frac{q}{p_{\mathrm{wh}} h} \tag{4-2}$$

式中　K——视每米吸水指数,$\mathrm{m}^3/(\mathrm{d \cdot m \cdot MPa})$;
q——注水量,m^3/d;
p_{wh}——井口压力,MPa;
h——地层厚度,m。

3. 增油量

增油量是指调驱开始后实际产油量与预测产油量之差。

$$\Delta Q_i = Q_{i\text{实际}} - Q_{i\text{预测}} \tag{4-3}$$

式中　ΔQ——调驱开始后第 i 个时间的增油量,t/d;
$Q_{i\text{实际}}$——调驱开始后第 i 个时间的实际产油量,t/d;
$Q_{i\text{预测}}$——调驱开始后第 i 个时间的预测产油量,t/d。

预测产油量的微分方程为：

$$D = -\frac{\mathrm{d}q}{q\mathrm{d}t} = kq^n \quad (4-4)$$

式中　D——产量递减率；
　　　q——产量或采油速度；
　　　n——递减指数；
　　　k——比例常数；
　　　t——开发时间。

解上述微分方程（4-4），可求出产量随时间的变化关系式：

$$q_t = q_i(1+nD_i t)^{-\frac{1}{n}}, \quad 0<n<1 \quad (4-5)$$

$$q_t = q_i \exp(-D_i t), \quad n=0 \quad (4-6)$$

$$q_t = q_i(1+D_i t)^{-1}, \quad n=1 \quad (4-7)$$

$$q_t = q_i(1-D_i t), \quad n=0.5 \quad (4-8)$$

式中　q_i——稳产期末或开始递减时的产量或采油速度；
　　　q_t——递减期内 t 时刻的产量或采油速度；
　　　D_i——初始递减率；
　　　t——由开始递减时起算的时间。

预测产油量按以下步骤进行计算：
首先，去除不参与分析井，选取调驱前不少于6个月的产油量进行递减规律拟合；
然后，确定拟合段的初始产油量；
最后，按以下方法预测不同类型油藏的产油量：
（1）低渗透侏罗系与长1—长3高水饱油藏符合指数递减（$n=0$），按式（4-9）计算。

$$Q_{\text{预测}} = q_i \exp(-D_i t) \quad (4-9)$$

（2）低渗透长1—长3非高水饱油藏、特低渗透及超低渗透油藏符合双曲递减（$0<n<1$），按式（4-10）计算。

$$Q_{\text{预测}} = q_i / (1+nD_i t)^{1/n} \quad (4-10)$$

累计增油量按式（4-11）计算：

$$\Delta Q_{\text{总}} = \sum_{i=1}^{T}(\Delta Q_i) \quad (4-11)$$

式中　$Q_{\text{总}}$——在 T 时间内的调驱累计增油量，t；
　　　T——调驱有效期（调驱开始见效和调驱失效之间的实际累计天数）。

4. 降水量

累计降水量是指调驱开始后预测累计产水量与实际累计产水量之差,按式(4-12)计算。

$$W_{总} = W_{预测} - W_{实际} \quad (4\text{-}12)$$

式中　$W_{总}$——调驱开始后的累计降水量,m³;
　　　$W_{预测}$——调驱开始后的预测产水量,m³;
　　　$W_{实际}$——调驱开始后的实际产水量,m³。

预测产水量按以下步骤进行计算:

去除不参与分析井,选取调驱前不少于6个月的累计产水量及对应的累计产油量,拟合公式为式(4-13)所示的甲型水驱特征曲线方程:

$$\lg W = a + bN \quad (4\text{-}13)$$

式中　W——调驱前累计产水量,m³;
　　　N——调驱前累计产油量,t;
　　　a, b——常数。

将调驱后的实际累计产油量代入式(4-14)计算预测累计产水量:

$$W_{预测} = 10^{a+bN_{实际}} \quad (4\text{-}14)$$

式中　$W_{预测}$——调驱开始后的预测累计产水量,m³;
　　　$N_{实际}$——调驱开始后的实际累计产油量,t。

5. 可采储量

水驱特征曲线方法用来预测可采储量的增加是在综合分析了单井或者井组多种因素,比如产水量、产油量、产液量、水油比、含水率等的基础上,从而对井组或区块的可采储量、采出程度情况进行研究和分析,常见的几种水驱特征曲线计算模型如下所示。

(1)甲型水驱特征曲线(马克西莫夫—童宪章,S型,中含水):

$$\lg W_p = a + bN_p \quad (4\text{-}15)$$

式中　W_p——累计产水量,m³;
　　　N_p——累计产油量,t;
　　　a, b——拟合系数。

$$N_p = \frac{1}{b}\left[\lg\left(\frac{0.4343}{b}\frac{f_w}{1-f_w}\right) - a\right] \quad (4\text{-}16)$$

式中　f_w——含水率。

(2)乙型水驱特征曲线(沙卓诺夫,超凸型,中低含水):

$$\lg L_p = a + bN_p \quad (4\text{-}17)$$

式中　L_p——累计产液量,m³。

$$N_p = \frac{1}{b}\left[\lg\left(\frac{0.4343}{b}\frac{1}{1-f_w}\right) - a\right] \quad (4\text{-}18)$$

（3）丙型水驱特征曲线（西帕切夫，超凸型）：

$$\frac{L_p}{N_p} = a + bL_p \quad (4\text{-}19)$$

$$N_p = \frac{1}{b}\left\{1 - \left[a(1-f_w)\right]^{\frac{1}{2}}\right\} \quad (4\text{-}20)$$

（4）丁型水驱特征曲线（纳扎洛夫，超凹型）：

$$\frac{L_p}{N_p} = a + bW_p \quad (4\text{-}21)$$

$$N_p = \frac{1}{b}\left\{1 - \left[(a-1)\frac{1-f_w}{f_w}\right]^{\frac{1}{2}}\right\} \quad (4\text{-}22)$$

（5）卡扎柯夫（砂岩及底水石灰岩）：

$$N_p = a - \frac{b}{L_p^m} \quad (4\text{-}23)$$

$$N_p = a - \left[\frac{1}{m}b^{\frac{1}{m}}(1-f_w)\right]^{\frac{m}{m+1}} \quad (4\text{-}24)$$

式中　m——指数。

（6）俞启泰 I：

$$\lg N_p = a + b\lg\left(\frac{W_p}{L_p}\right) \quad (4\text{-}25)$$

$$N_p = 10^a \times \left\{\frac{2bf_w}{1-f_w+b(1+f_w)+\sqrt{[1-f_w+b(1+f_w)]^2-4b^2f_w}}\right\}^b \quad (4\text{-}26)$$

（7）俞启泰 II（砂岩及底水石灰岩，中高含水）：

$$N_p = a - \frac{b}{W_p^m} \quad (4\text{-}27)$$

$$N_p = a - b^{\frac{1}{m+1}} \left(\frac{1}{m} \frac{1-f_w}{f_w} \right)^{\frac{m}{m+1}} \quad (4-28)$$

(8)俞启泰Ⅲ（中低含水）：

$$N_p = a + b \frac{W_p}{N_p} \quad (4-29)$$

$$N_p = \frac{a}{2} + \frac{b}{2} \frac{f_w}{1-f_w} \quad (4-30)$$

(9)累计水油比—累计产液：

$$\frac{W_p}{N_p} = a + bL_p \quad (4-31)$$

$$N_p = \frac{1 - \sqrt{(a+1)(1-f_w)}}{b} \quad (4-32)$$

(10)累计产水—累计水油比：

$$\lg W_p = a + b\lg\left(\frac{W_p}{N_p}\right) \quad (4-33)$$

$$N_p = 10^a \left(\frac{b-1}{b} \frac{f_w}{1-f_w} \right)^{b-1} \quad (4-34)$$

6. 采出程度

油田开发过程中含水率的变化，不仅仅能够反映油田开发效果，在油田开发中后期，含水率的变化是用来指导判断深部调驱效果的重要指标。目前大多数评价模型是在直角坐标、半对数坐标或双对数坐标下建立直线关系，对油藏的开发潜力进行预测和判断。主要是利用含水率、采出程度等开发指标，计算和预测油田含水率达到 98% 时油田的采出程度。

（1）采出程度—油水比法（S型）：

$$R = a + b\lg\left(\frac{1}{f_w} - 1\right) \quad (4-35)$$

式中　R——采出程度。

（2）采出程度、含水率—油水比法（S型）：

$$Rf_w = a + b\lg\left(\frac{1}{f_w} - 1\right) \quad (4-36)$$

(3) 采出程度—含油法（凸型）：

$$R = a + b\lg(1 - f_w) \tag{4-37}$$

(4) 剩余油程度—含油法（凸型）：

$$\lg(1 - R) = a + b\lg(1 - f_w) \tag{4-38}$$

(5) 采出程度—含水法（凹型）：

$$\lg R = a + bf_w \tag{4-39}$$

(6) 采出程度—水油比法（凹型）：

$$R = a + b\lg\left(\frac{f_w}{1 - f_w}\right) \tag{4-40}$$

(7) 采出程度—油水比法（S型）：

$$R = a + b\left(\frac{1}{f_w}\lg\frac{f_w}{1 - f_w}\right) \tag{4-41}$$

(8) 采出程度—瞬时含水法：

$$\lg R = a + b\lg f_w \tag{4-42}$$

7. 投入产出比

投入产出比按式（4-43）计算。

$$\lambda = V/C_i \tag{4-43}$$

式中　λ——投入产出比；
　　　V——调驱增产值，元；
　　　C_i——调驱投入，元。

其中 V 按照式（4-44）计算：

$$V = Q_\text{总}(M_o - C_d) + W_\text{总}(C_i + C_w) \tag{4-44}$$

式中　$Q_\text{总}$——调驱后油井累计增油量，t；
　　　M_o——原油价格，元/t；
　　　C_d——直接采油成本，元/t；
　　　$W_\text{总}$——调驱后油井累计降水量，m^3；
　　　C_i——注水费用，元/m^3；
　　　C_w——水处理费用，元/m^3。

8. 经济效益

经济效益按式（4-45）计算。

$$E = V - C_i \tag{4-45}$$

式中 E——调驱经济效益,元。

第二节 矿场应用实例

一、纳米聚合物微球深部调驱技术

聚合物微球深部调驱技术目前已累计推广 2 万余井次,年均覆盖产量规模 $600×10^4$t、储量规模 $21.4×10^8$t,助推老油田阶段自然递减率由 13.4% 下降至 11.5%,阶段少递减原油 $281.3×10^4$t,平均投入产出比达 1∶2.02,社会经济效益显著。

下面以 G60 区长 4+5 油藏为例,详述纳米聚合物微球在该区的实施情况。

1. 地质概况

G60 区长 4+5 油藏位于鄂尔多斯盆地陕北斜坡西部、姬塬超低渗透油藏西北部,平均油层厚度 10.7m,地层水水型 $CaCl_2$ 型,孔隙度 11.5%,渗透率 0.66mD,该区块原始地层压力 16.6MPa,区块 2006 年投入开发,采用 300m×300m 井网,井排方向 NE70°,除西南部为双排井网试验区外,其余均为正方形反九点井网,属超低渗透Ⅰ类油藏,2008—2009 年大规模建产。截至 2023 年 11 月,动用含油面积 57.8km²,动用地质储量 $2447.13×10^4$t,技术可采储量 $440.50×10^4$t(图 4-2)。

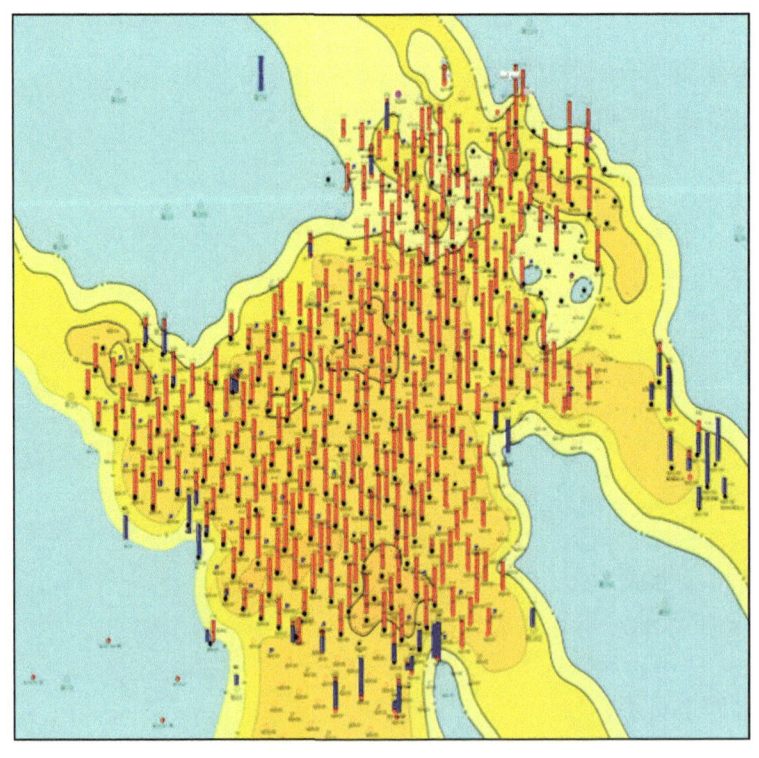

图 4-2 姬塬油田 G60 区长 4+5 油藏综合成果图

2. 开发现状

截至 2023 年 12 月，油井总数 331 口，开井 305 口，日产液 907t，日产油 509t，综合含水率 43.9%，平均动液面 1795m，地质储量采油速度 0.73%，地质储量采出程度 13.41%，可采储量采油速度 4.06%，可采储量采出程度 74.52%，剩余可采储量采油速度 13.92%。注水井总井数 116 口，开井 114 口，日注水 2586m³，平均单井日注水 23m³，月注采比 2.19，累计注采比 1.80（图 4-3）。

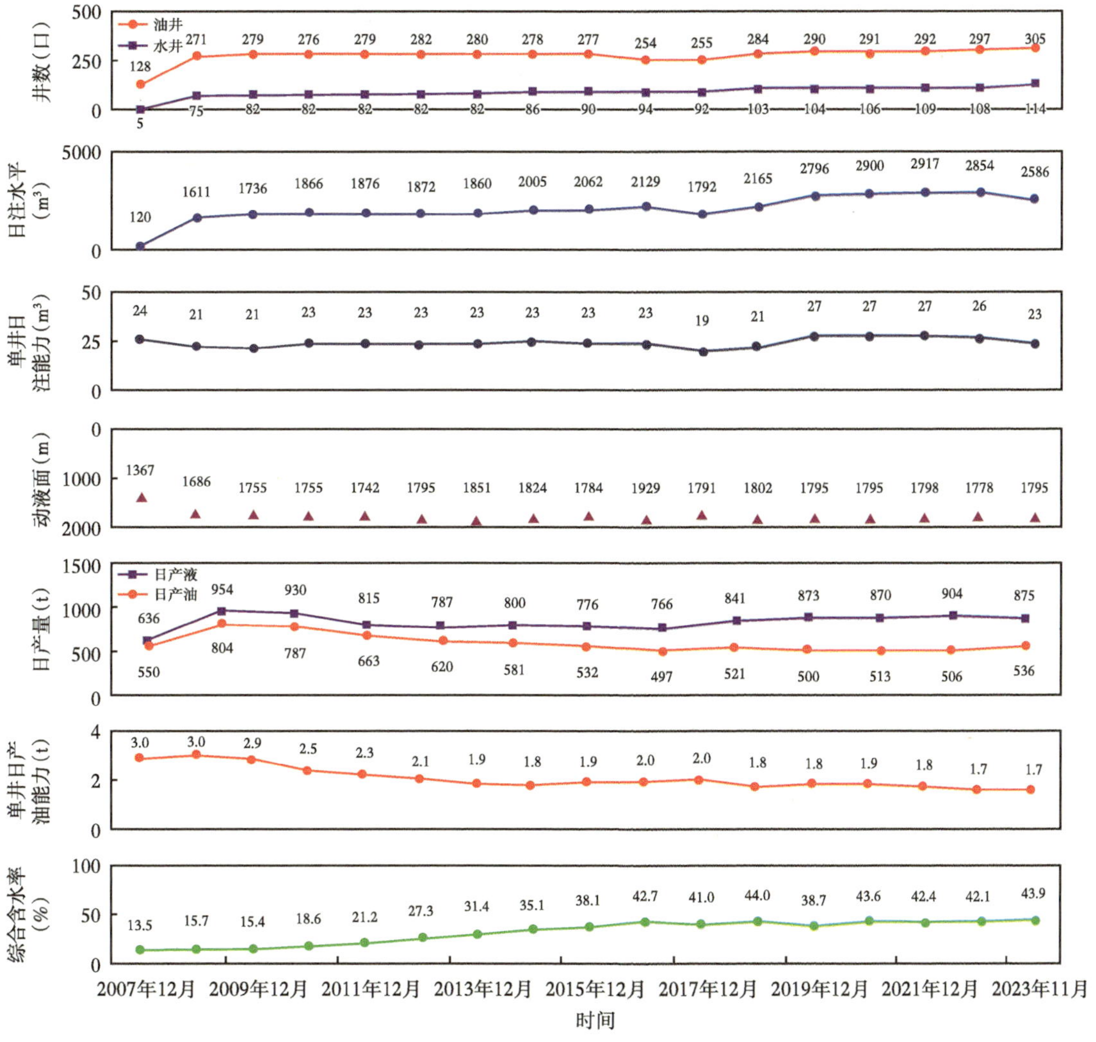

图 4-3 G60 长 4+5 区综合开采曲线

3. 开发矛盾

G60 区块储层物性较好，早期油井均匀见效，见效程度高（92.0%）。随开发时间延长，平面上受局部微裂缝影响平面水驱矛盾逐步显现，油井见水逐年增多，含水率上升速度加快（含水上升率由 1.5 上升至 2.8）。剖面上隔夹层发育，纵向上局部高渗透，导致剖面吸水不均，水驱开发效果有所变差（图 4-4 至图 4-6）。

图 4-4　G60 长 4+5 油藏典型高角度裂缝

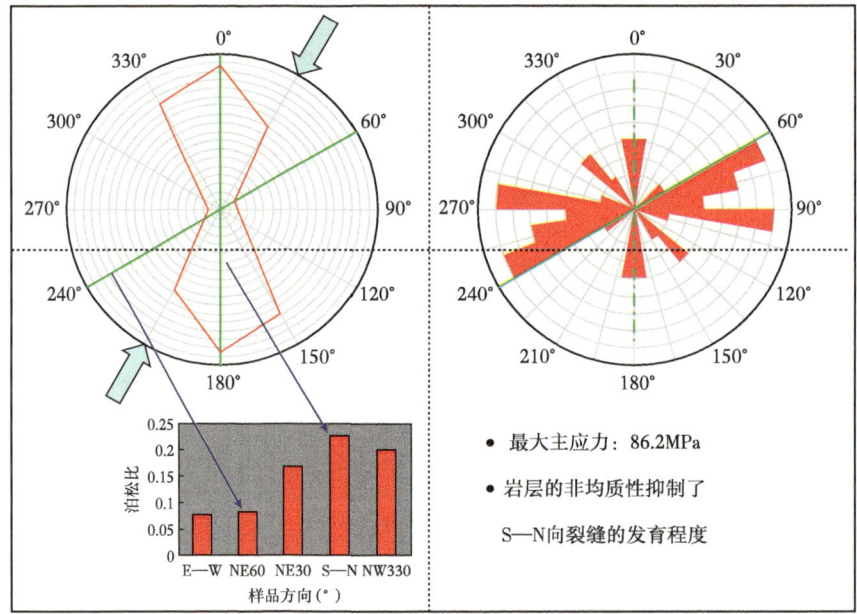

- 最大主应力：86.2MPa
- 岩层的非均质性抑制了 S—N 向裂缝的发育程度

图 4-5　裂缝走向与应力关系图

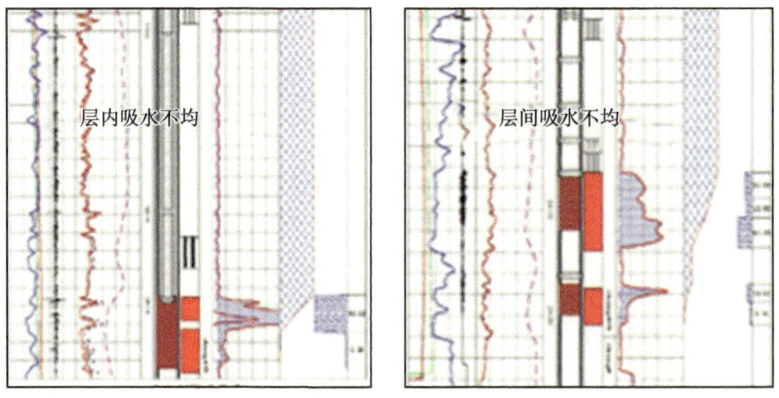

图 4-6　D83-89 井吸水剖面

4. 试验方案

2017年在油藏中东部开展先导试验，2019年以来长周期注入103井组，基本实现全覆盖。2022—2023年在北部高含水区开展微球+表面活性剂试验17口、西南部微球2.0体系5口；2024年实施调驱89口，净增油见效率43.1%，单井组累计增油75t（图4-7和表4-1）。

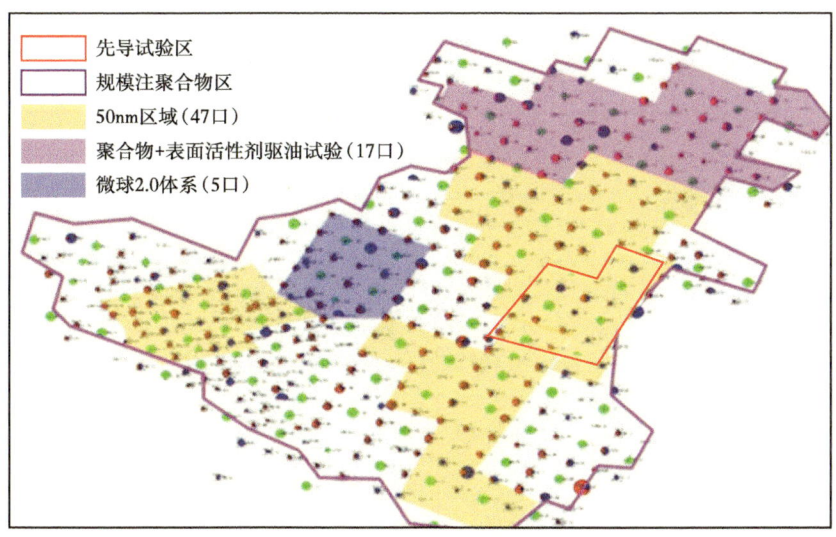

图 4-7　G60区历年微球调驱分布图

表 4-1　G60区历年微球调驱实施情况表

调驱类型	注入区域	年份	注入井组（个）	施工参数		阶段效果	
				注入浓度（%）	粒径（nm）	见效率（%）	单井组累计增油（t）
常规调驱	中东部	2017	5	0.50	100	44.0	181
	全区（除加密区）	2018	68	0.20	100	38.1	178
	全区	2019	95	0.10	100	43.1	171
	全区	2020	100	0.10	100	44.5	186
	北部	2021	25	0.10	50	49.2	190
	全区（除北部）		75	0.10	100		
	北部、西南部、东南部	2022	47	0.10	50	49.1	172
	其他区域		56	0.10	100		
微球+表面活性剂驱油	北部		17	—	—	76.1	142
微球2.0体系	西南部		5			42.1	35
常规调驱	中部、西南部	2023	19	0.10	50	63.3	284
	中部、长4+5₁和长4+5₂合采区		25	0.05	50		
	东南部		38	0.10	100		
常规调驱	全区（除新试验外）	2024	89	0.10	100	43.1	75

5. 试验效果

1）注入端实施效果

2017—2018 年一次调驱：注入粒径 100nm，注入压力由 13.1MPa 上升至 14.5MPa，压力快速上升。2019—2023 年长周期注入：优化粒径 47 井组（50nm），注入压力由 14.8MPa 上升至 15.6MPa，然后上升至 15.9MPa，压力缓慢上升。2024 年至今：微球间注 50 口，注水压力由 15.9MPa 上升至 16.3MPa，再下降至 16.2MPa（图 4-8 和图 4-9）。

图 4-8　G60 区块注聚合物区注水曲线

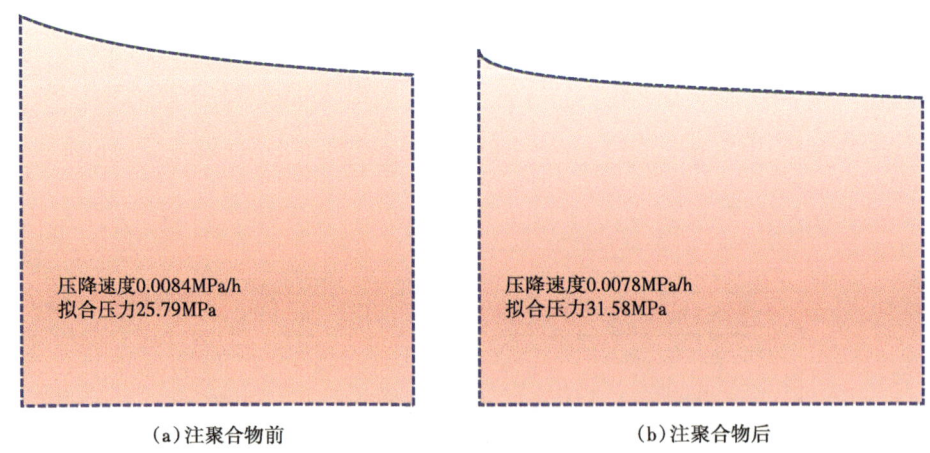

图 4-9　治理前后注水井压降曲线对比（D83-85 井）

2）驱替端实施效果

近年来吸水剖面测试 79 口，明显改善 44 口，单井吸水厚度由 8.7m 上升至 9.8m，水驱动用程度由 69.7% 上升至 76.3%，剖面改善率 55.7%，分析表明聚合物微球驱能够一定程度上改善剖面水驱（表 4-2）。

表 4-2　G60 长 4+5 油藏吸水剖面变化情况统计表

剖面变化情况	井数（口）	占比（%）	备注
形态改善	27	34.2	主要以尖峰状到均匀为主
厚度增加	17	21.5	单井吸水厚度由 8.7m 上升至 9.8m
无明显改善	35	44.3	剖面形态变差 14 口，层间吸水不均 10 口，吸水厚度变薄 11 口（由 8.2m 下降至 7.9m）
合计	79	100.0	剖面改善率 55.7%

3）采出端实施效果

2019 年以来长周期注入（103 注 295 采），注入见效率 49.2%，单井组年均累计增油 188t，自然递减率由 12.5% 下降至 4.3%，存水率稳定在 0.86，动态采收率由 34.0% 上升至 36.7%，产出投入比由 1.3 上升至 2.1，增加经济可采储量 45×10⁴t，水驱效率进一步提升（图 4-10 和图 4-11）。

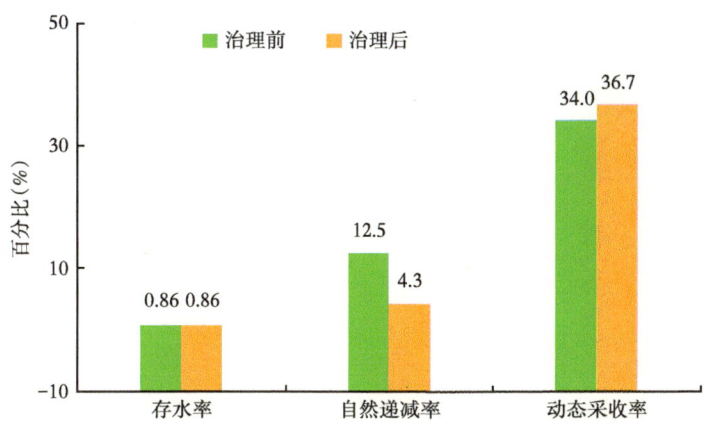

图 4-10　G60 区调驱前后指标对比柱状图

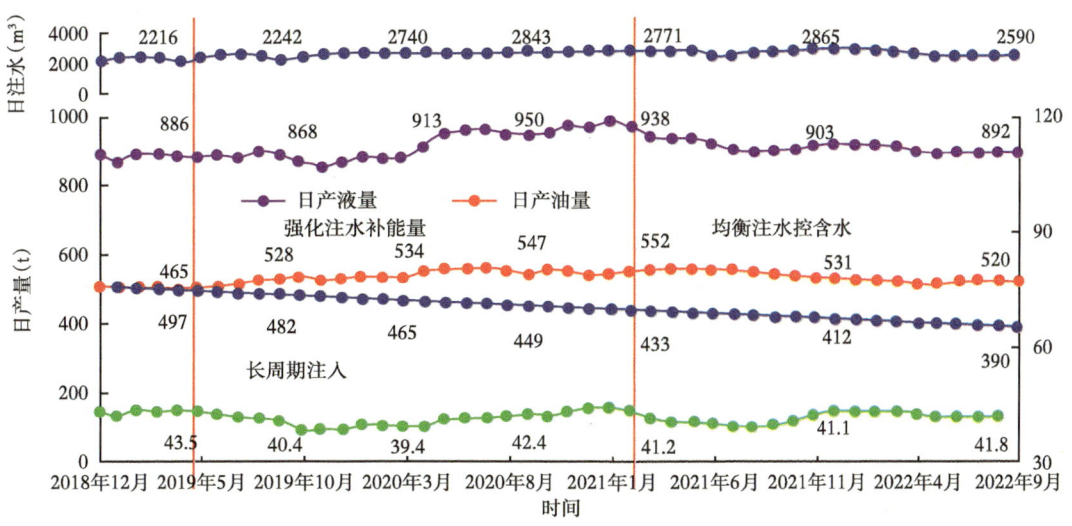

图 4-11　G60 区长周期注入双曲递减曲线

二、微米凝胶调驱技术

1. 地质概况

L1 长 8 油藏，属于三角洲前缘亚相沉积，砂体展布主要受水下分流河道、河口坝及分流间湾等沉积微相类型的控制，属岩性油藏，油藏埋深 2500m，原始驱动类型为弹性溶解气驱。

主力含油层系长 8_1^1 小层，局部发育长 8_1^2 小层、长 8_2^2 小层。主力层系长 8_1 层属于低孔隙、特低渗透储层，砂层平均厚度为 13.7m，油层平均厚度 10.5m，孔隙度平均为 10.6%，渗透率平均为 0.85mD，物性相对较差。

1）岩矿特征

长 8_1 层砂岩石英含量平均 33.1%，长石含量平均 26.7%，岩屑含量平均 21.6%，成分复杂，其中火成岩屑含量平均 8.1%，变质岩屑含量平均 13.3%，沉积岩屑含量平均 0.2%；填隙物含量较高，平均 14.0%（表 4-3），成分主要以水云母（3.5%）和碳酸盐（4.6%）为主。

表 4-3 姬塬 BZW 区长 8 储层岩矿资料统计表

区块	层位	石英类（%）	长石类（%）	火成岩屑（%）	变质岩屑（%）	沉积岩屑（%）	其他（%）	填隙物（%）
BM 区	长 8_1	28.39	32.25	9.98	11.79	2.25	5.12	13.50
BZW 区	长 8_1	33.10	26.70	8.10	13.30	0.20	5.10	14.00

2）孔隙类型及结构

长 8_1 储层孔隙类型以粒间孔为主（2.53%），长石溶孔次之（1.16%），岩屑溶孔（0.22%）、微裂隙、晶间孔少见，面孔率平均为 3.91%。压汞资料显示长 8_1 层最大进汞饱和度平均为 78.85%，排驱压力平均为 0.63MPa，退汞效率为 30.87%，中值压力平均为 4.02MPa，中值半径平均为 0.26μm，孔喉分选系数为 2.21，变异系数平均为 0.21，表明 L1 区长 8 储层孔喉分选较好，以微相喉道为主，具有排驱压力低、喉道半径较小的特点（表 4-4 和图 4-12）。

表 4-4 姬塬 BZW 区长 8 储层孔隙结构参数表

区块	层位	孔隙度（%）	渗透率（mD）	排驱压力（MPa）	中值压力（MPa）	中值半径（μm）	分选系数	变异系数	最大进汞饱和度（%）	退汞效率（%）
BM 区	长 8_1	10.3	1.58	0.62	3.51	0.32	2.47	0.23	80.11	27.29
BZW 区	长 8_1	10.6	0.85	0.63	4.02	0.26	2.21	0.21	78.85	30.87

3）敏感性及润湿性特征

L1 井区长 8_1 储层为中等偏弱盐敏、弱酸敏、无—弱速敏、弱水敏、无—弱碱敏，有利于注水开发，润湿性为弱亲油。

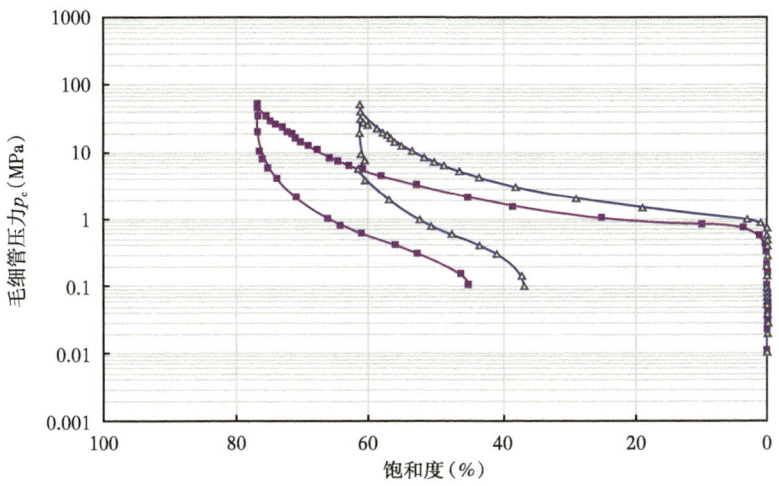

图 4-12　L1 井区长 8_1 层毛细管压力曲线

4）相渗特征

L1 井区长 8_1 储层油水相对渗透率实验表明：束缚水饱和度 38.5%，两相等渗点含水饱和度 52.30%，两相等渗点油水相对渗透率 0.15；残余油时含水饱和度 79.8%，残余油时水相相对渗透率 0.69（图 4-13）。

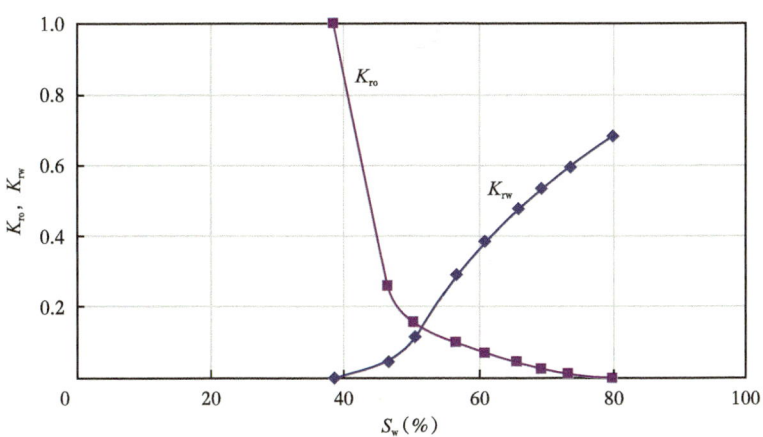

图 4-13　L1 井区长 8_1 层油水两相渗流曲线

5）流体性质

L1 长 8 储层油层压力为 17.5MPa，饱和压力为 10.48MPa，地层温度为 80.40℃，属未饱和油藏。地层原油密度为 0.73g/cm³，地层原油黏度为 1.34mPa·s，体积系数为 1.32，气油比为 102.70m³/t，地面原油密度为 0.85g/cm³，地面原油黏度为 5.96mPa·s，凝点为 19℃。地层水总矿化度为 33g/L，水型为 $CaCl_2$ 型。

2. 开发历程

2008 年采用菱形反九点井网开展超前注水试验开发规模建产，井距 480m，排距

150m，井网密度 13.9 口 /km²，主对角线方向与主应力方向（NE70°）平行。然而，受微裂缝发育影响，局部呈条带状见水特征，一次井网无法有效动用水驱侧向剩余油。2017—2020 年在西南部条带见水区侧向实施不规则加密井 54 口，初期单井产能 2.2t/d，含水率 37.7%，整体水驱规律符合条带状见水特征。2020—2023 年在线性注水区油井排部署超短水平井试验 11 口，水平段 65~150m，目前投产 6 口，其中高液、高含水 3 口（平均单井产能 0.27t/d，含水率 98.1%），低液量 3 口（平均单井产能 1.5t/d，含水率 49.2%），如图 4-14 所示。

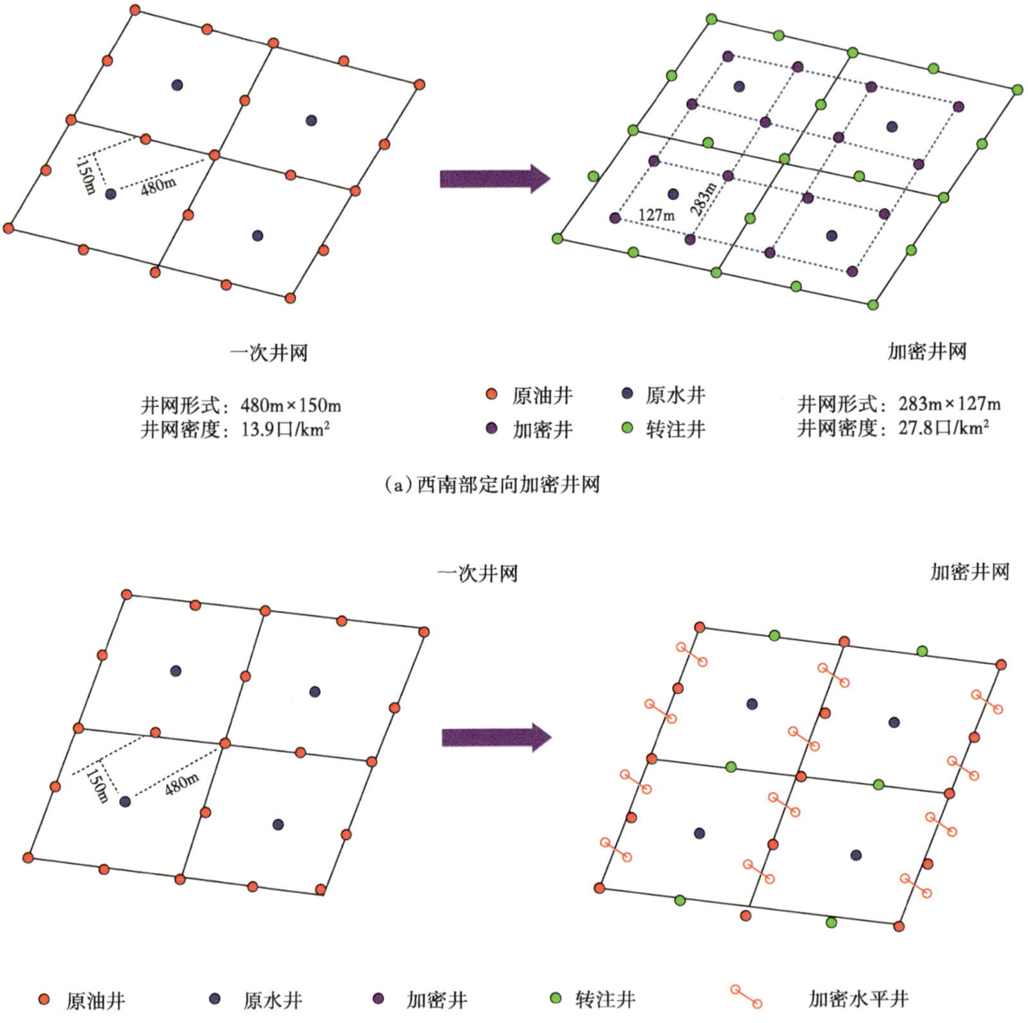

(a) 西南部定向加密井网

(b) 超短水平井示意图

图 4-14　L1 长 8 油藏井网加密调整方式

3. 开发现状

截至 2023 年 12 月，该区块单井产能 1.2t/d、地质储量采油速度 0.62%，平均单井日注水 20m³、月注采比 2.89，累计注采比 2.2，综合含水率 49.6%（图 4-15）。

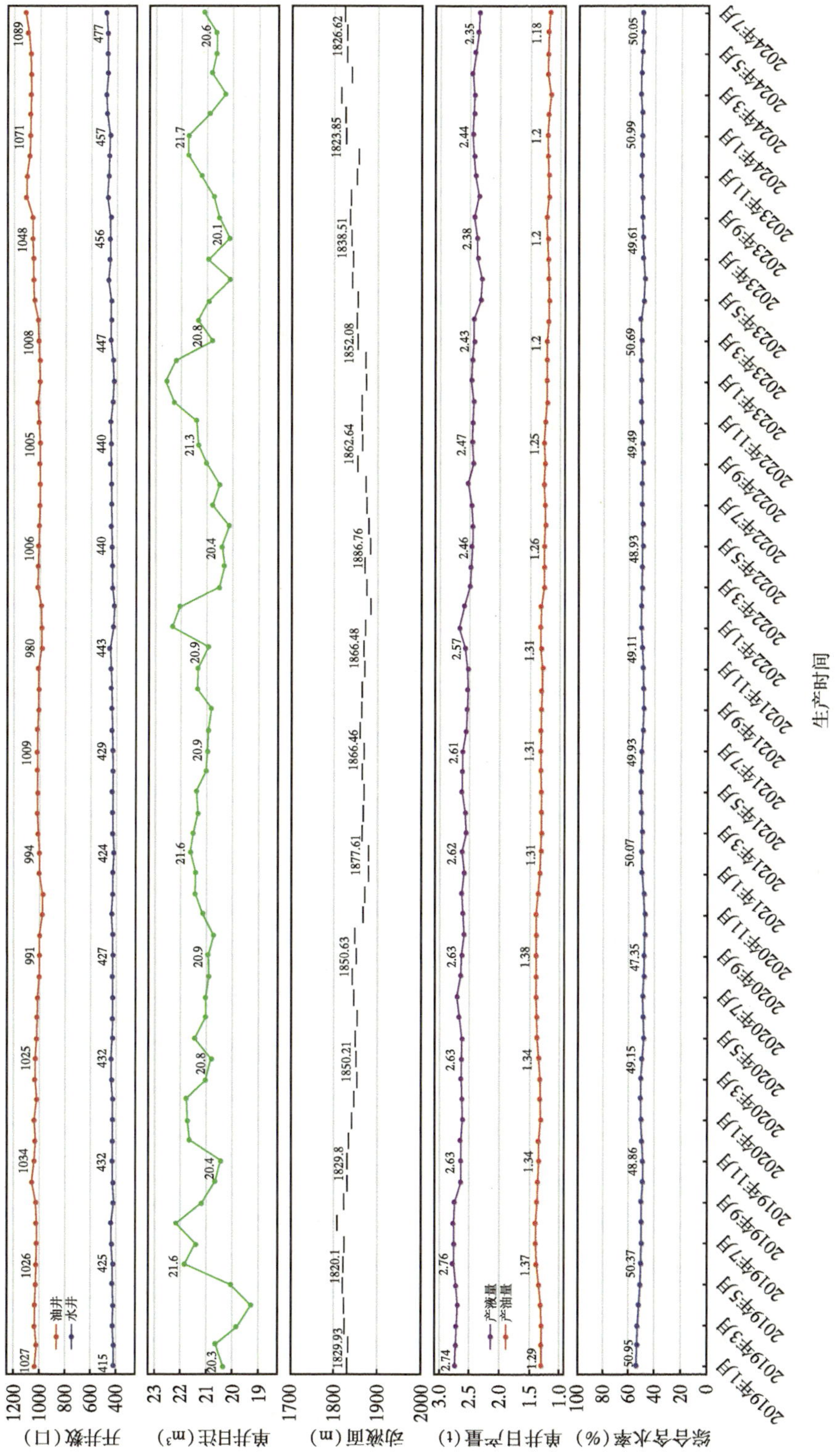

图 4-15 L1 长 8 油藏综合开采曲线

4. 开发矛盾

油藏西南部长 8_2^2 区油井见效后平面上呈条带状见水，受储层非均质性、转注井初期加砂改造及一次井网动态缝等影响，剖面上层间、层内吸水不均（占比 45.1%），导致平面水驱不均（图 4-16）。

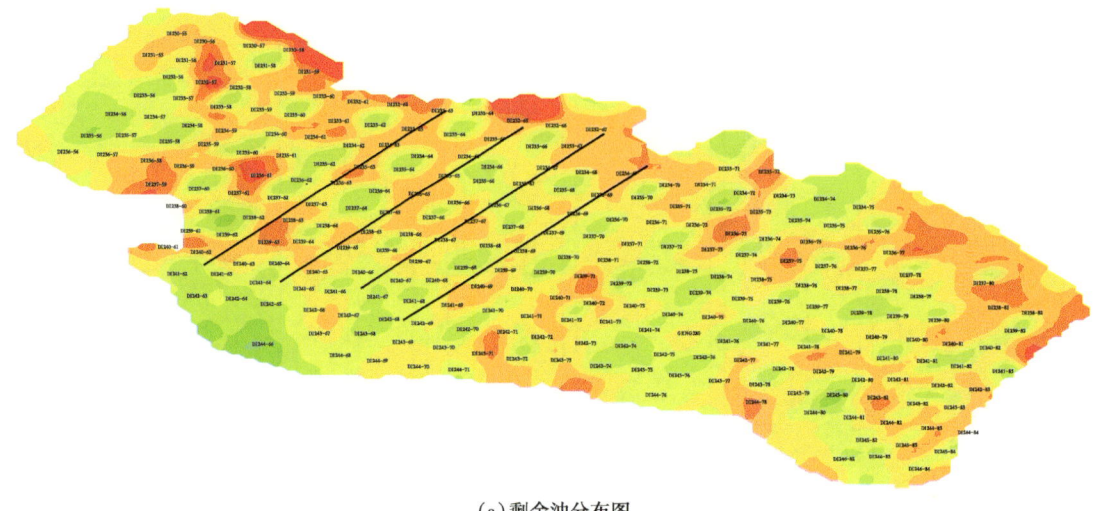

(a) 剩余油分布图

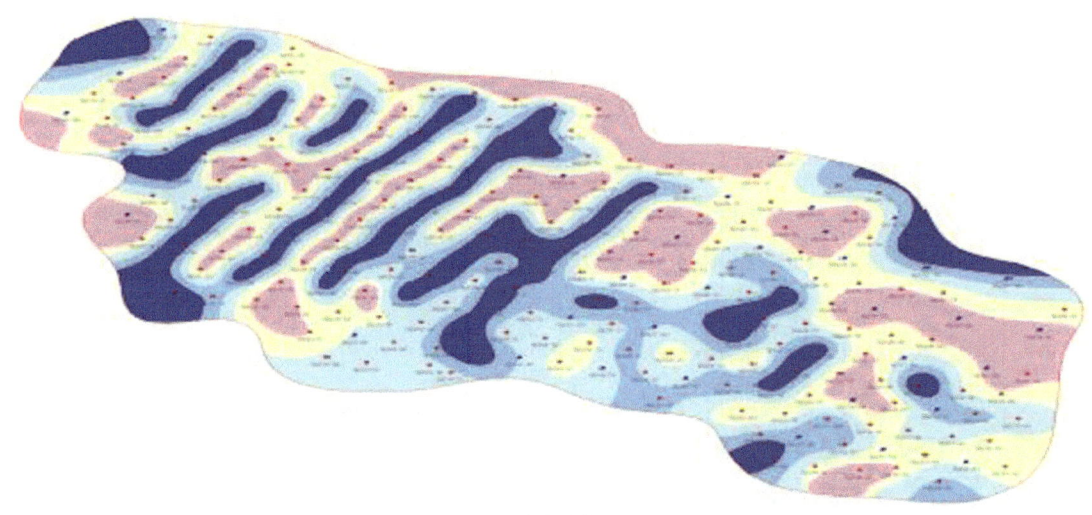

(b) 含水分布图

图 4-16　L1 长 8 储层西南部剩余油及含水分布图

5. 治理思路

2021 年 4—8 月在该区域集中实施微米凝胶颗粒调剖 10 口，改善吸水剖面、封堵储层微裂缝，提高水驱效率。

6. 实施效果

从注入端实施效果来看，单井日注水量由 17.6m³ 上升至 22.7m³，注水压力由 15.1MPa 上升至 15.3MPa，剖面吸水形态由尖峰状吸水转变为均匀吸水，剖面改善率 75.0%（图 4-17 和图 4-18）。

第四章 低渗透油田深部调驱技术效果评价及矿场应用实例

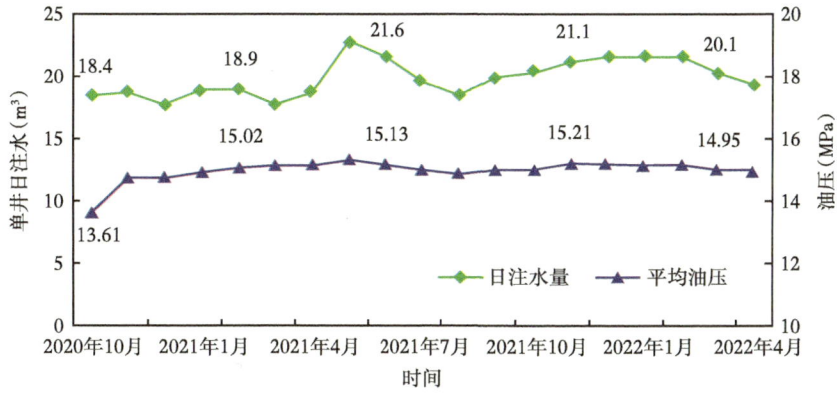

图 4-17 L1 区西南部微米凝胶颗粒调剖注水曲线

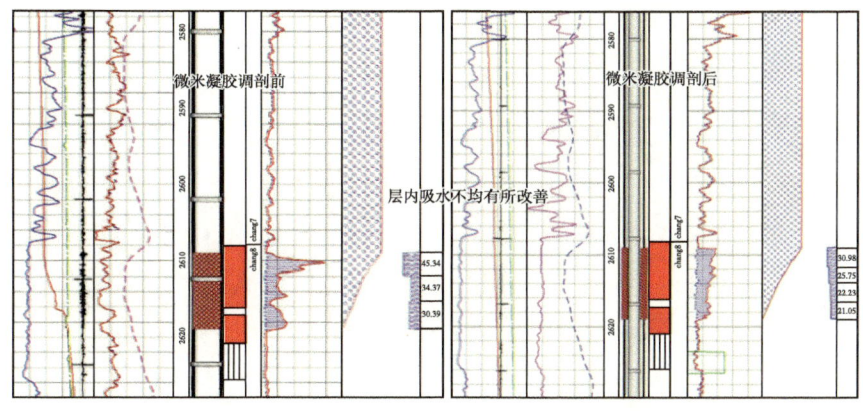

图 4-18 D225-82 井调剖前后吸水剖面对比

从驱替端实施效果来看，采出端油井见效比例 39.5%，见效特征以控液降含水为主，月度递减率由 1.81% 下降了 0.35%，月含水升幅由 0.93% 下降了 0.08%，调剖满一年递减增油 2592t，开发形势好转（图 4-19）。

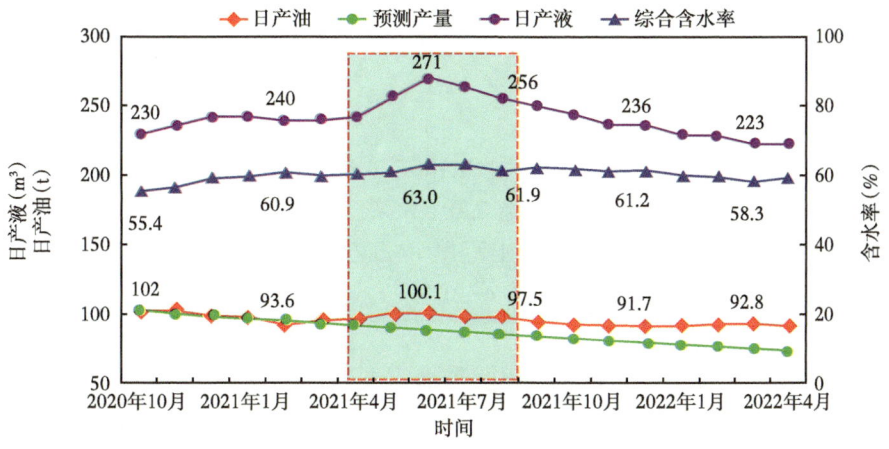

图 4-19 L1 区西南部微米凝胶颗粒调剖效果曲线

177

三、黏弹自调控剂深部调驱技术

1. 地质概况

X46区延9油藏,北东—南西方向发育三个鼻隆构造,内部发育多个小型鼻隆构造,受岩性、构造双重控制,形成岩性—构造油藏,整体构造起伏较缓。储层纵向上厚度大,全区底水发育,西部底水厚度较小(1.9m),中部、东北部、东部、南部、东南部底水厚度较大(分别为7.5m、9.4m、7.4m、5.9m、5.1m),自然电位呈钟形分布(图4-20)。

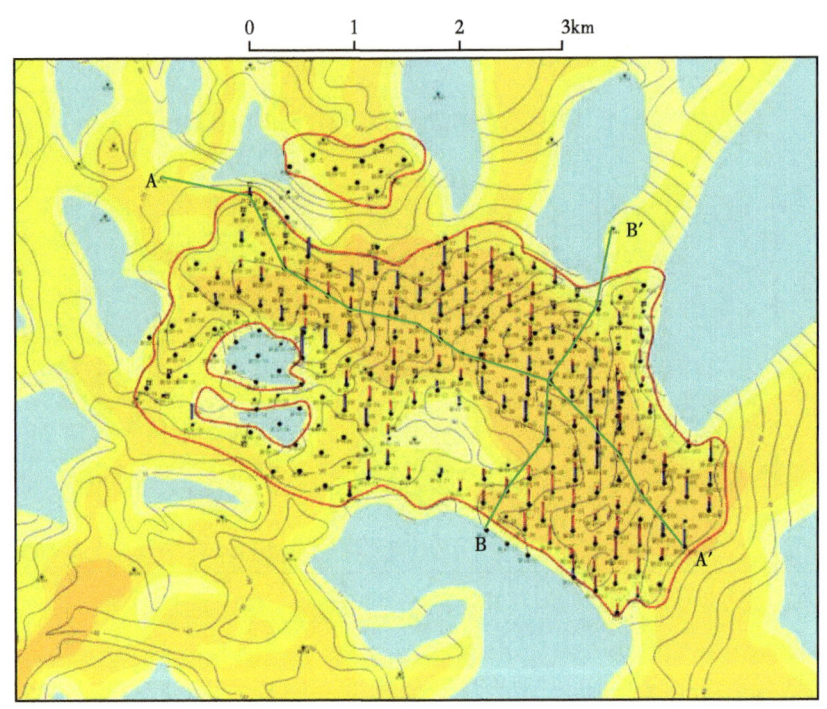

图4-20 X46区延9油藏综合成果图

2010年采用250m三角形井网建产,主力层系延9_{2+3}小层,局部发育延10_1层(主力层系延9_{2+3}小层井占比84.7%,分注井占比9.4%),动用含油面积13.34km^2,地质储量848.57×10^{4}t。平均油层厚度9.1m,孔隙度16.1%,渗透率15.1mD,含油饱和度48.9%。

2. 开发现状

截至2023年12月,该区块单井产能0.95t/d、地质储量采油速度0.58%,平均单井日注水14.3m^3、月注采比1.1,累计注采比0.981,综合含水率80.0%,压力保持水平79.3%,水驱储量控制程度80.1%,可采储量采出程度64.24%,地质储量采出程度13.7%,纯老井自然递减率13.8%,含水上升率1.7(图4-21)。

3. 开发矛盾

(1)底水发育(平均厚度3.4m),初期采液强度大[1.2m^3/(m·d)],快速进入高含水开发期,控水稳油难度大;(2)延9储层、延10储层叠合开发,剖面矛盾突出(图4-22和图4-23)。

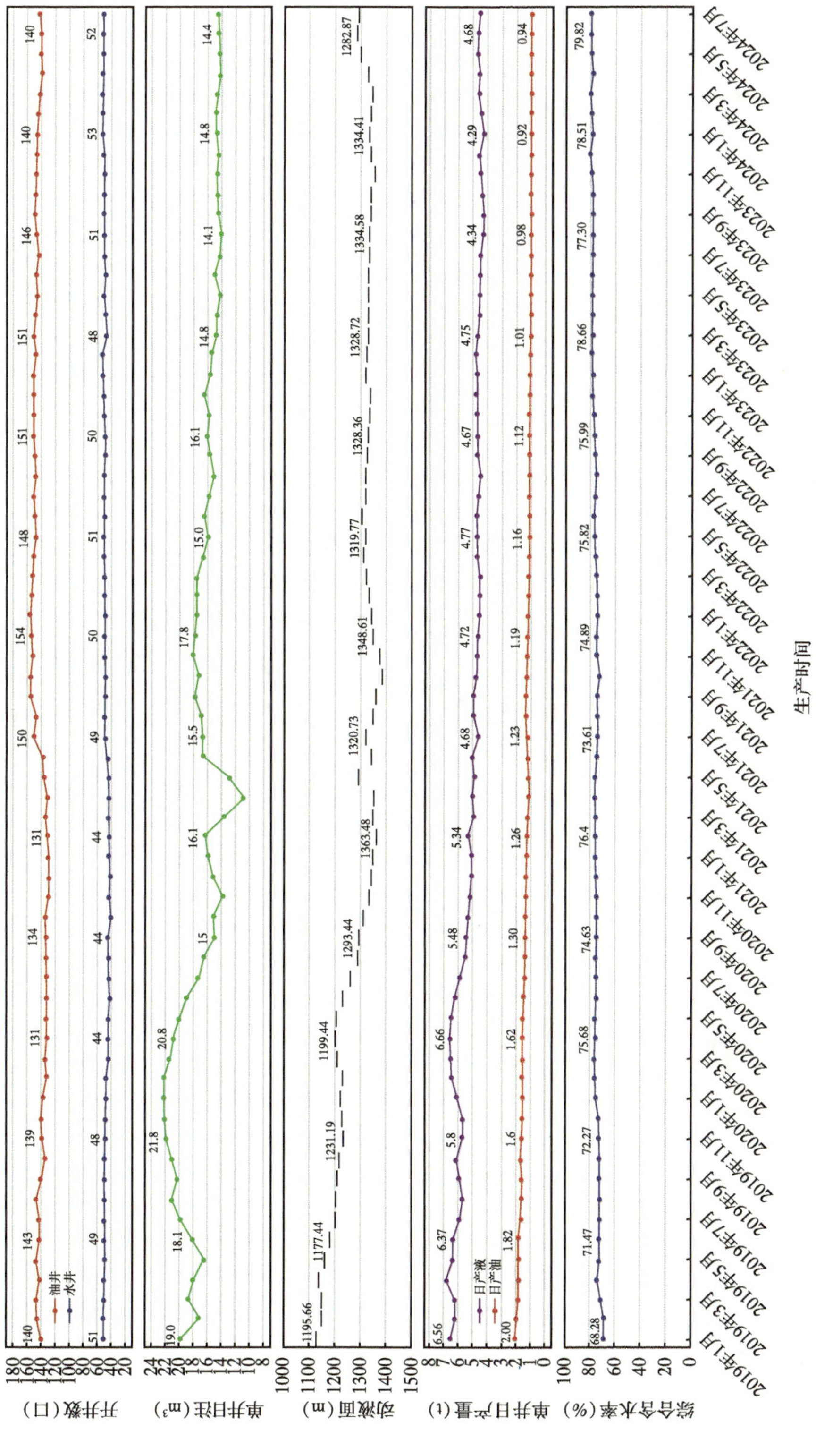

第四章 低渗透油田深部调驱技术效果评价及矿场应用实例

图 4-21 X46区延9油藏综合开采曲线

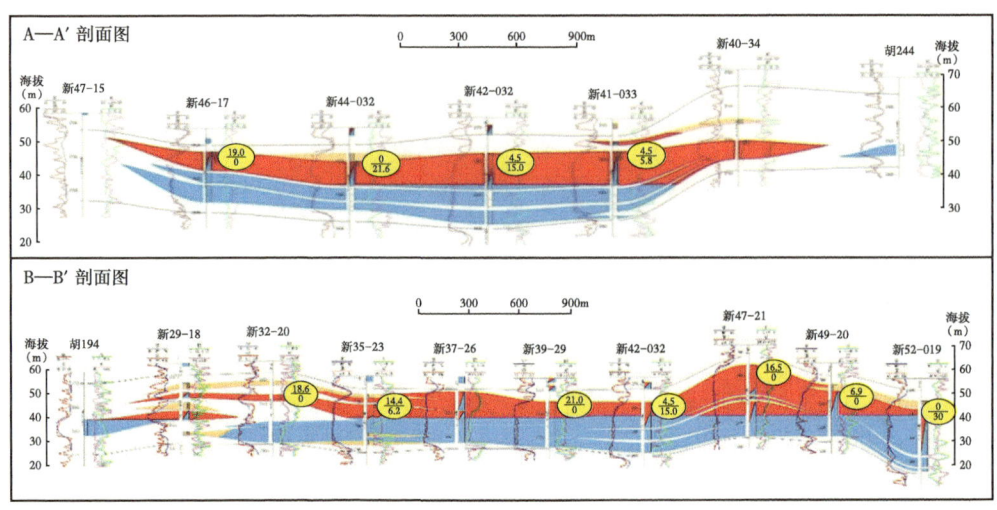

图 4-22　X46 区延 9 油藏底水接触类型

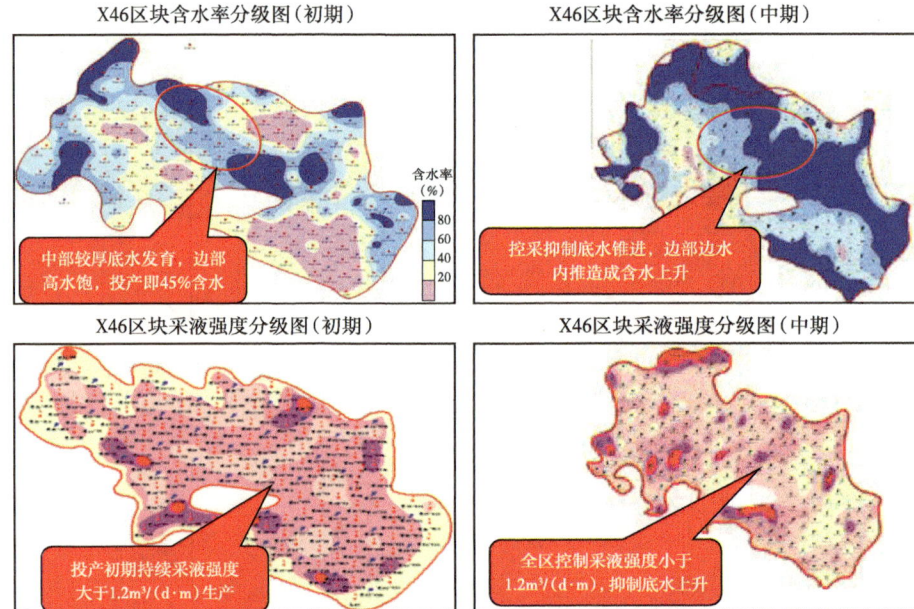

图 4-23　X46 区延 9 油藏含水率及采液强度变化

4. 治理思路

2019 年 7 月至今，该区开展黏弹自调控剂调驱 53 口，改善油水流度比、补充油层能量、抑制底水抬升速度，提高水驱效率。

5. 实施效果

油藏南部自 2021 年 5 月开始实施 4 口黏弹自调控剂调驱试验，实施后初期液量下降明显，9 月上调配注由 24m³ 上升至 26m³ 后，液量逐渐恢复，含水下降，井组受效。实施期间平均月度递减率由 4.45% 下降了 0.02%，含水率上升幅度由 0.63% 下降了 0.08%，显示增油见效（图 4-24 和图 4-25）。

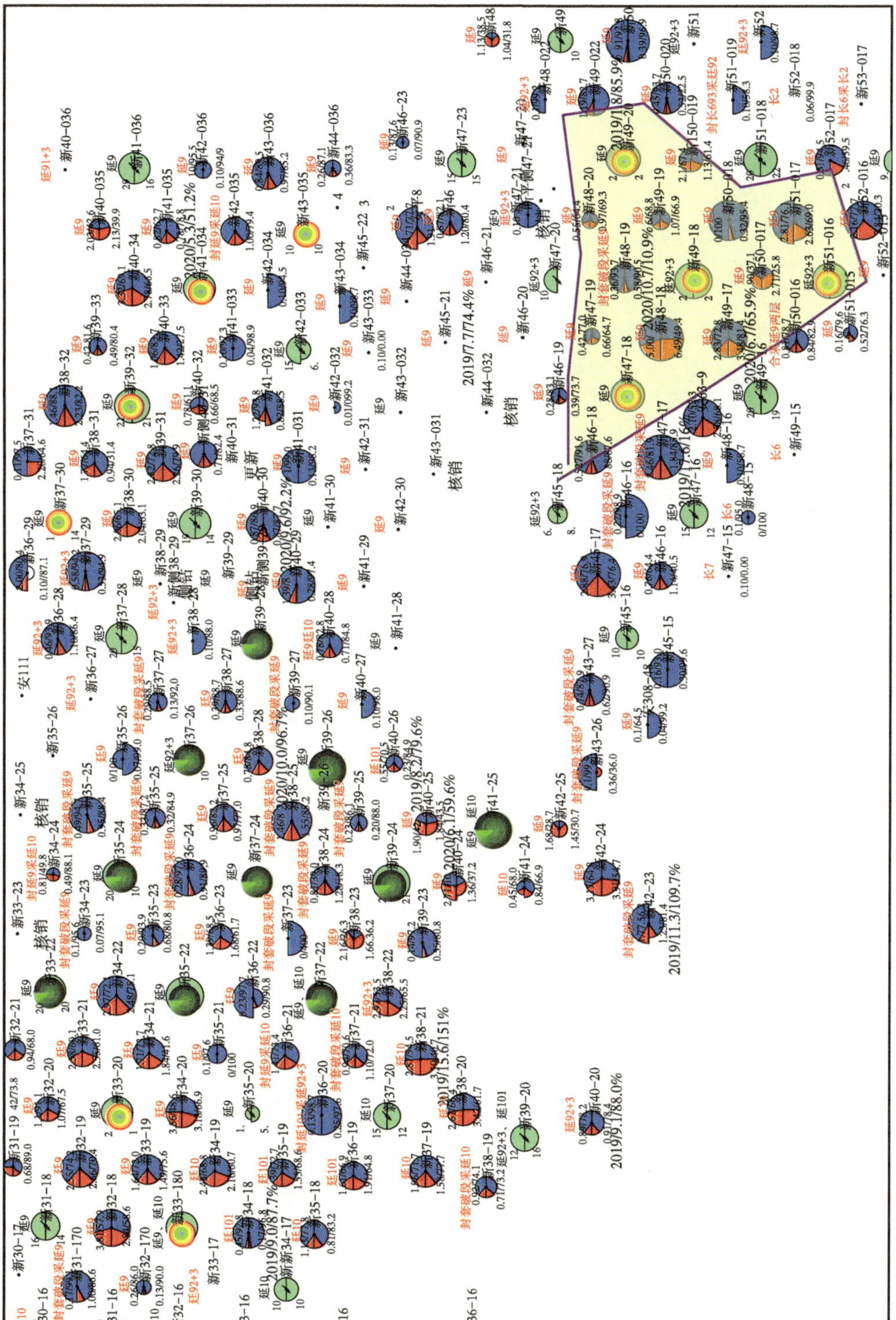

第四章 低渗透油田深部调驱技术效果评价及矿场应用实例

图 4-24 X46 区南部黏弹自调控剂调驱开采现状图

181

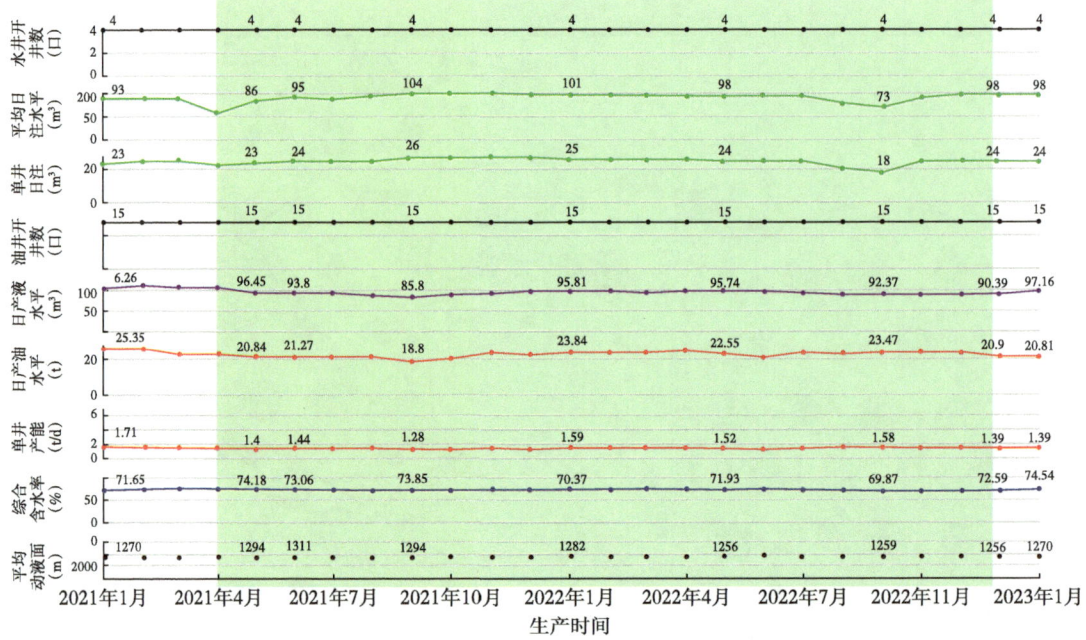

图 4-25　X46 区延 9 油藏南部黏弹自调控剂调驱注采曲线

油藏中部自 2021 年 5 月开始实施 2 口黏弹自调控剂调驱试验，试验调驱后上提配注由 24m³/d 上升至 30m³/d，实施后月含水率上升速度由 0.9% 下降至 0.4%，然后下降至 0.2%，受液量下降影响，月度递减率保持在 2.5%（图 4-26 和图 4-27）。

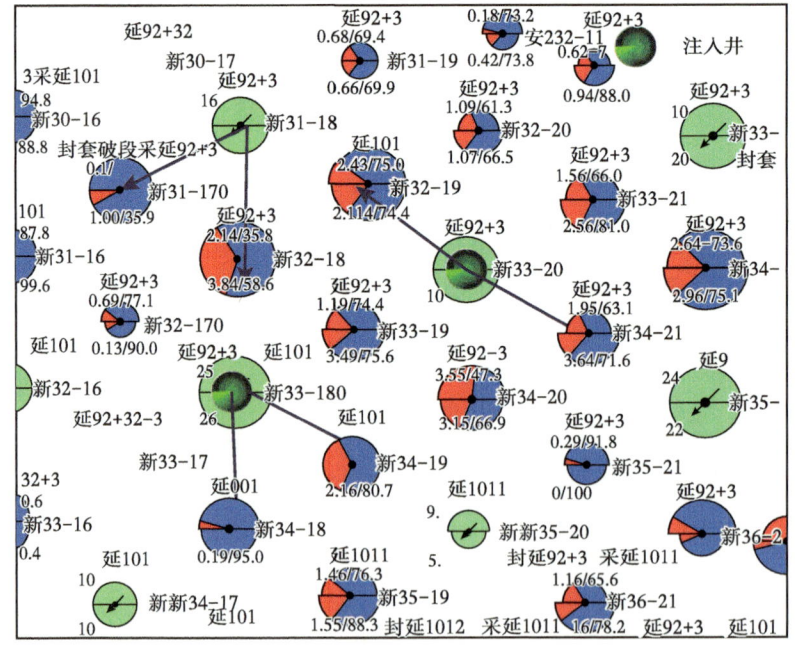

图 4-26　X46 区中部黏弹自调控剂调驱开采现状图

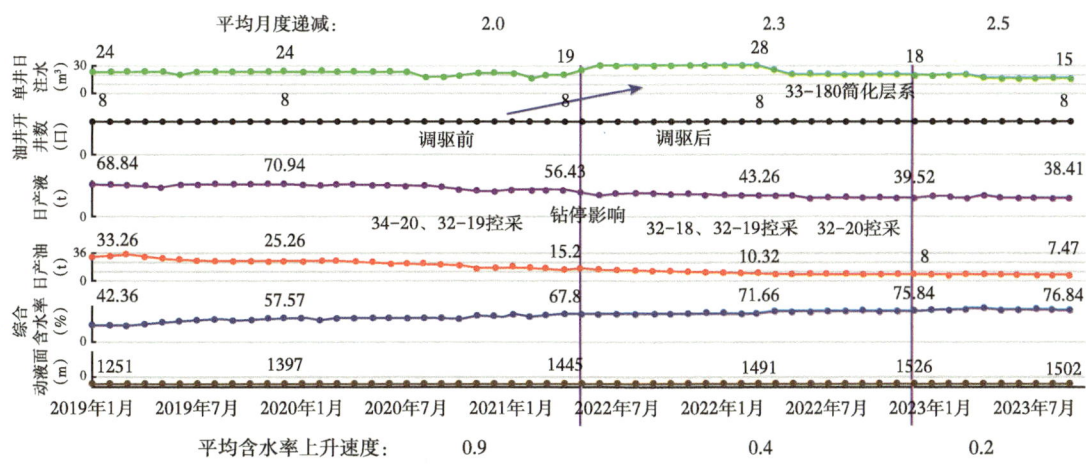

图 4-27　X46 区延 9 油藏中部黏弹自调控剂调驱注采曲线

四、微乳液深部调驱技术

针对高压注水油藏注水压力高、水驱效率低、地层能量不足，常规调驱注入性差的问题，研发小粒径、易进入微孔细喉、降低毛细管阻力的微乳液调驱剂。2022 年先导试验 2 口井，2023 年扩大试验 14 口井，2024 年规模应用 305 口井。

下面以 Z218 区长 8 油藏为例，详述纳米聚合物微球在该区的实施情况。

1. 地质概况

调驱区主要位于 Z218 区块内，2005 年建产，采油井 187 口，注水井 87 口，主要开发层位为长 3 段、长 8 段，属岩性油藏，砂体为北东—南西向展布。开发井网为 480m×160m 菱形反九点井网，动用含油面积 31.1km^2，动用地质储量 1616.1×10^{4}t（图 4-28）。

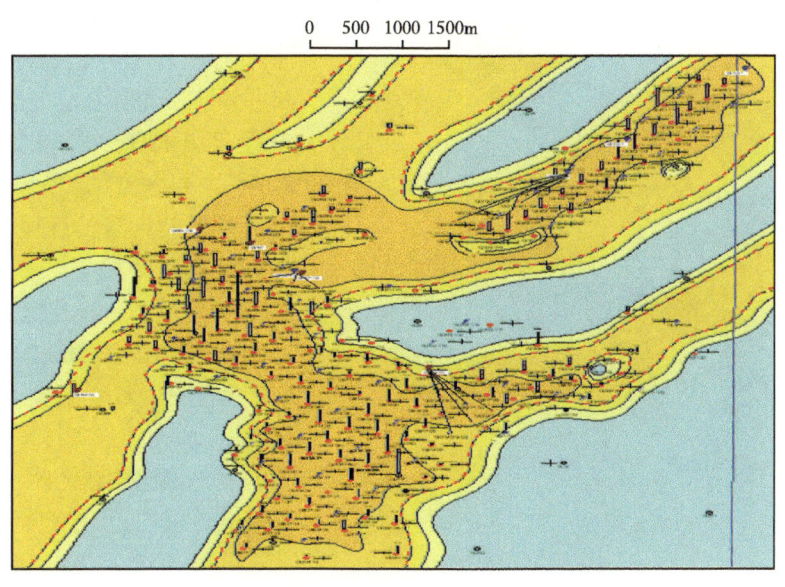

图 4-28　Z218 区长 8$_1$ 油藏小层平面图

Z218 区长 8 油藏河道宽度 1.5~3.5km，沿河道方向小层连通性较好，平均砂体厚度 9.8m，平均油层厚度 7.9m（图 4-29）。

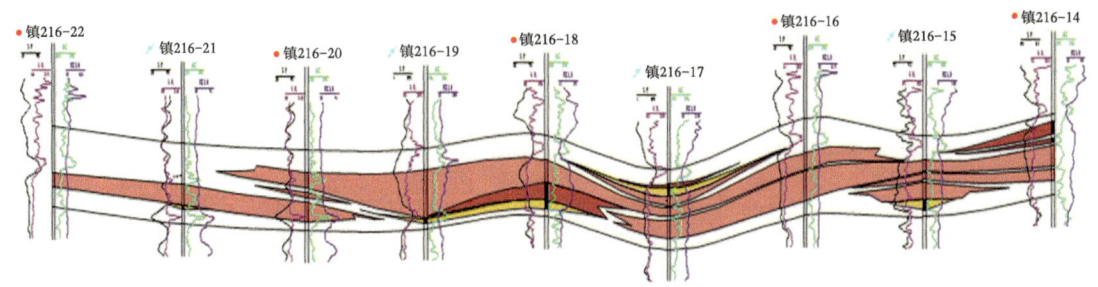

图 4-29　Z216-22 井—Z216-14 井长 3 段油层连通剖面图（SN）

长 8 储层岩性以岩屑长石砂岩、长石岩屑砂岩为主。填隙物种类以水云母、硅质、菱铁矿为主，其次为铁方解石、高岭石等。孔隙类型主要为粒间孔，其次为长石溶孔、岩屑溶孔，平均面孔率为 4.1%，平均孔径 95μm。

岩心分析资料统计，该区长 8 储层孔隙度最大值为 19.5%，最小值为 6.5%，平均值为 11.2%，孔隙度主要分布范围在 10%~12% 之间，峰值为 10%~11%，渗透率最大值为 9.28mD，最小值为 0.01mD，平均值为 2.3mD，属于低孔隙—特低渗透油藏。

从相对渗透率曲线上看，长 8 储层原始含油饱和度偏低，束缚水饱和度偏高，两相渗流区较窄，驱油效率偏低，残余油饱和度较高。

2. 开发现状

截至 2023 年 12 月份，Z218 区采油井 145 口，开井 132 口，日产油 173.32t，综合含水率 30.4%，平均动液面 1534m，注水井 76 口，开井 61 口，日注水 1064m³，平均单井日注水 17m³，月注采比 3.1，累计注采比 1.68。地质储量采油速度 0.43%，地质储量采出程度 8.48%，可采储量采油速度 2.14%，可采储量采出程度 42.62%，剩余可采储量采油速度 3.6%。

3. 开发矛盾

主要矛盾一：裂缝发育，含水率上升速度加快。储层微裂缝发育，见水类型主要为裂缝型见水；北部以裂缝见水为主，西部和南部以孔隙和孔隙—裂缝型见水为主；2023 年以来含水率上升 6 口，影响产量 3.1t（图 4-30 至图 4-32）。

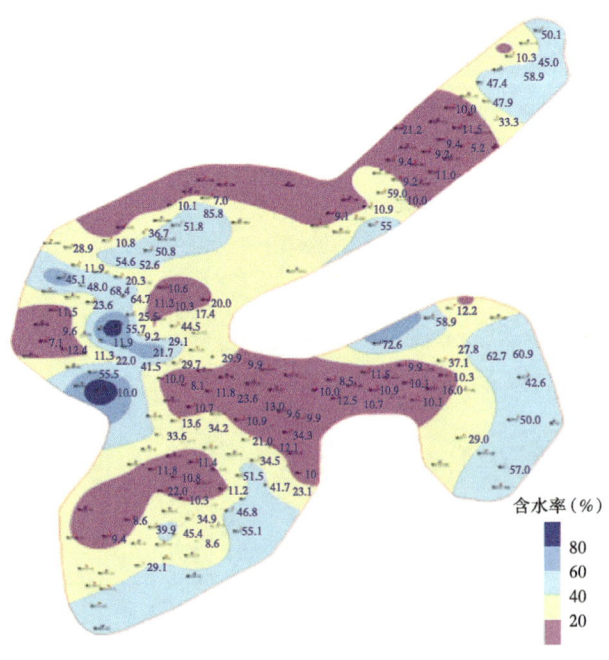

图 4-30　Z218 区 2023 年含水率分布图

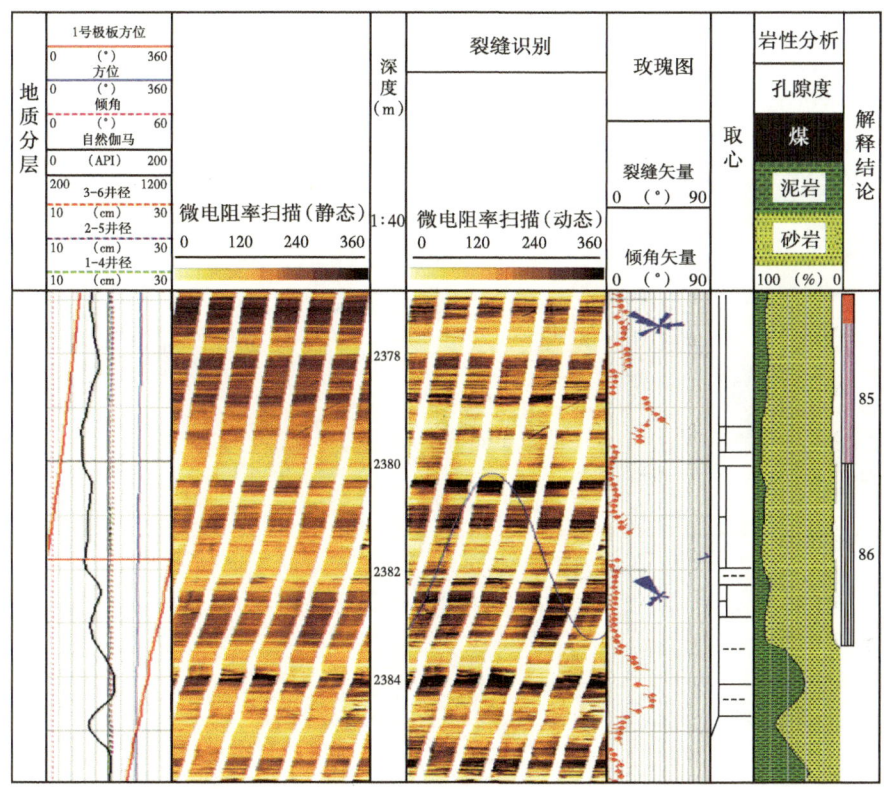

图 4-31　Z276-80 井长 8_1 层成像测井图

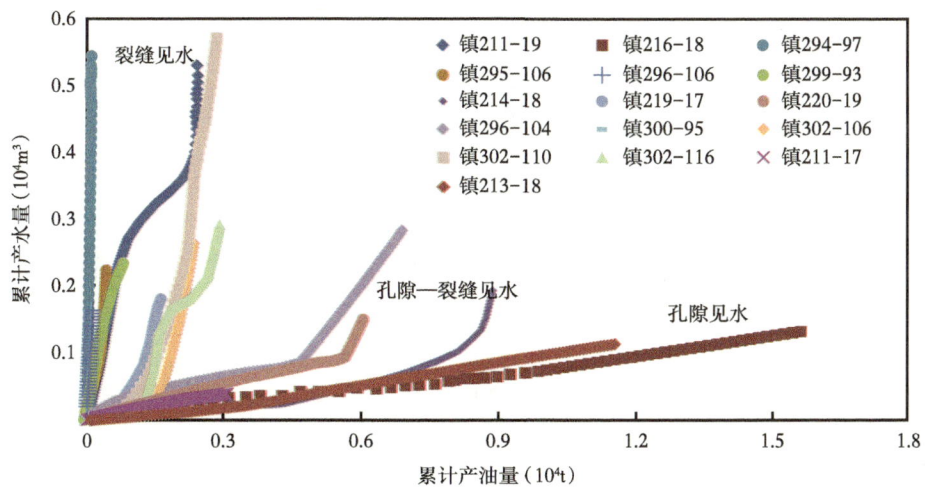

图 4-32　Z218 区油井见水特征分析

主要矛盾二：注水井长期欠注，平面压力分布不均。全区注水井欠注及大修共 16 口，占比 25.8%，影响水量 191m³，南部压力保持水平由 83.1% 下降至 78.4%，注采比由 3.3

下降至2.7，稳产基础薄弱（图4-33和图4-34）。

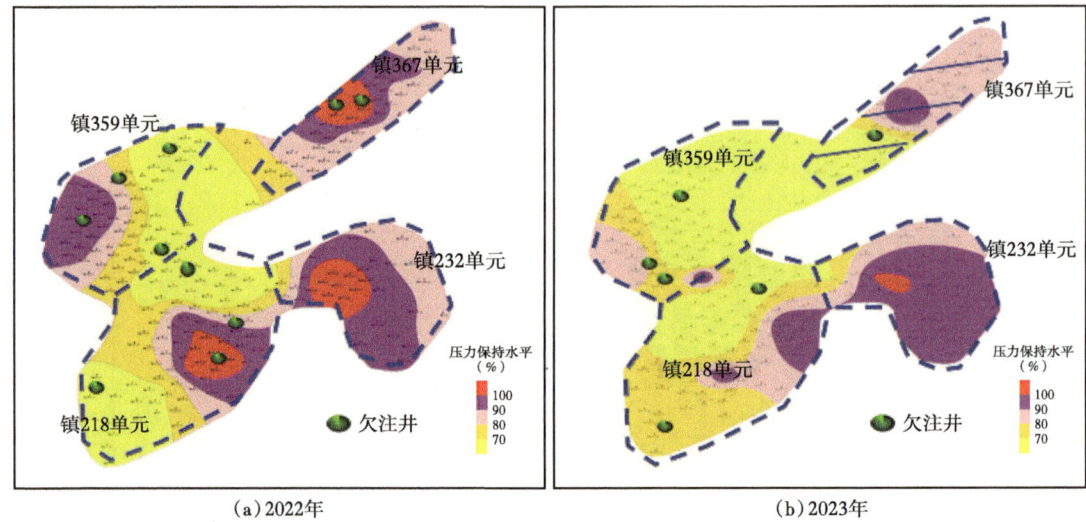

图4-33　Z218区长8油藏近两年压力保持水平及欠注井分布图

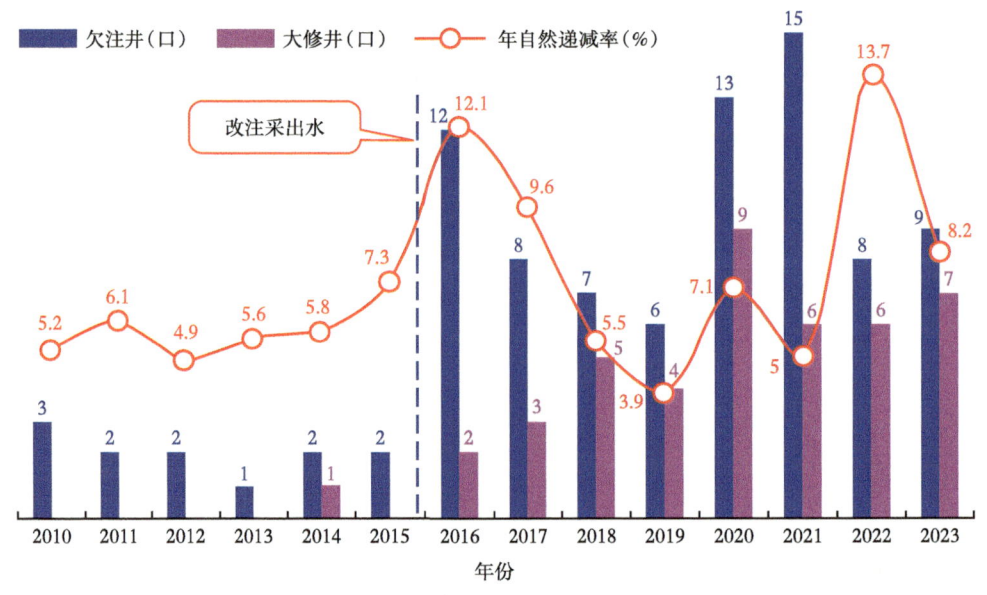

图4-34　Z218区欠注及大修与自然递减关系图

4. 试验方案

结合油层地质资料，2024年实施49口井。本次实施井在Z218区综合站的Z218干线及Z六注水站的Z295-101、Z295-97干线内。长8油藏单井加药量控制在8t，施工周期选取350d，Z218区注水井平均单井日注水13m³，日注微乳液量1126kg，平均单井用量7t。按照平均单井日注水量，注入浓度0.15%，施工周期为350d计算，Z218干线日加药量为447kg，平均单井用料7t，Z295-101干线日加药量为530kg，平均单井用料8.1t，Z295-97干线日加药量为119kg，平均单井用料5.9t。

5. 试验效果

注入端：平均注入压力由22.2MPa下降至22.0MPa，日注水量由17.8m³下降至15.8m³，实施区水驱动用程度由71.4%上升至75.9%，2023年测试1口（Z297-99井），剖面吸水情况有效改善（图4-35和图4-36）。

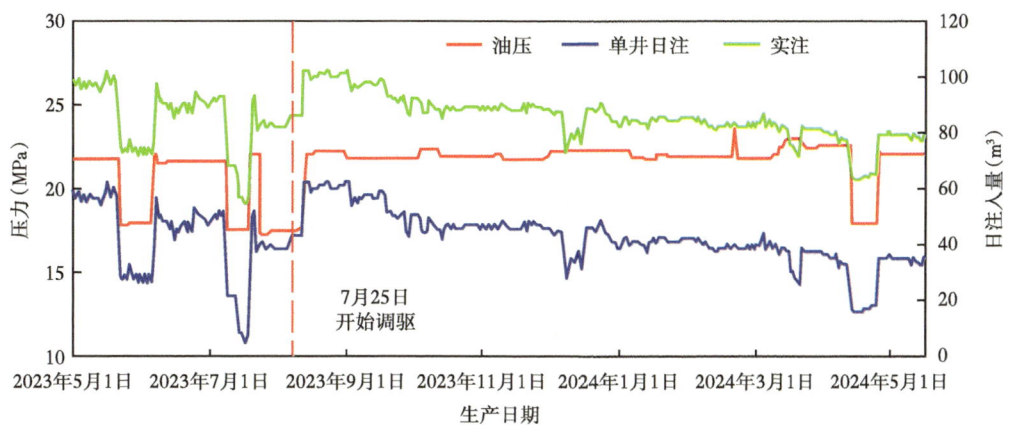

图4-35 注水压力变化情况

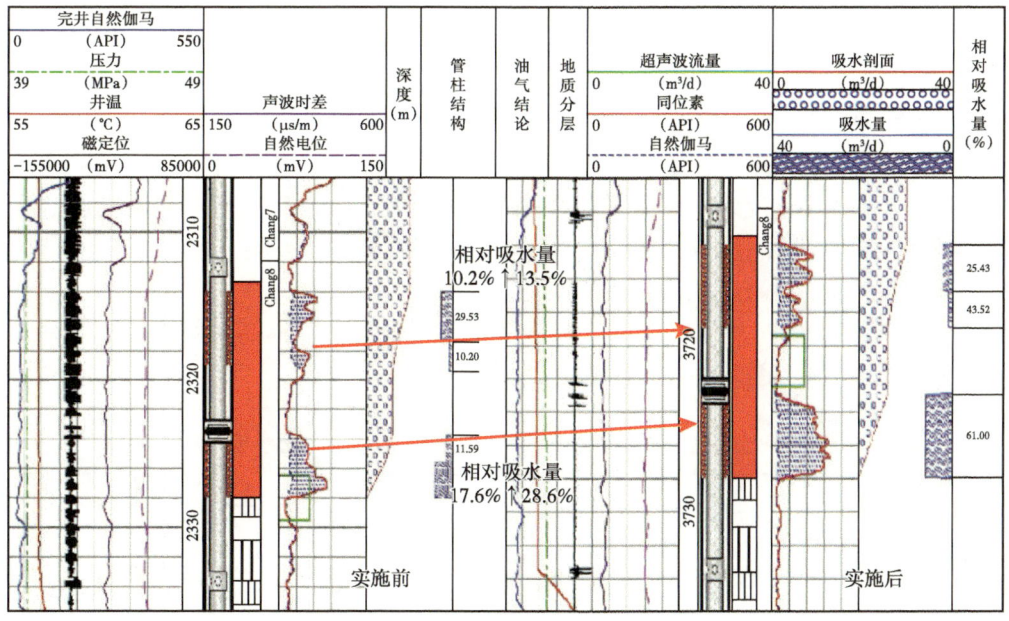

图4-36 Z297-99井吸水剖面对比图

采出端：对应油井共计111口，除去关井22口、异常井1口、新井1口、措施井1口，可分析井共计86口。目前井组日产液由186.2m³上升至190.1m³，日产油由119.3t上升至123.2t，含水率由35.9%下降至35.2%（图4-37）。

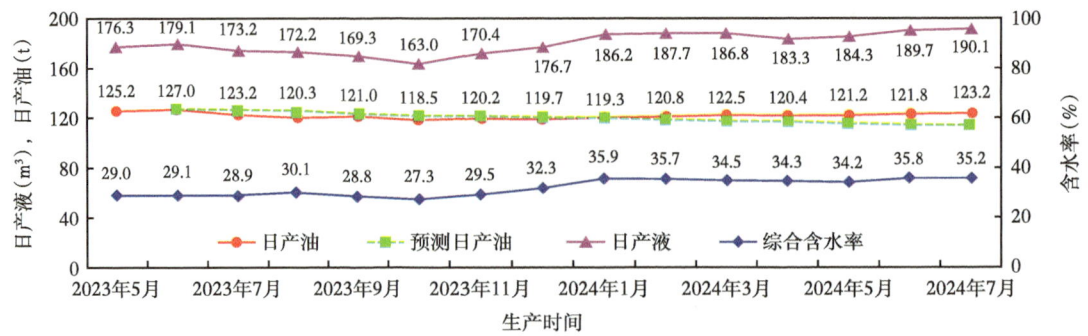

图 4-37　Z218 实施区生产曲线

产量稳定及上升井占比 88%,随调驱时间的延长净增油及产量稳定油井数在增加。长 8 油藏微乳液调驱效果突出,随调驱时间延长,产量下降井减少,油藏开发效果逐步变好(表 4-5)。

表 4-5　Z218 实施区生产井动态变化

类型	井数（口）	措施前			2024 年 6 月份（措施后）			占比（%）
		日产液（m³）	日产油（t）	含水率（%）	日产液（m³）	日产油（t）	含水率（%）	
净增油井	15	41.0	22.0	46.3	50.5	29.1	42.4	17.4
产量稳定井	61	120.7	82.1	32.0	121.1	83.1	31.4	70.9
产量下降井	10	25.0	15.5	38.0	19.7	10.2	48.0	11.7

从主向井及侧向井的调驱效果可以看出,主向井 38 口,调驱前后平均月度递减率由 1.4% 下降 0.2%,平均月度含水率上升幅度由 2.0% 下降至 1.0%,平均单井阶段累增油 5.6t;侧向井 48 口,调驱前后平均月度递减 0.86% 下降至 0.43%,平均月度含水率上升幅度由 0.66% 下降至 0.35%,平均单井阶段累计增油 9.7t。

侧向井效果好于主向井,说明微乳液降低了毛细管阻力,提高了侧向水驱效率,扩大了波及体积(图 4-38 和图 4-39)。

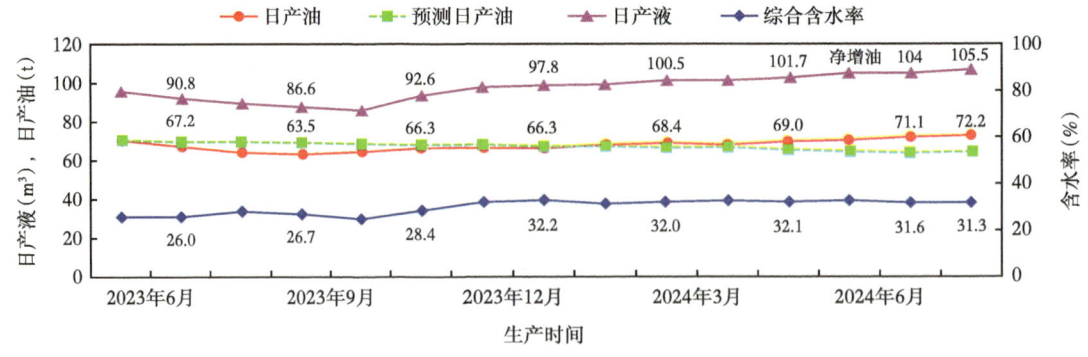

图 4-38　Z218 区长 8 油藏侧向井 48 口微乳液调驱实施效果

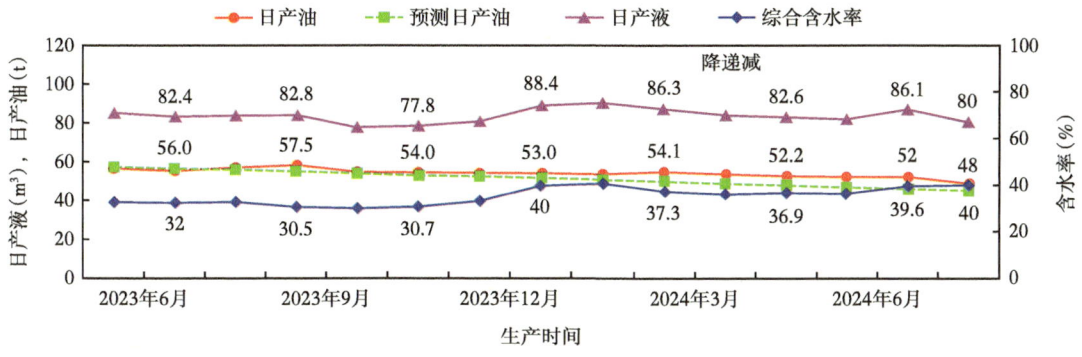

图 4-39　Z218 长 8 油藏主向井 38 口微乳液调驱实施效果

第五章　低渗透油藏深部调驱技术发展方向与展望

近年来，随着页岩油实现工业化开发以后，注水开发油藏产量占比有所下降，但占比仍高达89.3%。从水驱储量、产量构成看，未来一段时期水驱油藏（年产2084×10^{4}t）占据油田稳产"压舱石"的地位。此外，长庆油田目前采出程度8.07%，综合含水率63.1%，东部油田在相同采出程度时，综合含水率不到40%。与高渗透油田相比，低渗透油田高含水期提液增油潜力有限。延长中低含水采油期是低渗透油田稳产及提高采收率的关键，从现场应用经验来看，含水越高，控水难度越大。低渗透油藏非均质性强、微裂缝发育，提高水驱采收率主要方向为扩大波及、提高水驱控制和动用（主要矛盾），扩大波及应优先于提高驱油效率。由于储层低孔隙低渗透特点，其油水井基数较大、单井产量低，单井单点调剖作用半径有限，无法有效改善油藏整体水驱开发效果。通过理论创新、体系研发、模式变革，2018年以来长庆油田共计实施微球调驱21610井次（年均3601口），覆盖储量21.4×10^{8}t，覆盖年产量700×10^{4}t，助推油田自然递减率由13.4%下降至11.2%，提高采收率3.6个百分点。

随着注水开发的不断深入，油藏水驱不均矛盾将更加突出，多轮次调驱后存在效果变差风险，亟须开展技术攻关。应大力深化以纳米聚合物微球为主体的改善水驱技术，开展聚合物微球调驱技术升级，持续优化聚合物微球缓膨、耐温耐盐性能，提升调驱剂深部运移性能、持续扩大储层深部水驱波及范围。探索"微球+"复合调驱技术模式，以合理地层能量为导向，开展微球+精细注水技术政策优化、微球+注采双向调控等措施；以实现扩大波及基础上进一步提高驱油效率为目标，开展微球+表面活性剂、微球+中相微乳液等微球与高效驱油剂多体系联做治理，达到综合改善水驱开发效果的目的。加快开展具备堵驱作用的多功能胶体体系研发，以降低微细通道水驱流速为目标，通过对纳米材料的黏度、沉积与扩散平衡、表面张力、物理吸附、范德华引力与絮凝作用等多方面因素考察，研发新材料，利用纳米材料的物化特性实现降低大通道流速，扩大宏观波及体积；通过体系表界面张力改变发挥侧面毛细管顺流和逆流渗吸作用，提高微观驱油效率，从而大幅提高低渗透油藏水驱采收率。

以纳米微球为主体的深部调驱技术规模应用助推油田自然递减硬下降，国内吐哈油田、玉门油田已开展现场试验并取得初步成效，初步估计未来国内总体需求5000~7000口/a，深部调驱技术发展潜力巨大，应用前景广阔。

参考文献

[1] 李道品. 低渗透砂岩油田开发 [M]. 北京：石油工业出版社，1999.
[2] 靳保军. 天然裂缝研究及其在低渗油田开发中的应用 [J]. 油气采收率技术，1995（3）：59-65，83.
[3] 曲良超，崔刚，卞昌蓉. 西峰油田白马中区长8段储层裂缝发育特点及水淹预测 [J]. 石油地质与工程，2006（5）：10，32-34.
[4] 张荣军. 西峰长8油藏开发早期高含水井治理技术研究 [D]. 西安：西北大学，2008.
[5] 曾联波，李忠兴，史成恩，等. 鄂尔多斯盆地上三叠统延长组特低渗透砂岩储层裂缝特征及成因 [J]. 地质学报，2007（2）：174-180.
[6] 孙庆和，何玺，李长禄. 特低渗透储层微缝特征及对注水开发效果的影响 [J]. 石油学报，2000（4）：52-57，122.
[7] 袁士义，宋新民，冉启全. 裂缝性油藏开发技术 [M]. 北京：石油工业出版社，2004.
[8] 贺明静，庞子俊. 特低渗透砂岩油藏注水开发中的裂缝问题 [J]. 石油勘探与开发，1986（3）：51-55.
[9] 李星民，马新仿，郎兆新. 裂缝性油田合理开发井网的数值模拟研究 [J]. 新疆石油地质，2002（2）：86-87，148-149.
[10] 李中锋，何顺利. 低渗透储层非达西渗流机理探讨 [J]. 特种油气藏，2005（2）：35-38，105.
[11] 姚约东，葛家理. 低渗透油藏不稳定渗流规律的研究 [J]. 石油大学学报（自然科学版），2003（2）：55-58，62-65.
[12] 傅春华，葛家理. 低渗透油藏的非线性渗流理论探讨 [J]. 新疆石油地质，2002（4）：267-268，317-320.
[13] 林玉保，刘春林，卫秀芬，等. 特低渗透储层油水渗流特征研究 [J]. 大庆石油地质与开发，2005（6）：42-44，106.
[14] 韩明，马杰，陈立滇. 交联聚合物应用于油田开发的机理研究与性能评价 [J]. 油气采收率技术，1995（2）：1-8，88.
[15] 彭勃，李明远，纪淑玲，等. 聚丙烯酰胺胶态分散凝胶微观形态研究 [J]. 油田化学，1998（4）：62，67-70.
[16] 胡晓蝶，王健，刘培培. 耐高温深部调驱剂实验研究 [J]. 精细石油化工进展，2010，11（8）：5-9.
[17] 侯翠岭. 一种耐温型聚丙烯酰胺凝胶堵水剂的室内研究 [J]. 内蒙古石油化工，2008（6）：11-13.
[18] 周江华，门承全，何顺利. 大孔道调剖剂的研制及应用 [J]. 大庆石油地质与开发，2004（4）：63-65，93.
[19] 刘松. 渗滤的系统及其分析及其数学模型 [J]. 数学物理学报，1994，14（4）：361-365.
[20] 窦霁虹，付英. 渗滤系统及其数学模拟 [J]. 高校应用数学学报A辑（中文版），2002，17（1）：113-120.
[21] WANG J, LIU H Q, ZHANG H L, et al. Simulation of deformable preformed particle gel propagation in porous media [J]. AIChE Journal, 2017, 63（10）：4628-4641.
[22] WANG J, LIU H Q, XU J, et al. Investigation of blocking characteristics by particles in heterogeneous reservoir [J]. Advances in Petroleum Exploration and Development, 2011, 1（1）：50-58.
[23] WANG J, LIU H Q, WANG Z L, et al. Numerical simulation of preformed particle gel flooding for enhancing oil recovery [J]. J Pet Sci Eng, 2013, 112：248-257.
[24] KAMAL M S, SULTAN A S, AL-MUBAIYEDH U A, et al. Review on Polymer Flooding: Rheology, Adsorption, Stability, and Field Applications of Various Polymer Systems [J]. Polymer Reviews, 2015.
[25] WEVER D A Z, PICCHIONI F, BROEKHUIS A A. Polymers for enhanced oil recovery: A paradigm for structure–property relationship in aqueous solution [J]. Progress in Polymer Science, 2011, 36（11）：1558-1628.

[26] VICTOR A L. Microfluidics: an enabling screening technology for enhanced oil recovery (EOR) [J]. Lab on A Chip, 2016, 16 (10): 1777-1796.

[27] CHOMSURIN C, WERTH C J. Analysis of pore-scale nonaqueous phase liquid dissolution in etched silicon pore networks [J]. Water Resources Research, 2003, 39 (9): 1265-1276.

[28] 陈为良. 低渗透油田注水井高压欠注对策探讨 [J]. 中国石油和化工标准与质量, 2018, 38 (15): 68-69.

[29] 黎晓茸. 长庆油田油井酸化后排液问题的探讨 [J]. 内蒙古石油化工, 2010, 36 (2): 68-69.

[30] 郑明科, 沈焕文, 王碧涛, 等. 聚合物纳米微球调驱技术在低渗透油田的应用及效果 [J]. 石油化工应用, 2012, 31 (12): 32-36.

[31] 郑伟, 李连客, 单大龙, 等. 微乳液在油田三次采油中的应用 [J]. 化工设计通讯, 2021, 47 (3): 195-196.

[32] 李超, 王辉, 刘潇冰, 等. 纳米乳液与微乳液在油气生产中的应用进展 [J]. 钻井液与完井液, 2014, 31 (2): 79-84, 101-102.

[33] 许威, 丁鹏, 崔继来, 等. 微乳液的制备及应用 [J]. 食品工业, 2017, 38 (11): 242-245.

[34] SABER K M, HAGHIGHI A A, MASOUD N. Multi-Objective Optimization of Microemulsion Flooding for Chemical Enhanced Oil Recovery [J]. Oil & Gas Science and Technology, 2018, 73: 4.

[35] DANTAS T N D C, OLIVEIRA A C D, SOUZA T T C D, et al. Experimental study of the effects of acid microemulsion flooding to enhancement of oil recovery in carbonate reservoirs [J]. Journal of Petroleum Exploration and Production Technology, 2019, 10 (3).

[36] 耿向飞, 丁彬, 管保山, 等. 微乳液技术在储层改造中的应用研究进展 [J]. 精细石油化工, 2022, 39 (2): 74-77.

[37] 刘倩, 管保山, 刘玉婷, 等. 微乳液作为油气增产助剂的研究及应用进展 [J]. 应用化工, 2020, 49 (12): 3230-3236.

[38] 殷代印, 吕红涛, 王东琪. 微乳液在油气田开发中的应用 [J]. 化学工程师, 2022, 36 (3): 63-68.